普通机械加工教程

李佳南 主编

北京理工大学出版社
BEIJING INSTITUTE OF TECHNOLOGY PRESS

图书在版编目（CIP）数据

普通机械加工教程 / 李佳南主编. —北京：北京理工大学出版社，2017.8
ISBN 978-7-5682-4813-6

Ⅰ. ①普…　Ⅱ. ①李…　Ⅲ. ①金属切削-高等学校-教材　Ⅳ. ①TG506

中国版本图书馆 CIP 数据核字（2017）第 218940 号

出版发行 / 北京理工大学出版社有限责任公司
社　　址 / 北京市海淀区中关村南大街 5 号
邮　　编 / 100081
电　　话 / （010）68914775（总编室）
　　　　　（010）82562903（教材售后服务热线）
　　　　　（010）68948351（其他图书服务热线）
网　　址 / http://www.bitpress.com.cn
经　　销 / 全国各地新华书店
印　　刷 / 三河市天利华印刷装订有限公司
开　　本 / 787 毫米×1092 毫米　1/16
印　　张 / 21
字　　数 / 495 千字
版　　次 / 2017 年 8 月第 1 版　2017 年 8 月第 1 次印刷
定　　价 / 75.00 元

责任编辑 / 刘永兵
文案编辑 / 刘　佳
责任校对 / 周瑞红
责任印制 / 李志强

前　言

　　本教材在编写过程中以技术为本位，够用为度，结合了编者多年的实际生产、教学经验，充分吸收运用了国内教育改革研究成果。

　　本教材编写以培养学生的创新精神和实践能力为重点，以提高学生综合技术素质为主线，着眼于培养学生的整体目标，整合课程教学内容。

　　本教材共 5 章，在内容上，力求突出典型性、实用性，其内容强调拓展学生知识面，提倡安全文明生产与环境保护。

　　本教材由李佳南担任主编，刘强、王温栋担任副主编。本书各章的编写情况如下：第 1章由姚瑞、刘洋和任小萍编写；第 2 章由孙瑾、李龙和王哲编写；第 3 章由刘强和王温栋编写；第 4 章由李佳南、赵向杰和张力文编写；第 5 章由李佳南和刘强编写。全书由李佳南统稿，刘强审核。

　　本教材可作为高等院校机械类、近机械类专业机械加工的实训教材，也可作为机械加工培训教材，同时可供机械行业工程技术人员自学参考。

　　本书编写力求适应高等院校人才教育发展的要求。由于时间仓促和编者学识有限，书中难免存在诸多纰漏与不足之处，敬请广大读者提出批评和改进意见。

编　者

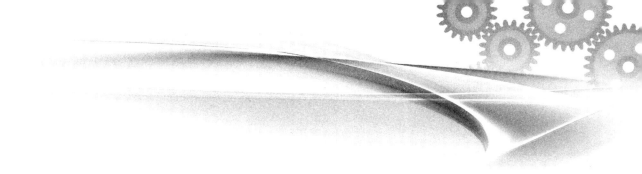

Contents

目　录

目 录

第1章　钳　工

实训目标

（1）熟悉钳工加工的工艺范围、工艺特点以及工艺过程。

（2）掌握划线、錾削、锯割、钻孔、扩孔、铰孔、攻螺纹、套螺纹、刮削、研磨等基本技能。

（3）熟悉简单的热处理工艺与产品和设备的装配、修理等。

（4）熟悉钳工加工的工艺范围、工艺特点以及工艺过程。

（5）掌握钳工常用设备，工、量具的使用及维护保养。

（6）熟悉钳工加工一般工件的定位、装夹及加工方法。

（7）能根据设备及实际生产状况完成一定的生产任务。

1.1　入门知识

一、实训要求

（1）了解钳工在工业生产中的工作任务；

（2）了解钳工实训场地的设备和本工种操作中常用的工、量、刃具；

（3）了解实训场地的规章制度及安全文明生产要求。

二、实训内容

1. 钳工的主要任务

钳工的工作范围很广，如各种机械设备的制造，首先是从毛坯（铸造、锻造、焊接的毛坯及各种轧制成的型材毛坯）经过切削加工和热处理等步骤成为零件，然后通过钳工把这些零件按机械的各项技术精度要求进行组件、部件装配和总装配，从而成为一台完整的机械。有些零件在加工前还要通过钳工进行划线；针对有些零件的技术要求，采用机械加工方法不太适宜或不能解决，也要通过钳工工作来完成。

许多机械设备在使用过程中，出现损坏、产生故障或长期使用后失去原有精度，影响使用，也要通过钳工来维护和修理。

在工业生产中，各种工具、夹具、量具以及各种专用设备等的制造都要通过钳工来完成。

不断进行技术革新，改进工艺和工具，以提高劳动生产率和产品质量，也是钳工的重要任务。

2. 钳工技能的学习要求

随着机械工业的发展，钳工的工作范围日益扩大，并且专业分工更细，如分成装配钳工、机修钳工、模具钳工、工具钳工等。不论哪种钳工，首先都应掌握钳工的基本操作技能，包括划线、錾削、锯割、钻孔、扩孔、铰孔、攻螺纹、套螺纹、矫正和弯形、铆接、刮削、研磨等基本技能和简单的热处理工艺，然后再根据分工不同进一步学习和掌握好零件的钳工加工及产品和设备装配、修理等技能。

基本操作技能是进行产品生产的基础，也是钳工专业技能的基础，因此必须熟练掌握，才能在今后的工作中逐步做到得心应手、运用自如。

钳工的基本操作项目较多，各项技能的学习掌握又具有一定的相互依赖关系，因此必须循序渐进，由易到难，由简单到复杂，一步一步地对每项操作按要求学习好、掌握好，不能偏废任何一个方面，还要自觉地遵守纪律，有吃苦耐劳的精神，严格按照每个课题要求进行操作，只有这样，才能很好地完成基础知识的学习。

3. 钳工常用设备

（1）台虎钳。它是用来夹持工件的通用夹具，有固定式和回转式两种结构形式（见图 1-1-1），回转式台虎钳的构造和工作原理为：活动钳身通过导轨与固定钳身的导轨孔作滑动配合。丝杠装在活动钳身上，可以旋转，但不能轴向移动，并与安装在固定钳身内的丝杠螺母配合。当摇动手柄使丝杠旋转时，就可带动活动钳身相对于固定钳身做轴向移动，起夹紧和放松工件的作用。弹簧借助挡圈和销固定在丝杠上，其作用是当放松丝杠时，可使活动钳身及时退出。在固定钳身和活动钳身上，各装钢制钳口，并用螺钉固定。钳口的工作面上制有交叉网纹，使工件夹紧后不易产生滑动，钳口经过热处理淬硬，具有较好的耐磨性。固定钳身装在固定转座上，并能绕转座轴线转动，当转到要求的方向时，扳动手柄使夹紧螺钉旋转，便可在夹紧盘的作用下把固定钳身固定，转座上有个螺栓孔，用以与钳台固定。

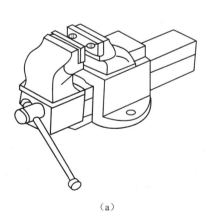

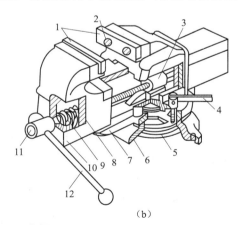

（a）   （b）

图 1-1-1 台虎钳

（a）固定式；（b）回转式

1—钳口；2—螺钉；3—螺母；4，12—手柄；5—夹紧盘；6—转盘座；
7—固定钳身；8—挡圈；9—弹簧；10—活动钳身；11—丝杠

台虎钳的规格以钳口的宽度表示，有 100 mm、125 mm 和 150 mm 等。

台虎钳在钳台上安装时，必须使固定钳身的工作面处于钳台边缘以外，以保证夹持长条形工件时，工件的下端不受钳台边缘的阻碍。

（2）钳台。钳台用来安装台虎钳、放置工件和工具等。台虎钳的高度为 800～900 mm，装上台虎钳后，钳口高度以恰好齐平人的手肘为宜；长度和宽度随工作需要而定。

（3）砂轮机。砂轮机用来刃磨钻头、錾子等刀具或其他工具等，由电动机、砂轮和机体组成。

（4）钻床。钻床用来对工件进行各类圆孔的加工，有台式钻床、立式钻床和摇臂钻床等。

4. 钳工常用电动工具及起重设备

1）手电钻

手电钻是一种便携式电动钻孔工具，如图 1-1-2 所示。在装配、修理工作中，当受工件形状或加工部位的限制不能使用钻床钻孔时，可使用手电钻加工。

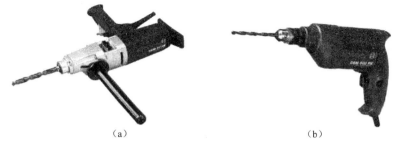

（a）　　　　　　　　　　　　　　（b）

图 1-1-2　手电钻

手电钻的电源电压分单相（220 V，36 V）和三相（380 V）两种。电钻的规格是以其最大钻孔直径来表示的，采用单相电压的手电钻规格有 6 mm、10 mm、13 mm、19 mm 和 23 mm 共 5 种；采用三相电压的电钻规格有 13 mm、19 mm 和 23 mm 共 3 种。在使用时可根据不同情况进行选择。

使用手电钻时应注意以下两点：

（1）使用前，应开机空转 1 min，检查传动部分是否正常，若有异常，应排除故障后再使用。

（2）钻头必须锋利，钻孔时不宜用力过猛。当孔即将被钻穿时须相应减轻压力，以防事故发生。

2）电磨头

电磨头属于高速磨削工具，如图 1-1-3 所示。它适用于在大型工、夹、模具的装配调整中对各种形状复杂的工件进行修磨或抛光；装上不同形状的小砂轮，还可修磨凹、凸模的成形面；当用布轮代替砂轮使用时，则可进行抛光作业。

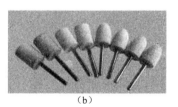

（a）　　　　　　　　　　　　　　（b）

图 1-1-3　电磨头

使用电磨头时应注意以下三点：

（1）使用前应开机空转 2～3 min，检查旋转声音是否正常，若有异常，则应排除故障后再使用。

（2）新装砂轮应修整后使用，否则所产生的惯性力会造成严重振动，影响加工精度。

（3）砂轮外径不得超过磨头铭牌上规定的尺寸。工作时砂轮和工件的接触力不宜过大，更不能用砂轮冲击工件，以防砂轮爆裂，造成事故。

3）电剪刀

电剪刀的结构外形如图 1-1-4 所示。它使用灵活，携带方便，能用来剪切各种几何形状的金属板材。用电剪刀剪切后的板材具有板面平整、变形小、质量好的优点。因此，它也是对各种复杂的大型板材进行来料加工的主要工具之一。

图 1-1-4　电剪刀

使用电剪刀时应注意以下两点：

（1）开机前应检查整机各部分螺钉是否紧固，然后开机空转，待运转正常后方可使用。

（2）剪切时，两刀刃的间距需根据材料厚度进行调试。

剪切厚材料时，两刀刃的间距为 0.2～0.3 mm；剪切薄材料时，间距为 0.2δ（δ 为板材厚度）；作小半径剪切时，须将两刃口间距调至 0.3～0.4 mm。

4）千斤顶

千斤顶（见图 1-1-5）是一种小型起重工具，主要用来起重工件或重物。常用它拆卸和装配设备中过盈配合的零件，如锻压设备的滑动轴承等。它具有体积小、操作简单、使用方便等优点。

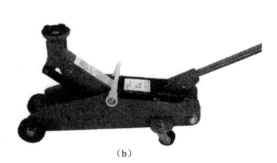

（a）　　　　　　　　　　　　（b）

图 1-1-5　千斤顶

使用时应遵守下列规则：

（1）千斤顶应垂直安置在重物下面。工作地面较软时应加垫铁，以防陷入或倾斜。

（2）用齿条千斤顶工作时，止退棘爪必须紧贴棘轮。

（3）使用油压千斤顶时，调节螺杆不得旋出过长，主活塞的行程不得超过极限高度标志。

（4）合用几个千斤顶升降重物时，要有人统一指挥，尽量保持几个千斤顶的升降速度和高度一致，以免重物发生倾斜。

（5）重物不得超过千斤顶的负载能力。

5）手拉葫芦

手拉葫芦是一种使用简单、携带方便的手动起重机械，一般用于室内小件起重装卸，如图 1-1-6 所示。

使用手拉葫芦时应遵守下列规则：

（1）使用前严格检查手拉葫芦的吊钩、链条，不得有裂纹。棘爪弹簧应保证制动可靠。

（2）使用时，上下吊钩一定要挂牢，起重链条一定要理顺，链环不得错扭，以免使用时卡住链条。

（3）超重时，操作者应与起重葫芦链轮在同一平面内拉动链条，用力应均匀、缓和。拉不动时应检查原因，不得用力过猛或抖动链条。

（4）超重时不得用手扶超重链条，更不能探身于重物下进行垫板及装卸作业。

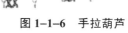

图 1-1-6　手拉葫芦

6）单梁桥式起重机

图 1-1-7 所示为单梁桥式起重机。

（a）　　　　　　　　　　（b）

图 1-1-7　单梁桥式起重机

在使用时应注意下列安全规则：

（1）重物不得超过限制吨位。

（2）起吊时工件与电葫芦位置应在一条直线上，不可斜拉工件。

（3）运工件时，不可以提升过高。横梁行走时要响铃或吹哨，以引起其他人的注意，操纵者应密切注意前面的人和物。

5. 钳工常用工、量具

常用工具有划线用的划针、划线盘、划规、中心冲和平板，錾削用的手锤和各种錾子，锉削用的锉刀，锯割用的锯弓和锯条，孔加工用的各类钻头、铰刀，攻、套螺纹用的各种丝锥、板牙和绞杠，刮削用的平面刮刀和曲面刮刀以及各种扳手等。

常用量具有直尺、刀口形直尺、游标卡尺、千分尺、90°角尺、角度尺、塞尺和百分表等。

常用工具、量具的使用，详见后面各章节。

6. 安全和文明生产的基本要求

（1）钳工设备的布局：钳台要放在便于工作和光线适宜的地方；钻床和砂轮机一般应安装在场地的边缘，以保证安全。

（2）使用的机床、工具要经常检查，发现损坏应及时上报，在未修复前不得使用。

（3）使用电动工具时，要有绝缘防护和安全接地措施。使用砂轮时，要戴好防护眼镜。

在钳台上进行錾削时，要有防护网。清除切屑要用刷子，不要直接用手清除或用嘴吹。

（4）毛坯和加工零件应放置在规定位置，排列整齐；应便于取放，并避免碰伤已加工的表面。工、量具的安放应按下列要求布置。

① 在钳台上工作时，为了取用方便，右手取用的工、量具放在右边，左手取用的工、量具放在左边，各自排列整齐，且不能使其伸到钳台边以外。

② 量具不能与工具或工件混放在一起，应放在量具盒内或专用格架上。

③ 常用的工、量具要放在工件位置附近。

④ 工、量具收藏时要整齐地放入工具箱内，不应任意堆放以防损坏和取用不便。

7. 现场参观

（1）参观钳工各种常用工、量具及实训时所做的工件和生产的产品。

（2）参观钳工工作场地的生产设备及钳工的工作情况。

1.2 划 线

一、实训要求

（1）明确划线的作用；

（2）正确使用划线工具；

（3）掌握一般的划线方法和冲眼的使用。

二、实训内容

1. 划线概述

划线就是在毛坯或工件的加工面上，用划线工具划出待加工部位的轮廓线或作为基准的点、线的操作过程。划线分为平面划线和立体划线。在工件的一个平面上划线，就能明确表示加工界线的划线，称为平面划线，如图 1-2-1（a）所示。需要同时在工件几个不同方向的表面上（通常是工件的长、宽、高上）划线，才能明确表示加工界线的，称为立体划线，如图 1-2-1（b）所示。

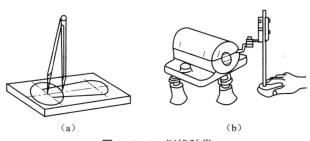

（a）   （b）

图 1-2-1 划线种类

（a）平面划线；（b）立体划线

划线工作可以在毛坯上进行，也可以在已加工的面上进行。

划线的作用是：确定工件上各加工面的加工位置和加工余量，及时地发现和处理不合格的毛坯，避免加工后造成损失。在坯料上出现某些缺陷的情况下，往往可通过划线时所谓"借料"的方法，来达到一定程度的补救。在板料上按划线下料，可做到正确排料、合理使用材料。复杂工件在机床上装夹加工时，可按划线位置找正、定位和夹紧，划线的精度不高，一般可达到的尺寸精度为 0.25～0.50 mm，因此，不能依据划线的位置来确定加工后的尺寸精度，必须在加工过程中通过测量来保证尺寸的加工精度。

　　2. 划线工具及使用方法

　　1）划线平台

　　划线平台（又称划线平板）由铸铁制成，工作表面经过精刨或刮削加工，作为划线时的基准平面，如图 1-2-2 所示。划线平台一般用木架或铁架搁置，放置时应使平台工作表面处于水平状态。使用注意要点：平台工作表面应经常保持清洁；工件和工具在平台上都要轻拿、轻放，不可损伤其工作表面；用后要擦拭干净，并涂上机油防锈。

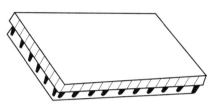

图 1-2-2　划线平台

　　2）划针

　　划针用来在工件上划线条。它由弹簧钢丝或高速钢制成，直径一般为 3～5 mm，尖端磨成 15°～20° 的尖角，并经热处理淬火使其硬化。有的划针在尖端部位焊有硬质合金，耐磨性更好。划针的外观及尖端形状如图 1-2-3 所示。使用注意要点：用钢直尺和划针连接两点的直线时，应先用划针和钢直尺定好一点的划线位置，然后调整钢直尺与另一点的划线位置对准，再划出两点的连接直线。划线时的针尖要紧靠导向钢直尺的边缘，上部向外倾斜 15°～20°，向划针移动方向倾斜 45°～75°，如图 1-2-4 所示。针尖要保持尖锐，划线要尽量一次划成，使划出的线条既清晰又准确。不用时，划针不能插在衣袋中，最好套上塑料管，不使针尖外露。

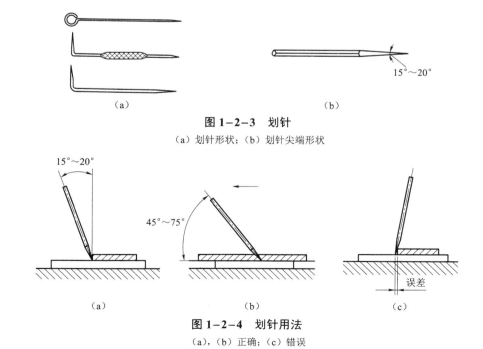

（a）

15°～20°

（b）

图 1-2-3　划针

（a）划针形状；（b）划针尖端形状

15°～20°

45°～75°

误差

（a）　　　　　　　　　（b）　　　　　　　　　（c）

图 1-2-4　划针用法

（a），（b）正确；（c）错误

3）划线盘

划线盘（又称划针盘）如图1-2-5所示，通常用来在划线平台上对工件进行划线或找正

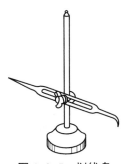

工件在平台上的正确安放位置。划线盘上划针的直头端用来划线，弯头端用来找正工件的安放位置。使用注意要点：用划线盘进行划线时，划针应尽量处于水平位置，不要倾斜太大，划针伸出部分应尽量短些，并要牢固地夹紧以免划线时产生振动和引起尺寸变动。划线盘在移动时，底座平面始终要与划线平台平面贴紧，不能晃动或跳动。划针与工件划线表面之间，沿划线方向应保持40°～70°夹角，以减小划线阻力和防止针尖扎入工件表面。划较长直线时，可采用分段连接划法。划线盘用完后应使划针处于直立状态，以保证安全和减少所占空间。

图1-2-5 划线盘

4）高度尺

图1-2-6（a）所示为普通高度尺，由钢直尺和尺座组成，用来量取划线盘的高度尺寸。图1-2-6（b）所示为高度游标尺，它一般附有带硬质合金的划线脚，能直接表示出高度尺寸，其读数精度一般为0.02 mm，可作为精密划线工具。高度游标尺一般可用来在平台上划线或测量工件高度。

高度尺使用注意要点：

（1）在划线方向上，划线脚与工件划线表面之间应成45°左右的夹角，以减小划线阻力。

（2）高度游标尺底面与平台接触面都应保持清洁，以减小阻力；拖动时底座应紧贴平台工作面，不能摆动、跳动。

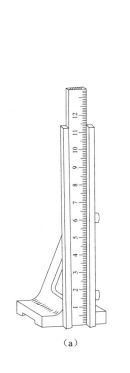

（a）

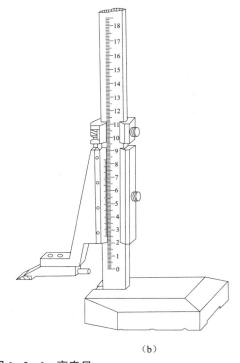

（b）

图1-2-6 高度尺

（a）普通高度尺；（b）高度游标尺

（3）高度游标尺一般不能用于粗糙毛坯的划线。

（4）用完后应擦净，涂油装盒保管。

5）划规

划规（又称圆规）如图 1–2–7 所示，用来划圆和圆弧、等分线段、等分角度以及量取尺寸等。使用注意要点：划规两脚的长短可磨得稍有不同，两脚合拢时脚尖能靠紧。划规的脚尖应保持尖锐，以保证划出的线条清晰。用划规划圆时，应把压力加在作旋转中心的那个脚上。

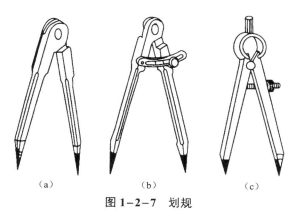

（a）　　　　　　（b）　　　　　　（c）

图 1–2–7　划规

6）样冲

样冲的作用是在已划好的线上打上样冲眼，这样当所划的线模糊后，仍能找到原线的位置。用划规划圆和定钻孔中心时，需先打样冲眼。样冲用工具钢制成并淬硬，工厂中常用废丝锥、铰刀等改制，如图 1–2–8 所示。冲眼方法：先将样冲外倾使尖端对准线或线条交点，然后再将样冲立直于冲眼，如图 1–2–9 所示。冲眼要求：位置要准确，冲眼不可偏离线条。在曲线上冲眼距离要小些，如直径小于 20 mm 的圆周线上应有 4 个冲眼，而直径大于 20 mm 的圆周线上应有 8 个或 8 个以上冲眼，在直线上冲眼距离可大些，但短直线至少有 3 个冲眼，在线条的交叉转折处必须冲眼。冲眼的深浅要掌握适当，在薄壁上或光滑表面上冲眼要浅，粗糙表面上要深些。

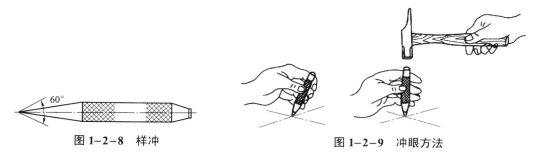

图 1–2–8　样冲　　　　　　图 1–2–9　冲眼方法

7）方箱

方箱是用铸铁制成的空心立方体，六面都经过加工，互成直角，如图 1–2–10 所示。方箱用于夹持较小的工件，通过翻转方箱便可在工件上划出垂直线。方箱上的 V 形槽用来安装圆柱形工件，以便找中心或划线。

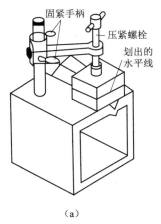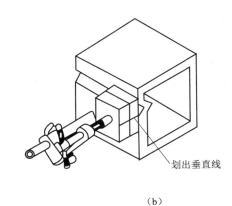

固紧手柄

压紧螺栓

划出的
水平线

划出垂直线

（a）　　　　　　　　　　　　　（b）

图 1-2-10　方箱

8）V 形块

V 形块又称 V 形架或 V 形铁，用钢或铸铁制成，如图 1-2-11 所示。它主要用于放置圆柱形工件，以便找中心和划出中心线。通常，V 形块是一副两块，V 形块的平面、V 形槽是在一次安装中磨出的，因此，在使用时不必调节高低。精密的 V 形块各相邻平面均互相垂直，故也可作为方箱使用。

9）千斤顶

对较大毛坯件划线时，常用 3 个千斤顶把工件支撑起来，其高度可以调整，以便找正工件位置，如图 1-2-12 所示。

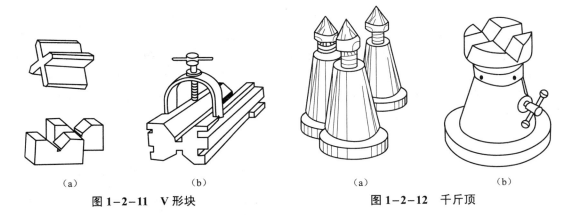

（a）　　　　　　　（b）　　　　　　　　　　　（a）　　　　　　　　（b）

图 1-2-11　V 形块　　　　　　　　　图 1-2-12　千斤顶

10）直角尺

直角尺在划线时常用作划平行线或垂直线的导向工具，也可用来找正工件平面在划线平台上的垂直位置，如图 1-2-13 所示。

3. 划线前的准备工作

1）工件清理

除去铸件上的浇口、冒口、飞边，清除黏砂；除去锻件上的飞边、氧化皮；去除半成品的毛刺，擦净油污。

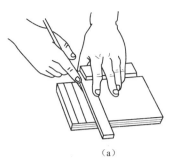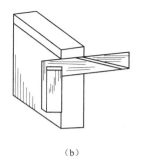

（a）　　　　　　　　　　　　（b）

图 1-2-13　直角尺的使用

2）划线表面涂色

为了使划出的线条清楚，一般都要在工件的划线部位涂上一层薄而均匀的涂料。常用的有石灰水（常在其中加入适量的牛皮胶来增加附着力），一般用于表面粗糙的铸、锻件毛坯的划线；蓝油（在酒精中加漆片和蓝色颜料配成）和硫酸铜溶液用于已加工表面的划线。

3）工件孔中装入中心塞块

划线时为了找出孔的中心，以便用划规划圆，在孔中要装入中心塞块，如图 1-2-14 所示。小孔可用木塞块或铅塞块，大孔可用调节塞块。塞块要塞紧，以保证打样冲眼或搬动工件时不会松动。

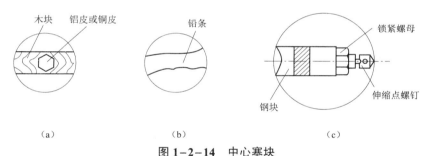

（a）　　　　　　　　　　（b）　　　　　　　　　　（c）

图 1-2-14　中心塞块

4. 平面划线

1）样板划线

对于各种平面形状复杂、批量大而精度要求一般的零件，在进行平面划线时，为节省划线时间、提高划线效率，可根据零件的尺寸和形状要求，先加工一块平面划线样板，然后根据划线样板，在零件表面上方划出零件的加工界线，如图 1-2-15 所示。

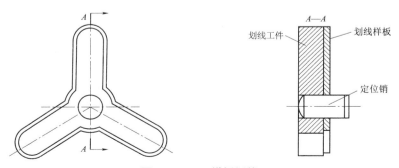

图 1-2-15　样板划线

2）几何划线

几何划线法是根据零件图的要求，直接在毛坯或零件上利用平面几何作图法划出加工界线的方法。它的基本线条有平行线、垂直线、圆弧与直线或圆弧与圆弧的连接线、圆周等分线、角度等分线等，其划线方法和平面几何作图方法一样，划线过程不再赘述。

3）平面划线基准的选择

划线时，首先要选择和确定基准线或基准平面，然后根据它划出其余的线。一般可选用图纸上的设计基准或重要孔的中心线作为划线基准；如工件上个别平面已加工过，则应选加工过的平面为基准。常见的划线基准有 3 种。

（1）以两个相互垂直的平面为基准。如图 1-2-16 所示的工件的尺寸是以两个相互垂直的平面为设计基准。因此，划线时应以这两个平面为划线基准。

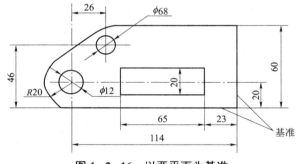

图 1-2-16　以两平面为基准

（2）以一条中心线和与它垂直的平面为基准。如图 1-2-17 所示的工件，其设计基准是底平面以及中心线。因此，在划高度尺寸线时应以底平面为划线基准；划宽度尺寸线时应以中心线为划线基准。

（3）以两条互相垂直的中心线为基准。如图 1-2-18 所示工件，其设计基准为两条互相垂直的中心线，因此在划线时应选择两条中心线为划线基准。

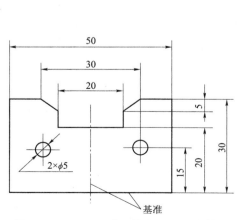

图 1-2-17　以一中心线和一平面为基准

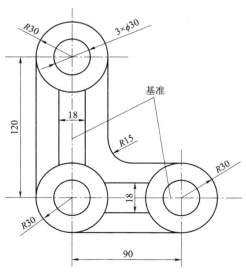

图 1-2-18　以两中心线为基准

5. 立体划线

1）立体划线时工件的放置、找正、借料及基准选择

（1）工件或毛坯的放置。立体划线时，零件或毛坯放置位置的合理选择十分重要。一般较复杂的零件都要经过 3 次或 3 次以上的放置，才可能将全部线条划出，而其中特别要重视第一划线位置的选择。其选择原则如下。

① 第一划线位置的选择。优先选择如下表面：零件上主要的孔、凸台中心线或重要的加工面；相互关系最复杂及所划线条最多的一组尺寸线；零件中面积最大的一面。

② 第二划线位置的选择。要使主要的孔、凸台的另一中心线在第二划线位置划出。

③ 第三划线位置的选择。通常选择与第一和第二划线位置相垂直的表面，该面一般是次要的、面积较小的、线条关系较简单且线条较少的表面。

（2）划线基准的选择。立体划线的每一划线位置都有一个划线基准，而且划线往往就是在这一划线位置开始的。它的选择原则是：尽量与设计基准重合；对称形状的零件，应以对称中心线为划线基准；有孔或凸台的零件，应以主要的孔或凸台的中心线为划线基准；未加工的毛坯件，应以主要的、面积较大的不加工面为划线基准；加工过的零件，应以加工后的较大表面为划线基准。

（3）划线时的找正。找正是利用划线工具检查或校正零件上有关的表面，使加工表面的加工余量得到合理的分布，使零件上加工表面与不加工表面之间尺寸均匀。零件找正是依照零件选择划线基准的要求进行的，零件的划线基准又是通过找正的途径来最后确定它在零件上的准确位置的，所以找正和划线基准选择原则是一致的。

（4）划线时的借料。借料即通过试划和调整，将各个部位的加工余量在允许的范围内重新分配，使各加工表面都有足够的加工余量，从而消除铸件或锻件毛坯在尺寸、形状和位置上的某些误差和缺陷。对一般较复杂的工件，往往要经过多次试划，才能最后确定合理的借料方案。借料的一般步骤如下：

① 测量毛坯或工件各部分尺寸，找出偏移部位和偏移量。

② 合理分配各部位加工余量，确定借料方向和大小，划出基准线。

③ 以基准线为依据，按图划出其余各线。

④ 检查各加工表面加工余量，若发现余量不足，则应调整各部位加工余量，重新划线。

2）立体划线步骤

（1）熟悉图纸，详细分析工件上需要划线的部位；明确工件及其有关划线部位的作用和要求；了解有关的加工工艺。

（2）选定划线基准。

（3）根据图纸，检查毛坯工件是否符合要求。

（4）清理工件后涂色。

（5）恰当地选用工具和正确安放工件。

三、划线注意事项

（1）为熟悉各图样的作图方法，实际操作前可做一次纸上练习。

（2）划线工具的使用方法及划线动作必须正确掌握。

（3）学习的重点是如何才能保证划线尺寸的准确性、划出的线条细而清晰及打样冲孔的

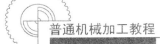

普通机械加工教程

准确性。

（4）工具要合理放置，要把左手用的工具放在作业件的左侧，右手用的工具放在作业件的右侧，并要整齐、稳妥。

（5）任何工件在划线后，都必须仔细复检校对，避免出现差错。

1.3 錾 削

1.3.1 錾削姿势练习

一、实训要求

（1）正确掌握錾子和手锤的握法及锤击动作。
（2）实际錾削中的姿势和动作达到初步正确、协调自然。
（3）了解錾削时的安全知识和文明生产要求。

二、实训内容

1. 錾削工具

（1）錾子。錾子是錾削工件时的工具，用碳素工具钢经锻打成形再进行刃磨和热处理而形成。钳工常用的錾子主要有阔錾、狭錾、油槽錾和扁冲錾四种。如图1-3-1所示。

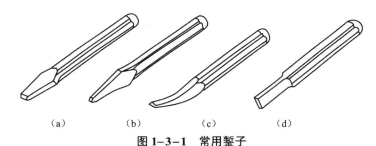

（a）　　　（b）　　　（c）　　　（d）

图1-3-1　常用錾子
（a）阔錾；（b）狭錾；（c）油槽錾；（d）扁冲錾

阔錾用于錾切平面、切割和去毛刺；狭錾用于开槽；油槽錾用于錾切润滑油槽；扁冲錾用于打孔之间的间距。

錾子的楔角主要根据加工材料的软硬来决定，柄部一般做成八棱形，便于控制錾刃方向；头部做成圆锥形，顶端略带球面，使锤击时的作用力易于与刃口的錾切方向一致。

（2）手锤。手锤是钳工常用的敲击工具，由锤头、木柄和楔子组成，如图1-3-2所示。

手锤的规格以锤头的质量来表示，有0.46 kg、0.69 kg和0.92 kg等。锤头由T7钢制成，并经热处理淬硬。木柄应用比较坚韧的木材制成，常用的0.69 kg手锤柄长约350 mm。木柄装入锤孔后用楔子楔紧，以防锤头脱落。

2. 錾削姿势

1）手锤的握法

（1）紧握法。用右手五指紧握锤柄，大拇指合在食指上，虎口对准锤头方向，木柄尾端露出 15～30 mm。在挥锤和锤击过程中，五指始终紧握，如图 1-3-3 所示。

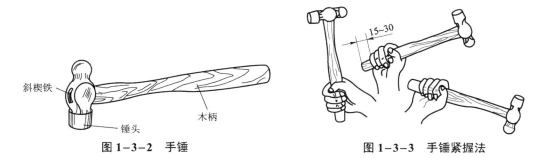

斜楔铁

木柄

锤头

图 1-3-2　手锤

15~30

图 1-3-3　手锤紧握法

（2）松握法。只用大拇指和食指始终握紧锤柄，在挥锤时，小指、无名指、中指则依次放松，在锤击时，又以相反的次序收拢紧握，如图 1-3-4 所示。这种握法的优点是手不易疲劳，且锤击力大。

2）錾子的握法

（1）正握法。手心向下，腕部伸直，用中指、无名指握住錾子，小指自然合拢，食指和大拇指自然伸直地松靠，錾子头部伸出约 20 mm，如图 1-3-5（a）所示。

（2）反握法。手心向下，手指自然捏住錾子，手掌悬空，如图 1-3-5（b）所示。

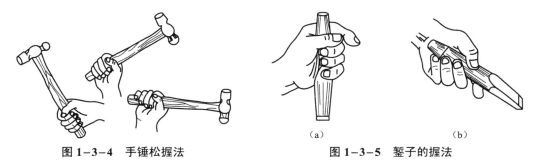

图 1-3-4　手锤松握法

（a）

（b）

图 1-3-5　錾子的握法

3）站立姿势

操作时的站立位置如图 1-3-6 所示，身体与台虎钳中心线大致成 45° 角，且略向前倾，左脚跨前半步，膝盖处稍有弯曲，保持自然，右脚要站稳伸直，不要过于用力。

4）挥锤方法

挥锤有腕挥、肘挥和臂挥三种方法，如图 1-3-7 所示，腕挥是仅用手腕的动作进行锤击运动，采用紧握法握锤，一般用于錾削余量较小及錾削开始和结尾。肘挥是用手腕与肘部一起挥动做锤击运动，采用松紧法握锤，因挥动幅度较大，故锤击力也较大，这种方法应用最多。臂挥是手腕、肘和全臂一起挥动，其锤击力最大，用于需要大力錾削的工件。

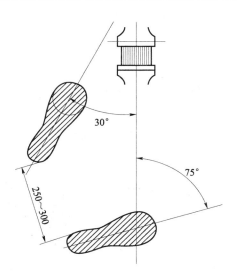

图 1-3-6　錾削时的姿势

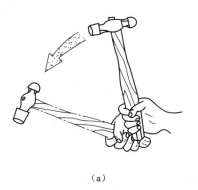  

（a） （b） （c）

图 1-3-7　挥锤方法
（a）腕挥；（b）肘挥；（c）臂挥

5）锤击速度

錾削时的锤击要稳、准、狠。其动作要有节奏的进行，一般肘挥时速度约为 40 次/min，腕挥时约为 50 次/min。手锤敲下去应具有加速度，以增加锤击的力量，手锤从它的质量和手或手臂提供给它的速度获得动力，其计算公式为 $W=mv^2/2$。故当手锤的质量增加一倍时，动能也增加一倍，而速度增加一倍，动能将是原来的四倍。

6）锤击要领

（1）挥锤。肘收臂提，举锤过肩；手腕后弓，三指微松；锤面朝天，稍停瞬间。

（2）锤击。目视錾刃，臂肘齐下；手紧三指，手腕加劲，锤錾一线，锤走弧形；左脚着力，右腿伸直。

（3）要求。稳——速度节奏 40 次/min；准——命中率高；狠——锤击有力。

3. 注意事项

（1）工件在台虎钳中必须夹紧，伸出高度一般以离钳口 10～15 mm 为宜，同时下面要加木衬垫。发现手锤木柄有松动或损坏时，要立即装牢或更换；木柄上不应沾有油，以免使用时滑出。

（2）錾子头部有明显的毛刺时，应及时磨去。

（3）手锤应放置在台虎钳右边，柄不可露在钳台外面，以免掉下伤脚，錾子应放在台虎钳的左边。

三、实训图样

实训图样如图 1-3-8 所示。

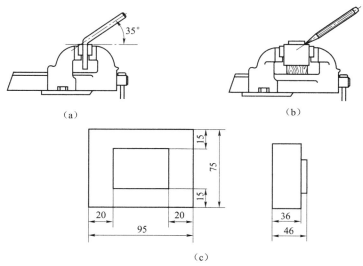

（a）　　　　　　　　　　（b）

（c）

图 1-3-8　錾削姿势的练习

四、实训步骤

（1）将"呆錾子"夹紧在台虎钳中做锤击练习，左手按握錾要求握住"呆錾子"，做 2 h 挥锤和锤击练习。要求采用松握法挥锤的姿势，并有较高的锤击命中率。

（2）将长方形铁坯件夹紧在虎钳中，下面垫好木垫。用无刃口錾子对着凸肩部分进行模拟錾削练习，统一采用正握法握錾、松握法挥锤，要求站立位置、握錾方法和挥锤的姿势正确，锤击力量逐步加强。

（3）当握錾、挥錾的姿势和锤击的力量能适应实际的錾削练习时，进一步用已刃磨的錾子把长方形的凸台錾平。

五、注意事项

（1）要正确使用台虎钳，夹紧时不应在台虎钳的手柄上加套管子扳紧或用手锤敲击台虎钳手柄，工件要夹紧在钳口中央。

（2）要认真仔细地观察教师的每一个示范动作，使整个操作在自己的意识之中形成正确的、具体的形象，然后进行实际练习，就更容易掌握。

（3）应自然地将錾子握正、握稳，其倾斜角始终保持在 35° 左右，眼睛的视线要对着工件的錾削部位，不可对着錾子的锤击头部。挥锤时锤击要稳健有力，锤击时的手锤落点要准确。

（4）左手握錾子时前臂要平行于钳口，肘部不要下垂或抬高过多。

（5）初次练习錾削，可能会出现手上起泡或被手锤敲破手及手臂酸痛的情况等，要有思想准备，要树立克服困难的决心和信心。

（6）要及时纠正自己的错误姿势，不能让不正确的姿势成为习惯。下面所列几种错误姿势必须避免。

① 握手锤柄握得过紧与过短，挥锤速度过快。

② 挥锤时手锤不是向后挥而是向上举，挥动幅度太小，使锤击无力。

③ 挥锤时由于手指、手腕、肘部动作不协调，造成锤击力小，操作易疲劳。

④ 手锤锤击力的作用方向与錾子轴线不一致，使手锤偏离錾子敲到手上。

⑤ 锤击时不靠手腕、肘部的挥动，而单纯地用手臂，动作不自然，锤击力也小。

⑥ 站立位置和身体姿势不正确而使身体向后仰或向前弯。

1.3.2 錾子的刃磨与热处理

一、实训要求

（1）正确掌握阔、狭錾的刃磨和热处理方法；

（2）能根据加工材料的不同性质，正确地选择錾子刃磨的几何角度；

（3）了解使用砂轮机刃磨錾子时的安全注意事项。

二、实训内容

1. 阔、狭錾的刃磨要求

錾子的几何形状及合理的角度值要根据用途和加工材料的性质而定。

錾子楔角的大小，要根据被加工材料的软硬来决定。錾削较软的金属，可取 30°～50°；錾削较硬的金属，可取 60°～70°；一般硬度的钢件或铸件，可取 50°～60°。

狭錾的切削刃长度应与槽宽相对应，两个侧面间的距离应从切削刃起向柄部逐渐变狭，使錾槽时能形成 1°～3° 的副偏角，避免錾子在錾槽时被卡住，同时保证槽的侧面錾削平整。切削刃要与錾子的几何中心垂直，且应在錾子的对称平面上，阔錾的切削刃可略带弧形，其作用是，在平面上錾去微小的凸起部分时切削刃两边的尖角不易损伤平面的其他部分，前后刀面要光洁、平整。

2. 刃磨方法

錾子楔角的刃磨方法如图 1-3-9 所示，双手握住錾子，在砂轮的轮沿上进行刃磨。刃磨时，必须使切削刃高于砂轮水平中心线，在砂轮全宽上做左右移动，并要控制錾子的方向、位置，保证磨出所需的楔角值。刃磨时加在錾子上的压力不宜过大，左右移动要平稳、均匀，并要经常蘸水冷却，以防退火。

3. 热处理方法

錾子的热处理包括淬火和回火两个过程，其目的是保证錾子的切削部分具有较高的硬度和一定的韧性。

（1）淬火。当錾子的材料为 T7 或 T8 钢时，可把錾子的切削部分约 20 mm 的一端，均匀加热到 750 ℃～780 ℃后迅速取出，并垂直地把錾子放入冷水内冷却即完成，如图 1-3-10 所示。

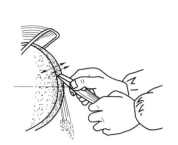
图 1-3-9 錾子的刃磨

图 1-3-10 錾子的淬火

　　錾子放入水中冷却时，应沿着水面缓慢地移动。其目的是：加速冷却，提高淬火硬度；使淬硬部分与不淬硬部分没有明显的界线，避免錾子在此线上断裂。

　　（2）回火。錾子的回火是利用本身的余热进行的，当淬火的錾子露出水面的部分呈黑色时，即由水中取出，迅速擦去氧化皮，观察錾子刃部的颜色变化。对一般阔錾，在錾子刃口部分呈紫红色与暗蓝色之间时（对一般狭錾，在錾子刃口部分呈黄褐色与红色之间时），将錾子再次放入水中冷却，此时完成錾子的淬火、回火处理的全部过程。

　　4. 安全注意事项

　　（1）磨錾子要站立在砂轮机斜侧的位置，不能正对砂轮的旋转方向。

　　（2）为了避免铁屑飞溅伤害眼睛，刃磨时必须戴好防护眼镜。

　　（3）采用砂轮搁架时，搁架必须靠近砂轮，相距应在 3 mm 之内，并在安装牢固后才能使用。如果搁架与砂轮之间距离过大，容易使錾子陷入，引起事故。

　　（4）开动砂轮架机后必须观察旋转方向是否正确，并要等到速度稳定后才能使用。

　　（5）刃磨时对砂轮施加压力不可太大，发现砂轮表面跳动严重时，应及时检修或用修正器修正。

　　（6）不可用棉纱裹住錾子进行刃磨。

三、实训图样

　　实训图样如图 1-3-11 所示。

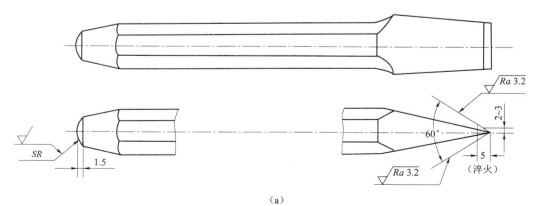

（a）

图 1-3-11 刃磨和热处理阔、狭錾

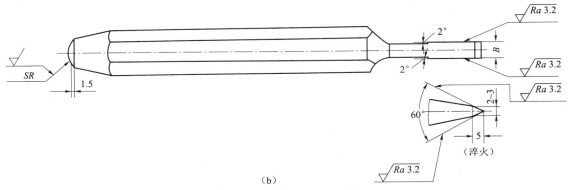

（b）

图 1-3-11　刃磨和热处理阔、狭錾（续）

四、实训步骤

（1）首先用 4 mm 扁铁做楔角刃磨练习。

（2）刃磨阔錾，其楔角可用角度样板检查，如图 1-3-12 所示。

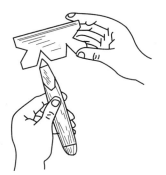

图 1-3-12　用角度样板检查錾子楔角

（3）刃磨狭錾，刃口宽度尺寸 B 按加工槽宽度放大一些。

（4）热处理阔、狭錾。

五、注意事项

（1）仔细观察教师的操作示范，如淬火时錾子加热到什么颜色，淬火时的淬火深度和动作，到什么时候取出，在錾子刃部出现什么颜色时再次放入水中，以及刃磨錾子的动作过程等，只有心中有数才能在实际操作时避免盲目性。

（2）观察錾子加热时的颜色变化往往与炉火颜色分不清，应适时取出观看，防止加热温度过高，不能达到淬火要求。同时要注意，不要过多地看炉子火光，以免使眼睛发花，造成辨不清回火颜色。

（3）錾子刃磨时，左右压力控制不均，使錾子刃口刃磨倾斜是操作中常见的问题，要注意避免。

1.3.3　錾狭平面

一、实训要求

（1）巩固正确的錾削姿势并提高锤击的准确性及锤击力量。

（2）掌握平面錾削的方法，并能保证一定的精度。

（3）做到安全和文明生产。

二、实训内容

1. 起錾方法

錾削时的起錾方法有斜角起錾和正面起錾两种，如图 1-3-13 所示。在錾削平面时，应采用斜角起錾的方法，即先在工件的边缘尖角处［见图 1-3-13（a）］錾出一个斜面，然后按正常的錾削角度逐步向中间錾削。在錾削槽时，则必须采用正面起錾，即起錾时全部刃口贴住工件錾削部位的端面［见图 1-3-13（b）］錾出一个斜面，然后按正常角度錾削。这样的起錾可避免錾子的弹跳和打滑，且便于掌握加工余量。

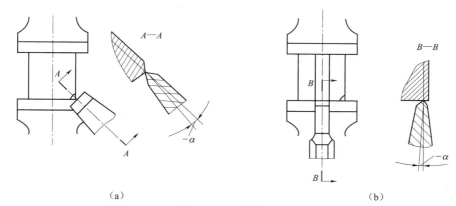

图 1-3-13　起錾方法
（a）斜角起錾；（b）正面起錾

2. 錾削动作

錾削时的切削角度，一般应使后角在 5°～8°［见图 1-3-14（a）］。后角过大，錾子易向工件深处扎入［如图 1-3-14（b）所示］；后角过小，錾子易从錾削部位滑出［如图 1-3-14（c）所示］。

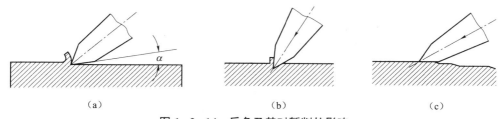

图 1-3-14　后角及其对錾削的影响
（a）后角为 5°～8°；（b）后角过大；（c）后角过小

在錾削过程中，一般每錾削两三次后，可将錾子退回一些，做一次短暂的停顿，然后再将刃口顶住錾削处继续錾削。这样，既可随时观察錾削表面的平整情况，又可使手臂肌肉有节奏地得到放松。

3. 尽头地方的錾法

在一般情况下，当錾削接近尽头 10～15 mm 时，必须调头錾去余下的部分，如图 1-3-15（a）所示，当錾削脆性材料，例如錾削铸铁和青铜时更应如此，否则尽头处就会崩裂，如图

1-3-15（b）所示。

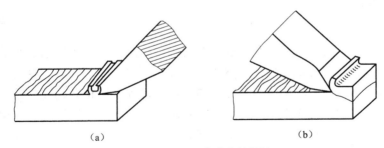

（a） （b）

图 1-3-15 尽头地方的錾法

（a）调头錾去；（b）错误錾法

4. 安全注意事项

（1）工件必须夹紧，伸出钳口高度一般在 10～15 mm 为宜，同时下面要加木衬垫。

（2）錾削时要防止切屑飞出伤人，前面应有防护网，操作者在必要时可戴上防护眼镜。

（3）錾削时要防止錾子在錾削部位滑出，为此，錾子用钝后要及时刃磨锋利，并保持正确的楔角。

（4）錾子和手锤的头部如有明显的毛刺，要及时磨去。

三、实训图样

实训图样如图 1-3-16 所示。

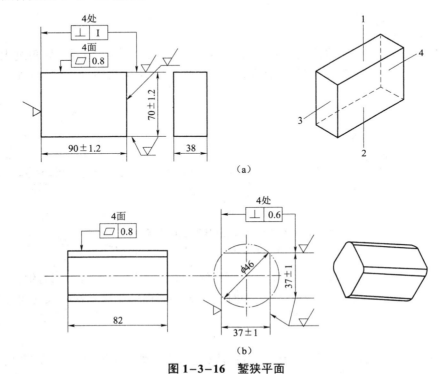

（a）

（b）

图 1-3-16 錾狭平面

（a）件 1；（b）件 2

四、实训步骤

1. 完成实训件 1 的錾削加工

（1）按图样尺寸划出 90×70 mm 尺寸的平面加工线。

（2）按实训图各面的编号顺序依次錾削，达到图样要求，且錾痕整齐。

2. 完成实训件 2 的錾削加工

（1）錾削第一面。以圆柱母线为基准划出 41.5 mm 高度的平面加工线，然后按线錾削，达到平面要求。

（2）以第一面为基准，划出相距为 37 mm 对面的平面加工线，按线錾削，达到平面度和尺寸公差要求。

（3）分别以第一面及一端面为基准，用 90°角尺划出距顶面母线为 4.5 mm 并与第一面相垂直的平面加工线，按线錾削，达到平面度及垂直度要求。

（4）以第三面为基准，划出相距为 37 mm 对面的平面加工线，按线錾削，达到平面度、垂直度及尺寸公差要求。

五、注意事项

（1）学习重点应放在掌握正确的姿势、合适的锤击速度和锤击力量上。

（2）为锻炼锤击力量，粗錾时每次的錾削量应在 1.5 mm 左右。

（3）对实训工件进行錾削时，时常出现锤击速度过快、左手握錾不稳、锤击无力等情况，要注意及时克服。

（4）錾到尽头时应该调转錾头，避免棱角崩裂。

1.4　锉　　削

1.4.1　锉削姿势练习

一、实训要求

（1）初步掌握平面锉削时的站立姿势和动作；

（2）懂得锉削时两手用力的方法；

（3）能正确掌握锉削速度；

（4）懂得锉刀的保养和锉削时的安全知识。

二、实训内容

（1）锉刀柄的装拆方法，如图 1-4-1 所示。

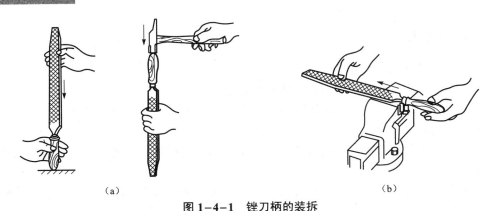

图1-4-1 锉刀柄的装拆

(a) 装锉刀柄的方法；(b) 拆锉刀柄的方法

（2）平面锉削的姿势。锉削姿势正确与否，对锉削质量、锉削力的运用和发挥以及对操作时的疲劳程度都起着决定性的影响，必须正确掌握。要从握锉、站立步位和姿势动作以及操作用力这几方面，反复练习，达到协调一致。

① 锉刀握法。大于250 mm板锉的握法如图1-4-2（a）所示。右手握紧锉刀柄，柄端抵在拇指根部的手掌上，大拇指放在锉刀柄的上部，其余手指由下而上地握着锉刀柄；左手的基本握法是将拇指的根部肌肉压在锉刀头上，拇指自然伸直，其余四指弯向手心，用中指、无名指捏住锉刀前端，还有两种左手的握法见图1-4-2（b）和图1-4-2（c）。右手推动锉刀并决定推动方向，左手协同右手使锉刀保持平衡。

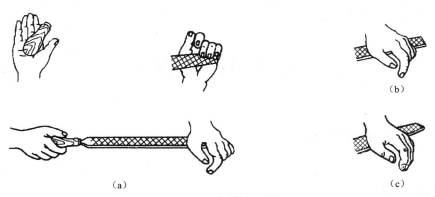

图1-4-2 大板锉的握法

② 姿势动作。锉削时的站立部位和姿势如图1-4-3所示，锉削动作如图1-4-4所示。

两手握住锉刀放在工件上面，左臂弯曲，小臂与工件锉削面的左右方向保持基本平行，右小臂要与工件锉削面的前后方向保持基本平行，且要自然；锉削行程，身体应与锉刀一起向前，右脚伸直并稍向前倾，重心在左脚，左膝部呈弯曲状态；锉刀回程，当锉刀锉至约3/4行程时，身体停止前进，两臂则继续将锉刀向前锉到头，同时，左腿自然伸直并随着锉削时的反作用力将身体重心后移，使身体恢复原位，并顺势将锉刀收回，当锉刀收回将近结束时，身体又开始前倾，做第二次锉削的向前运动。

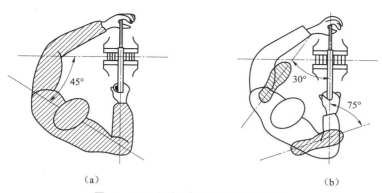

（a）　　　　　　　　　　　　　　（b）

图 1-4-3　锉削时的站立部位和姿势

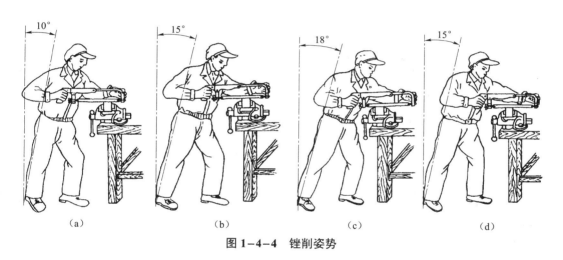

（a）　　　　　　（b）　　　　　　（c）　　　　　　（d）

图 1-4-4　锉削姿势

③ 锉削时两手的用力和锉削速度。要锉出平直的平面，必须使锉刀保持直线的锉削运动，为此，锉削时右手的压力要随锉刀推动而逐渐增加，左手的压力要随锉刀推动而逐渐减小，如图 1-4-5 所示。回程时不加压力，以减少锉齿的磨损，锉削速度一般应在 40 次/min 左右，推出时稍慢，回程时稍快，动作要自然协调。

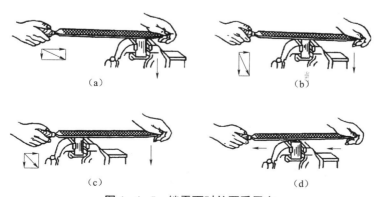

（a）　　　　　　　　　　　　　　（b）

（c）　　　　　　　　　　　　　　（d）

图 1-4-5　锉平面时的两手用力

1. 平面的锉法

（1）顺向锉［见图 1-4-6（a）］。锉刀运动方向与工件夹持方向一致，在锉宽平面时，为了使整个加工表面能均匀地锉削，每次退回锉刀时应在横向做适当的移动，顺向锉的锉纹整齐一致，比较美观，这是最基本的一种锉削方法。

（2）交叉锉［见图 1-4-6（b）］。锉刀运动方向与工件夹持方向成 30°～40°角，且锉纹交叉，由于锉刀与工件的接触面大，锉刀容易掌握平稳，同时从锉痕上可以判断出锉削面的高低情况，因此容易把平面锉平，交叉锉法一般适用于锉粗糙面。精锉时必须采用顺向锉，使锉痕与直锉纹一致。

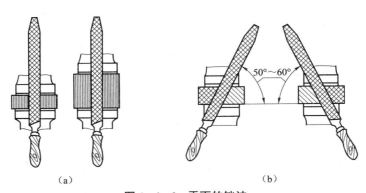

（a）　　　　　　　　　　（b）

图 1-4-6　平面的锉法

（a）顺向锉；（b）交叉锉

2. 锉刀的保养

（1）新锉刀先使用一面，等用钝后再使用另一面。

（2）在粗锉时，应充分使用锉刀的有效全长，避免局部磨损。

（3）锉刀上不可沾油与沾水。

（4）如果锉屑嵌入齿缝内必须及时地用钢丝刷清除。

（5）不可锉毛坯硬皮及经过淬硬的工件，锉削铝、铜等软金属应使用单齿纹锉刀。

（6）铸件表面如有硬皮，则应先用旧锉刀或锉刀的有齿侧边锉去硬皮，然后再进行加工。

（7）锉刀使用完毕后必须清刷干净，以免生锈。

（8）在使用过程中或放入工具箱时，不可与其他工具或工件堆放在一起，也不可与其他锉刀互相重叠堆放，以免损害锉齿。

3. 锉削时的文明生产和安全生产知识

（1）锉刀是右手工具，应放在台虎钳的右面，放在钳台上时锉柄不可露在钳桌外面，以免碰掉地上砸伤脚或损坏锉刀。

（2）没有装柄的锉刀或锉刀柄已裂开的锉刀不可使用。

（3）锉削时锉刀柄不能撞击到工件，以免锉刀柄脱落造成事故。

（4）不能用嘴吹锉屑，也不能用手擦摸锉削表面。

（5）锉刀不可作撬棒或手锤使用。

三、实训图样

实训图样如图 1-4-7 所示。

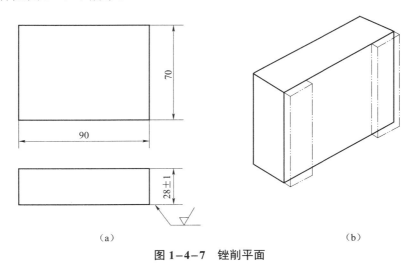

图 1-4-7 锉削平面

四、实训步骤

（1）将实训件正确地装夹在台虎钳中间，锉削面高出钳口面约 15 mm。

（2）用旧的 300 mm 粗板锉，在实训件凸起的阶台上做锉削姿势练习。开始采用慢动作练习，初步掌握后再做正常速度练习，要求全部采用一种握法，做顺向锉削。练习件锉后最小厚度尺寸不能小于 27 mm。

五、注意事项

（1）锉削是钳工的一种重要基本操作。正确的姿势是掌握锉削的基础，因此要求必须练好。

（2）初次练习时会出现各种不正确的姿势，特别是双手和身体不协调，要随时注意并及时纠正，若让不正确的姿势成为习惯，纠正就困难了。

（3）在练习姿势、动作时，也要注意掌握两手用力如何变化才能使锉刀在工件上保持平衡。

1.4.2 锉削平面

一、实训要求

（1）继续掌握正确的锉削姿势。

（2）懂得平面锉削的方法要领，并能形成锉削平面的初步技能。

（3）掌握用刀口直尺检查平面度的方法。

二、实训内容

1. 锉平平面的练习要领

用锉刀锉平平面是一个技能技巧，而技能技巧都必须通过反复的、多样性的刻苦练习才能形成。而掌握要领的练习，会使技能技巧的练习加快。

（1）要掌握好正确的动作姿势。

（2）锉削力的正确和熟练运用，使锉削时保持锉刀的平衡运动。

（3）操作时注意力要集中，练习过程要用心研究。

（4）练习前了解几种锉不平的具体因素（见表 1-4-1），便于练习中分析改进。

表 1-4-1　平面不平的形成和原因

形式	产生的原因
平面中凸	（1）锉削时双手的用力不能使锉刀保持平衡； （2）锉刀在开始推出时，右手压力太大，锉刀被压下；锉刀推到前面，左手压力太大，锉刀被压下，形成前、后面多锉； （3）锉削姿势不正确； （4）锉刀本身中凹
对角扭曲或塌角	（1）右手或左手施加压力时重心偏在锉刀的一侧； （2）工件没有夹持准确； （3）锉刀本身扭曲
平面横向中凸或中凹	锉刀在锉削时左右移动不均匀

2. 检查平面度的方法

锉削工件时，由于锉削平面较小，其平面度通常都采用刃口直尺通过透光法来检查。检查时，刃口直尺应垂直放在工件表面上［见图 1-4-8（a）］，并在加工面的纵向、横向、对角方向多处逐一进行［见图 1-4-8（b）］。如果刃口直尺与工件平面间透光微弱而均匀，说明该平面是平直的；如果透光强弱不一，说明该平面是不平的。平面度误差值的确定可用厚薄规做塞入检查。对于中凹平面，取各检查部位中的最大值；对于中凸平面，则应在两边以同样厚度的塞尺做塞入检查，并取各检查部位中的最大值［见图 1-4-8（c）］。

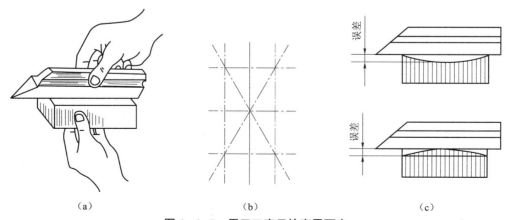

（a）　　　　　　　　　　（b）　　　　　　　　　　（c）

图 1-4-8　用刃口直尺检查平面度

（a）垂直工件表面；（b）检查方向；（c）检查中凹、中凸平面

3. 检查垂直度的方法和修整（见图 1-4-9 和图 1-4-10）

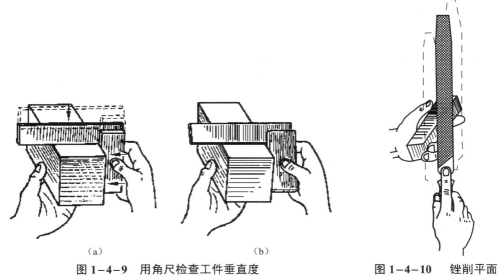

（a）   （b）

图 1-4-9　用角尺检查工件垂直度

（a）正确；（b）错误

图 1-4-10　锉削平面

三、实训图样

实训图样如图 1-4-11 所示。

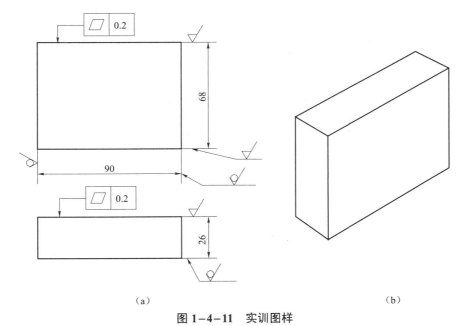

（a）   （b）

图 1-4-11　实训图样

四、实训步骤

（1）检查来料尺寸，掌握好加工余量的大小。

（2）先在宽平面上，后在狭平面上采用顺向锉练习锉平。有錾痕的表面可用交叉法锉去。

五、注意事项

（1）练习时要把注意力集中在两个着重点：一是操作姿势、动作要正确；二是要锻炼两手用力的方向、大小，并经常用刃口直尺检查加工面的平面度情况，来判断自己的手是否规律，若不规律则改进，逐步形成平面锉削的技能技巧。发现问题要及时纠正，要克服盲目的、机械的练习方法。

（2）锉削后实训件的宽度与厚度尺寸不得小于 68 mm 和 26 mm，锉削纹路必须沿直向平行一致。

（3）正确使用工、量具，并做到文明安全操作。

（4）检查垂直度时，要注意角尺从上向下移动的速度、压力不要太大，否则易造成尺座的测量面离开工件基准面，仅根据被测面的透光情况就认为垂直度正确，而实际上并没有达到正确的垂直度。

（5）刀口直尺在检查平面上改变位置时，不能在平面上拖动，应提起后再轻放到另一检查位置。否则直尺的边容易磨损，降低其精度。

1.4.3　锉削长方体

一、实训要求

（1）提高并熟练平面锉削技能，达到一定的锉削精度。

（2）掌握游标卡尺的测量方法（见图 1-4-12 和图 1-4-13）。

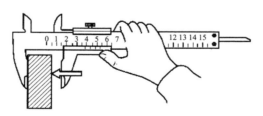

图 1-4-12　测量时量爪的动作

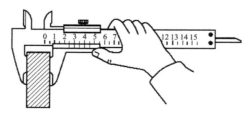

图 1-4-13　量爪就位后，可读数测量

（3）熟练掌握角尺的使用。

（4）掌握用 250 mm 细板锉锉削加工，表面粗糙度达到 $Ra \leqslant 3.2$ μm。

二、实训内容

（1）250 mm 细板锉的使用。250 mm 细板锉用来对平面进行精锉加工，并使加工表面达到较小的表面粗糙度。

（2）用细板锉做精加工表面时，锉削力无须很大，为使锉削时便于掌握锉刀的平衡，其锉刀的握法与 300 mm 粗板锉的握法不同（见图 1-4-14）。

（3）细板锉一般能加工出表面粗糙度为 $Ra \leqslant 3.2\ \mu m$ 的表面。为了达到更光洁的加工表面，可在锉刀的尺面涂上粉笔灰，不让锉屑嵌入锉刀齿纹内，使锉出的表面粗糙度达到 $Ra \leqslant 1.6\ \mu m$。在锉削钢件时，特别是在锉削韧性较大的材料时，锉屑易嵌入锉刀齿纹内拉伤加工表面，使表面粗糙度增大，为此必须经常用钢丝刷刷去或用薄铁片剔除（见图 1-4-15）。

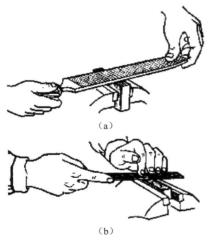

图 1-4-14　250 mm 细板锉握法

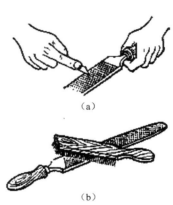

图 1-4-15　清除锉刀内的锉屑

三、实训图样

实训图样如图 1-4-16 所示。

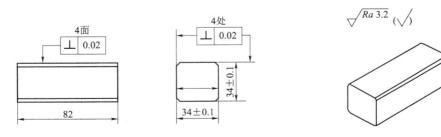

技术要求：1. 34 mm 尺寸处，其最大与最小尺寸的差值不得大于 0.1 mm；
　　　　　2. 两端各线锐边倒角 C1。

图 1-4-16　锉削长方形

四、实训步骤

（1）粗、精锉基准面 A。粗锉用 300 mm 粗板锉，精锉用 250 mm 细板锉，达到平面度为 0.04 mm，表面粗糙度 $Ra \leqslant 3.2$ μm 的要求。

（2）粗、精锉基准面 A 的对面，用游标高度尺划出相距 34 mm 尺寸的平面加工线，先粗锉，留 0.15 mm 左右的精锉余量，再精锉达到图样要求。

（3）粗、精锉基准面 A 的任一邻面。用角尺和划针划出平面加工线，然后锉削达到图样要求。

（4）粗、精锉基准面 A 的任一邻面。先以相距对面 34 mm 的尺寸划平面加工线，然后粗锉，留 0.15 mm 左右的精锉余量，使精锉达到图样要求。

（5）全部精度复检，并做必要的修正锉削。最后将两端的锐边进行倒角 $C1$。

五、注意事项

（1）加工夹紧时，要在虎钳上垫好软金属衬垫，避免工件端面的夹伤。

（2）在锉削时要正确掌握好加工余量，认真仔细地检查尺寸等情况，避免精度超差；要采用顺向锉，并使用锉刀有效地对全长进行加工。

（3）基准面是作为加工控制其余各面时的尺寸位置精度的测量基准，故必须在达到其规定的平面度要求后，才能加工其他面。

（4）为保证取得正确的垂直度，各方面的横向尺寸差值必须首先尽可能取得较高的精度；在测量时锐边必须去除毛刺倒棱，以保证测量的准确性。

1.4.4 锉削曲面

一、实训要求

（1）懂得曲面锉削的应用；
（2）掌握曲面的锉削和精度检验的方法；
（3）能根据工件的不同几何形状和要求，正确选用锉刀；
（4）能用锉刀做推锉操作。

二、实训内容

1. 曲面锉削的应用
（1）配键。
（2）机械加工较为困难的曲面件，如凹凸曲面磨具、曲面样板以及凸轮等的加工和修正。
（3）增加工件的外形美观。

2. 曲面锉削方法
曲面由各种不同的曲线形面所组成。最基本的曲面是单一的外圆弧面和内圆弧面。掌握内外圆弧面的锉削方法和技能，是掌握各种锉削的基础。

1）锉削外圆弧面方法

锉削外圆弧面所用的锉刀都为板锉。锉削时锉刀要同时完成两个运动：前进运动和锉刀绕工件圆弧中心的转动（见图 1-4-17）。锉削外圆弧面的方法有两种：

（1）顺着圆弧面锉［见图 1-4-17（a）］。锉削时，锉刀向前，右手下压，左手随着上提。这个方法能使圆弧面锉削得光洁圆滑，但锉削位置不易掌握且效率不高，故适用于精锉圆弧面。

（2）横着圆弧面锉［见图 1-4-17（b）］。锉削时，锉刀做直线运动，并不断随圆弧面摆动。这种方法锉削效率高且便于按划线均匀锉成近似弧线，但只能锉成近似圆弧面的多棱形面，故适用于圆弧面的粗加工。

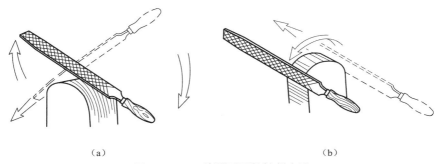

（a）　　　　　　　　　　　　　　　　（b）

图 1-4-17　外圆弧面的锉削方法

（a）顺着圆弧面锉；（b）横着圆弧面锉

2）锉削内圆弧面方法

锉削内圆弧面的锉刀可选用圆锉、半圆锉、方锉。锉削时锉刀要同时完成三个运动：前进运动；随圆弧面向左或向右移动；绕锉刀中心线转动。只有同时完成以上运动，才能保证锉出的弧面光滑、准确。内圆弧面的锉削方法如图 1-4-18 所示。

3）平面与曲面的连接方法

在一般情况下应先加工平面，然后再加工曲面才便于使曲面与平面圆滑连接，如果先加工曲面后加工平面，则在加工平面时，由于锉刀侧面无依靠而产生左右移动，使已加工曲面损伤，同时连接处也不易锉得圆滑，或者使圆弧不能与平面相切。

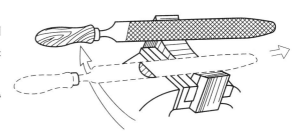

图 1-4-18　内圆弧面的锉削方法

4）球面锉削方法

锉削圆柱形工件端部的球面时，锉刀要以直向和横向两种曲面锉法结合进行，才能方便地获得符合要求的球面。

5）曲面形体的轮廓度检查方法

曲面形体的线轮廓度，锉削练习时可用曲面样板通过塞尺进行检查，如图 1-4-19 所示。推锉的操作方法如图 1-4-20 所示。由于推锉时锉刀的平衡易于掌握，且切削量小，因此便于获得较平整的加工平面和良好的表面粗糙度。但由于推锉时的切削量很少，故一般常用作狭长小平面的平面度修整或对有凸台的狭平面［见图 1-4-20（a）］以及为使内圆弧面的锉纹成顺圆弧方向［见图 1-4-20（b）］的精锉加工。

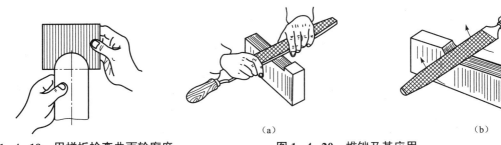

图 1-4-19 用样板检查曲面轮廓度   图 1-4-20 推锉及其应用

（a）修整狭长小平面；（b）使内圆弧面的锉纹成顺圆方向

三、实训图样

实训图样如图 1-4-21 所示。

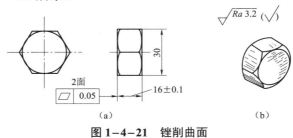

图 1-4-21 锉削曲面

四、实训步骤

（1）选择较平的面先锉，达到平面度为 0.05 mm、表面粗糙度 $Ra \leqslant 3.2\ \mu m$ 的要求，并保证与六角面基本垂直。

（2）锉另一面，达到有关图样要求。

（3）划六角内切圆及圆弧倒角尺寸的加工线，并按加工线倒好两端的圆弧角。

（4）用同样的方法加工其他件。

五、注意事项

（1）在顺着圆弧锉时，锉刀上翘下摆的摆动幅度要大，才易于锉圆。

（2）圆弧锉削中常出现的几种形体误差：圆弧不圆呈多角形；圆弧半径过大或过小；圆弧横向直线度与基准面的垂直度误差大；不按划线加工造成位置尺寸不正确；表面粗锉纹理不整齐。练习时应注意避免。

1.5 锯 割

一、实训要求

（1）能对各种形体材料进行正确的锯割，操作姿势正确，并能达到一定的锯割精度；

（2）根据不同材料能正确选用锯条，并能正确安装；

（3）懂得锯条的折断原因和防止方法，了解锯缝产生歪斜的几种因素；

（4）做到安全、文明操作。

二、实训内容

用手锯把工件材料切割开或在工件上锯出沟槽的操作叫锯割。

1. 锯割的概述

（1）手锯构造。手锯由锯弓和锯条构成。锯弓是用来安装锯条的，它分为可调式（见图 1-5-1）和固定式两种。固定式锯弓只能安装一种长度的锯条，可调式锯弓通过调整可以安装几种长度的锯条，并且可调式锯弓的锯柄便于用力，所以目前被广泛使用。

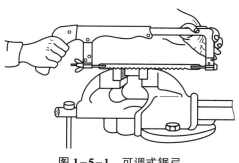

图 1-5-1　可调式锯弓

（2）锯条的正确选用。锯条根据锯齿的牙锯大小，有细齿、中齿、粗齿。使用时应根据所锯材料的软硬、厚薄来选用，锯割软材料或厚的材料时应选用粗齿锯条；锯割硬材料和薄的材料时应选用细齿锯条。一般来说，对锯割薄材料，在锯割截面上应有三个齿能同时参加锯割，这样才能避免锯齿被钩住和崩断。

（3）手锯握法、锯割姿势、压力及速度要领。

① 握法。右手满握锯柄，左手轻扶在锯弓前端，如图 1-5-1 所示。

② 姿势。锯割时的站立位置和身体摆动姿势与锉削基本相似，摆动要自然。

③ 压力。锯割运动时的推力和压力由右手控制，左手主要配合右手扶正锯弓，压力不要过大。手锯退出时为切削行程施加压力，返回行程不切削、不加压力做自然来回。工件将断时压力要小。

④ 运动和速度。锯割运动一般采用小幅度的上下摆动式运动。就是手锯推近时，身体略向前倾，双手随着压力锯割的同时，左手上翘、右手下压；回程时右手上抬、左手自然跟回。对锯缝底面要求平直的锯割，必须采用直线运动。锯割运动的速度一般约为 40 次/min，锯割硬材料慢些，锯割软材料快些，同时锯割行程应保持均匀，返回行程的速度应相对快些。

2. 锯割的操作方法

（1）工件的夹持。工件一般应夹在台虎钳的左侧，以便操作；工件伸出钳口不应过长，应使锯缝离开钳口侧面 20 mm 左右，防止工件在锯割时产生振动；锯缝线条要与钳口侧面保持平行，便于控制锯缝不偏离划线线条；夹紧要牢靠，同时要避免将工件夹变形和夹坏已加工面。

（2）锯条的安装。手锯是在前推时才起切削作用，因此锯条安装应使齿尖的方向朝前，如果装反了，锯齿前角为负值，则不能正常锯割。在调节松紧时，蝶形螺母不宜旋得太紧或太松，太紧时锯条受力太大，在锯割中用力稍有不当很容易折断，太松则锯割时锯条容易扭曲，也易折断，而且锯出的锯缝容易歪斜。其松紧程度可用手扳动锯条，感觉硬实即可。锯条安装后，要保证锯条平面与锯弓中心平面平行，不得倾斜和扭曲，否则锯割时锯缝极易歪

斜。锯条的安装如图 1-5-2 所示。

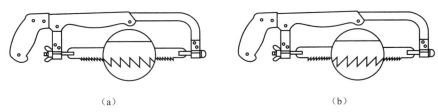

(a) (b)

图 1-5-2 锯条安装
(a) 安装正确；(b) 装反了

（3）起锯方法。起锯是锯割工作的开始。起锯质量的好坏，直接影响锯割质量，如起锯不正确，会使锯条跳出锯缝将工件拉毛或者引起锯齿崩裂。起锯有远起锯 [见图 1-5-3（a）] 和近起锯 [见图 1-5-3（c）] 两种。起锯时，左手拇指靠住锯条，使锯条能正确地锯在所需要的位置上，行程要短、压力要小、速度要慢。起锯角约为 15°，如果起锯角太大，则起锯不易平稳，尤其是近起锯时，锯齿会被工件棱边卡住而引起崩裂 [见图 1-5-3（b）]。但起锯角也不宜太小，否则，由于锯齿与工件同时接触的齿数较多，不易切除材料，多次起锯往往容易发生偏离，使工件表面锯出许多锯痕，影响表面质量。

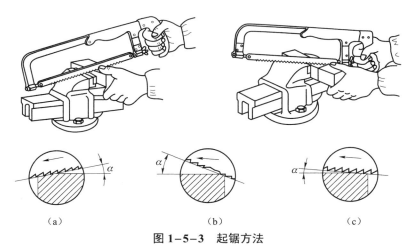

(a) (b) (c)

图 1-5-3 起锯方法
(a) 远起锯；(b) 起锯角过大；(c) 近起锯

一般情况下采用远起锯比较好。因为远起锯是逐步切入材料，锯齿不易卡住，起锯也比较方便。如果用近起锯而掌握不好，锯齿会被工件的棱边卡住。当起锯锯到槽深有 2~3 mm 时，锯条已不会滑出槽外，左手拇指可离开锯条扶正锯弓逐渐使锯痕向后成为水平，然后往下正常锯割。正常锯割时应使锯条在每次行程中都能全部参加锯割。

3. 各种材料的锯割方法

（1）棒料的锯割。如果锯割的断面要求平整，则应从开始连续锯到结束。若锯出的断面要求不高可分几个方向锯下，这样，由于锯割面变小而容易锯入可提高工作效率。

（2）管子的锯割。锯割管子前要划出垂直于轴线的锯割线，由于锯割对划线的精度要求不高，最简单的方法可用矩形纸条按锯割尺寸绕住工件外圆（见图 1-5-4），然后用滑石划出，锯割时必须把管子夹正。对于薄壁管子和精加工过的管子，应夹在 V 形槽的两木衬垫之间（见图 1-5-5），以防将管子夹扁和夹坏表面。

锯割薄壁管子时不可在一个方向从开始连续锯割到结束，否则锯齿会被管壁钩住而崩裂。正确的方法是先在一个方向锯到管子内壁处，然后把管子向推锯的方向转过一定角度，并连接原锯缝再锯到管子的内壁处，如此逐渐改变方向不断转锯，直到锯断为止［见图 1-5-5（b）］。

（3）薄材料的锯割。锯割时尽可能从宽面上锯下去。当只能在板料的狭面上锯下去时可用两块木板夹持，连木块一起锯下，避免锯齿钩住，同时也增加了板料的刚性，使锯割时不会颤动［见图 1-5-6（a）］。也可以把薄板料夹在台虎钳上，用手锯做横向斜推锯，使锯齿与薄板接触的齿数增加，避免锯齿崩裂［见图 1-5-6（b）］。

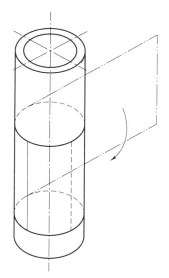

图 1-5-4　管子锅割线的划法

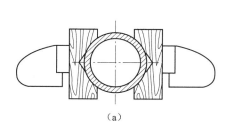 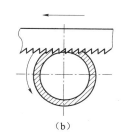 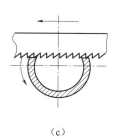

（a）　　　　　　　（b）　　　　　　　（c）

图 1-5-5　管子的夹持与锯割

（a）管子的夹持；（b）转位锯割；（c）不正确锯割

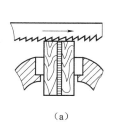 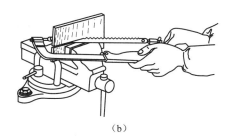

（a）　　　　　　　　　　　（b）

图 1-5-6　薄板的锯割

（a）木板夹持；（b）台虎钳夹持

（4）深缝锯割。当锯缝的深度超过锯弓的高度时（见图 1-5-7），应将锯条转过 90°重新安装，使锯弓转到工件的旁边［见图 1-5-7（b）］；当锯弓横过来其高度仍不够时，也可把锯条安装成使锯齿在锯内进行锯割［见图 1-5-7（c）］。

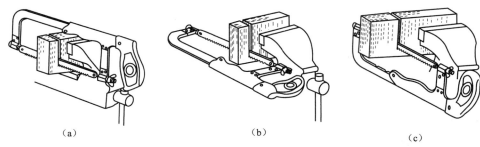

（a）　　　　　　　　　　　　（b）　　　　　　　　　　　　（c）

图 1-5-7　深缝的锯割

（a）锯条正常安装；（b）锯条 90°安装；（c）锯条 180°安装

4. 锯条折断的原因

（1）工件未夹紧，锯割时工件有松动。

（2）锯条装得过紧或过松。

（3）锯割压力过大或锯割时用力突然偏离锯缝方向。

（4）强行纠正歪斜的锯缝，或调换新锯条后，仍在原锯缝过猛地锯下。

（5）锯割时锯条中间局部磨损，拉长使用而被卡住引起折断。

（6）中途停止使用时，手锯未从工件中取出而碰断。

5. 锯齿崩裂的原因

（1）锯条选择不当，如锯薄板料、管子时用粗齿。

（2）起锯时角度太大。

（3）锯割运动突然摆动过大，以及锯齿有过猛的撞击，使齿撞断。当局部几个锯齿崩裂后，应及时在砂轮机上进行修整，即将相邻的 2~3 齿磨成凹圆弧（见图 1-5-8），并把已断掉的齿磨光，如不立即处理，会使崩裂齿后面的各齿相继崩裂。

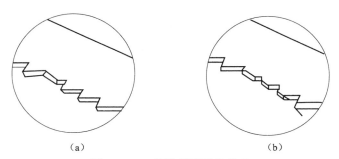

（a）　　　　　　　　　　　　　　　　　　（b）

图 1-5-8　锯齿崩裂后的修正

6. 锯缝产生的原因

（1）工件安装时，锯缝线方向未能与铅垂线方向一致。

（2）锯条安装太松或锯弓平面扭曲。

（3）使用锯齿两面磨损不均的锯条。

（4）锯割压力过大使锯条左右偏摆。

（5）锯弓未挡正或用力歪斜，使锯条背偏离锯缝中心平面，斜靠在锯割断面的一侧。

7. 安全知识

（1）锯条要装得松紧适当，锯割时不要突然用力过猛，防止工件中锯条折断从锯弓上崩出伤人。

（2）工件将锯断时，压力要小，避免压力过大使工件突然断开，手向前冲造成事故，一般工件将锯断时，要用手扶住工件断开部分，避免掉下砸伤脚。

三、实训图样

实训图样如图 1-5-9 所示。

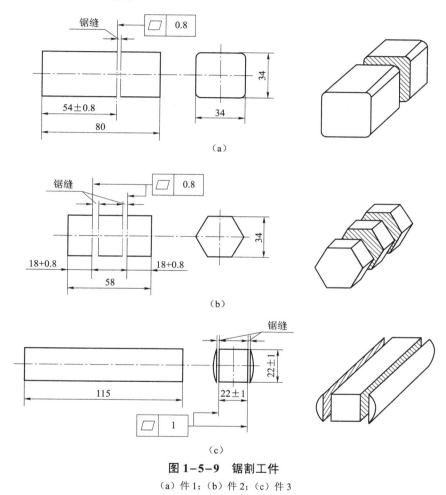

图 1-5-9　锯割工件
(a) 件 1；(b) 件 2；(c) 件 3

四、实训步骤

（1）按图样尺寸对三件实训件划出锯割线（要求锯割线划 2 mm 宽）。

（2）锯件 1 四方铁（铸铁件），达到尺寸（54±0.8）mm、锯割断面平面度为 0.8 mm 的要求，且锯痕整齐。

（3）锯钢六角件时，在角的内侧面采用远起锯，达到尺寸（18±0.8）mm、锯割断面平面度为 0.8 mm 的要求，且锯痕整齐。

（4）锯长方体（要求纵向锯），达到尺寸（22±1）mm、锯割断面的平面度为 1 mm 的要求，且锯痕整齐。

五、注意事项

（1）锯割练习时，必须注意工件的安装夹持及锯条的安装是否正确，并要注意起锯方法和起锯角度是否正确，以免一开始锯割就造成废品和锯条损坏。

（2）初学锯割，对锯割速度不易掌握，往往推出速度过快，这样容易使锯条很快磨钝。同时，也常会出现摆动姿势不自然、摆动幅度过大等错误姿势，应注意及时纠正。

（3）要经常注意锯缝的平直情况，及时纠正，以免歪斜过多再作纠正时，不能保证锯割的质量。

（4）在锯割钢件时，可以加些机油，以减少锯条与锯割断面的摩擦及冷却锯条，提高锯条的使用寿命。

（5）锯割完毕，应将锯弓上张紧螺母适当放松，但不要拆下锯条（防止锯弓上的零件失散），并将其妥善放好。

1.6 钻孔、锪孔、铰孔

1.6.1 钻孔

一、实训要求

（1）了解本工作场地台钻、立钻的规格、性能及其使用方法。

（2）掌握标准麻花钻的刃磨方法。

（3）懂得钻孔（见图1-6-1）时转速的选择方法。

（4）掌握划线钻孔方法，并能进行一般孔的钻削加工。

（5）懂得钻孔时工件的几种基本装夹方法。

（6）进行安全文明生产。

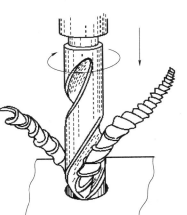

图1-6-1 钻孔

二、实训内容

1. 钻床的使用保养

1）台钻

台式钻床简称台钻，其组成部分如图1-6-2所示，这是一种小型钻床，一般用来加工小型零件上直径≤12 mm的小孔。

（1）传动变速。操纵电器转换开关，能使电动机1正、反转启动或停止。电动机的旋转动力由装在电动机和主轴2上的多级三角带3通过三角皮带4传给主轴，钻孔时必须使主轴做顺时针方向转动，变速时必须先停车。主轴的进给运动由操作进给手柄5控制。

钻轴头架的升降调整，只需要先松开本身的锁紧装置，摇动升降手柄，调整到所需位置，然后再将其锁紧即可，对头架升降无自锁性的台钻做升降调整时，必须在松开锁紧装置前，对头架做必要的支持，以免头架突然下落造成事故。

（2）维护保养。

① 在使用过程中，工作台面必须保持清洁。

② 钻通孔时必须使钻头能通过工作台面上的让刀孔，或在工件下面垫上垫铁，以免钻坏工作台面。

③ 下班时必须将机床外露滑动面及工作台面擦净，并对各滑动面及各注油孔加注润滑油，将工作台降到最低位置。

2）立钻

立式钻床简称立钻，其组成部分如图 1-6-3 所示，

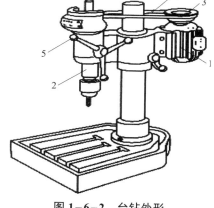

图 1-6-2　台钻外形

1— 电动机；2— 主轴；3— 多级三角带；

4— 三角皮带；5— 手柄

一般用来钻中型工件上的孔，其钻孔直径有 25 mm、40 mm 和 50 mm 等几种。

（1）主要机构和使用调整。

① 主轴变速箱位于机床的顶部，主电动机安装在它的后面，变速箱左侧有两个变速手柄，参照机床的变速标牌调整这两个手柄位置，能使主轴获得所需的转速。

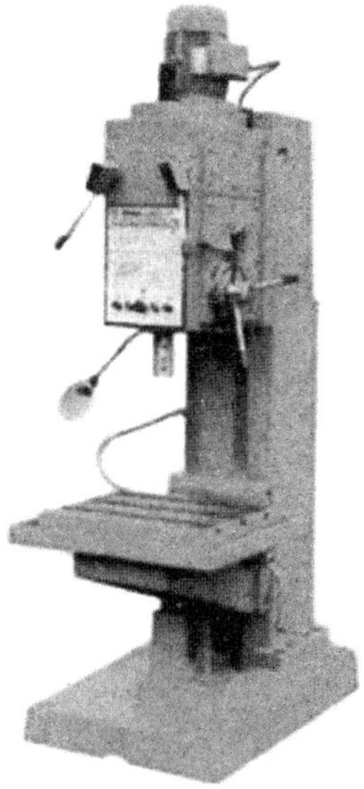

② 进给变速箱位于主轴变速箱和工作台之间，安装在立柱的导轨上。进给变速箱的位置高度按被加工零件的高度进行调整。调整前需首先松开锁紧螺钉，待调整到所需高度再将锁紧螺钉锁紧。进给变速箱左侧的手柄为主轴反转启动或停止的控制手柄。正面有两个较短的进给变速手柄，按变速标牌指示的进给速度与对应的手柄位置扳动手柄，可获得所需的机动进给速度。

③ 在进给变速箱的右侧有三星式进给手柄，这个手柄连同箱内的进给装置，统称进给机构。用它可以选择机动进给、手动进给、超越进给或攻丝进给等不同操作方式。

④ 工作台安装在立柱导轨上，可通过安装在工作台下面的升降机构进行操作，转动升降手柄即可调节工作台的高低位置。

⑤ 在立柱左边底座凸台上安装有冷却泵和冷却电动机。启动冷却电动机即可输送冷却液对刀具进行冷却润滑。

图 1-6-3　立钻

（2）使用规则及维护保养。

① 立钻使用前必须先空转试车，在机床各机构都能正常工作时才能操作。

② 工作中不采用机动进给时，必须将三星手柄端盖向里推，断开机动进给传动。

③ 变换主轴转速或机动进给量时，必须在停车后进行调整。

④ 经常检查润滑系统供油情况。

⑤ 维护保养内容参照立钻一级保养要求。

图 1-6-4　摇臂钻床

3）摇臂钻床

用立式钻床在一个工件上加工多孔时，每加工一个孔，工件就必须移动找正一次。这对于加工大型工件是非常烦琐的，并且使钻头中心准确地与工件上的钻孔中心重合也是很困难的。

因此，采用主轴可以移动的摇臂钻床来加工这类零件就比较方便。摇臂钻床的组成如图 1-6-4 所示，工件安装在机座或机座上面的工作台上。主轴装在可绕垂直立柱回转的摇臂上，并可沿着摇臂上水平导轨往复移动。上述两种运动可将主轴调整到机床加工范围内的任何位置。因此，在摇臂钻床上加工多孔的工件时，工件可以不移动，只要调整摇臂和主轴箱在摇臂上的位置，即可方便地对准孔中心。此外，摇臂还可沿立柱上升或下降，使主轴箱的高低位置适合于工件加工部位的高度。

2. 钻头的刃磨方法

1）标准麻花钻的刃磨要求（见图 1-6-5）

（1）顶角 2φ 为 $118° \pm 2°$。

（2）外缘处的后角 α，对直径小于 15 mm 的钻头为 $10° \sim 14°$。

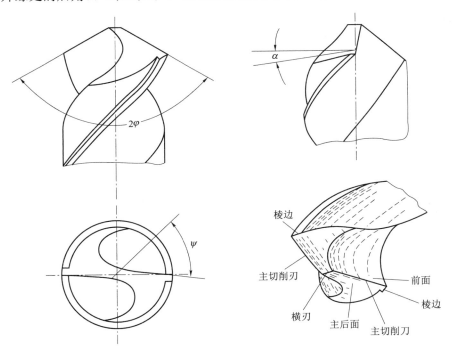

图 1-6-5　标准麻花钻的刃磨角度

（3）横刃斜角 ψ 为 $55°$ 左右。

（4）两主切削刃长度及与钻头轴心线组成的两个 φ 角均需相等。图 1-6-6 所示为刃磨得正确和不正确的钻头加工后所得孔的情况。图 1-6-6（a）所示为刃磨正确的情况；图 1-6-6（b）

所示为两个 φ 角磨得不对称的情况；图 1-6-6（c）所示为主切削刃长度不一致的情况；图 1-6-6（d）所示为两个 φ 角不对称，主切削刃长度也不一致的情况。这样会使得在钻孔时将钻出的孔扩大或歪斜。同时，由于两主切削刃所受的切削力不均衡，故造成钻头很快磨损。

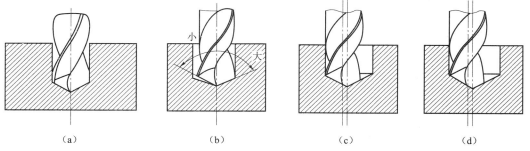

图 1-6-6　刃磨不正确的钻头对加工的影响

（a）刃磨正确；（b）两个 φ 角不对称；（c）主切削刃长度不一致；（d）φ 角、主切削刃都不正确

（5）两个主切削刃后面要刃磨光滑。

2）标准麻花钻的刃磨及检验方法

（1）两手握法。右手握住钻头的头部，左手握住柄部（见图 1-6-7）。

（2）钻头与砂轮的相对位置。钻头轴心线与砂轮圆柱母线在水平平面内的夹角等于钻头顶角的一半，被刃磨部分的主切削刃处于水平位置［见图 1-6-7（a）］。

（3）刃磨动作。将主切削刃在略高于砂轮水平中心平面处先接触砂轮［见图 1-6-7（b）］。右手缓慢地使钻头绕自己的轴线由下向上转动，同时施加适当的刃磨压力，这样可使整个后面都磨到。左手配合右手做缓慢的同步下压运动，这样便于磨出后角，其下压的速度及其幅度随要求的后角大小而变。为保证钻头近中心处磨出较大后角，还应做适当的右移运动，刃磨时两手动作的配合要协调、自然。按此不断反复，两个主切削刃后面经常轮换，直至达到刃磨要求。

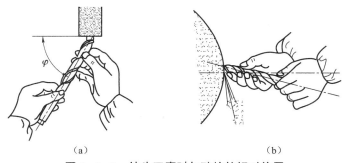

图 1-6-7　钻头刃磨时与砂轮的相对位置

（a）钻头与砂轮的相对位置；（b）刃磨动作

（4）钻头冷却。钻头刃磨压力不宜过大，并要经常蘸水冷却，防止因过热退火而降低硬度。

（5）砂轮选择。一般采用粒度为 46～80、硬度为中软级（ZR1～ZR2）的砂轮为宜。砂轮旋转必须平稳，对跳动量大的砂轮必须进行修整。

（6）刃磨检验。钻头的几何角度及两主切削刃的对称等要求，可利用检验样板进行检验（见图 1-6-8）。但在刃磨过程中最经常使用的还是目测的方法。目测检验时，把钻头切削部分向上竖立,两眼平视,由于两主切削刃一前一后会产生视差,往往感到左刃(前刃)高而右刃(后刃)低,所以要旋转180°后反复看几次,如果结果一样,就说明对称了。钻头外缘处的后角要求,可对外缘处靠近刃口部分后刀面的倾斜情况进行直接目测。近中心处的后角要求,可通过控制横刃斜角的合理数值来保证。

3. 划线钻孔的方法

1)钻孔时的工件划线

按钻孔的位置尺寸要求,划出孔位的十字中心线,并打上中心样冲(要求冲眼要小、位置要准)。按孔的大小划出孔的圆周线。对于钻直径较大的孔,应划出几个大小不等的检查圆[见图1-6-9(a)],以便钻孔时检查和借正钻孔位置。当钻孔的位置尺寸要求较高时,为了避免敲击中心样冲眼时产生偏差,也可直接划出以孔中心线为对称中心的几个大小不等的方格[见图1-6-9(b)]作为钻孔时的检查线,然后将中心样冲眼敲大,以便准确落钻定心。

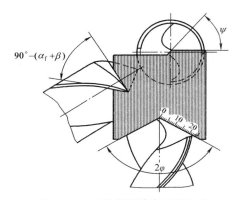

图1-6-8 用样板检查刃磨角度

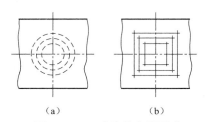

(a)   (b)

图1-6-9 孔位检查线形成
(a)检查圆;(b)检查方格

2)工件的装夹

工件钻孔时,要根据工件的不同形式以及钻削力的大小(或钻孔的直径大小)等情况,采用不同的装夹(安装和紧夹)方法,以保证钻孔的质量和安全。常用的基本装夹方法如下:

(1)平正的工件可用平口虎钳装夹[见图1-6-10(a)]。装夹时,应使工件表面与钻头垂直。钻直径大于8 mm孔时,必须将平口钳用螺栓、压板固定。用虎钳夹持工件钻通孔时,工件底部应垫上垫铁,空出落钻部位,以免钻坏虎钳。

(2)圆柱形的工件可用V形铁对工件进行装夹[见图1-6-10(b)]。装夹时应使钻头轴心线与V形铁两斜面的对称平面重合,保证钻出孔的中心线通过工件轴心线。

(3)对较大的工件且钻孔直径在10 mm以上时,可用压板夹持的方法进行钻孔[见图1-6-10(c)]。在搭压板时应注意:

① 压板厚度与压紧螺栓直径的比例适当,不要造成压板弯曲变形而影响压紧力。

② 压板螺栓应尽量靠近工件,垫铁应比工件压紧表面高度稍高,以保证对工件有较大的压紧力并可避免工件在夹紧过程中移动。

③ 当压紧表面为已加工表面时，要用衬垫进行保护，防止压出印痕。

（4）底面不平或加工基准在侧面的工件，可用角铁进行装夹［见图1-6-10（d）］。由于钻孔时的轴向钻削力作用在角铁安装平面之外，故角铁必须用压板固定在钻床工作台上。

（5）在小型工件或薄板件上钻小孔，可将工件放置在定位块上，用手虎钳进行夹持［见图1-6-10（e）］。

（6）圆柱工件端面钻孔，可利用三爪卡盘装夹［见图1-6-10（f）］。

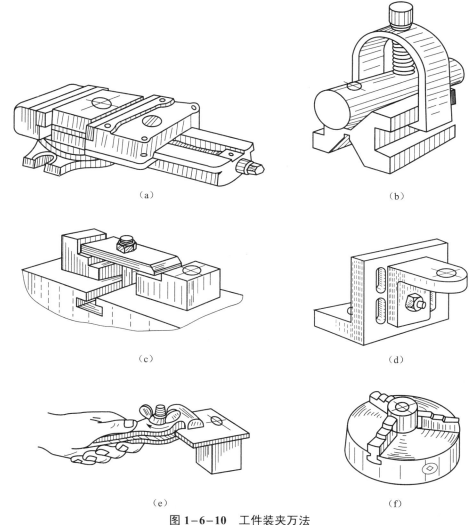

图1-6-10 工件装夹万法

（a）平口虎钳装夹；（b）V形铁装夹；（c）压板装夹；（d）角铁装夹；（e）定位块装夹；（f）三爪卡盘装夹

工件钻孔一般都应夹紧，仅在当工件较大而钻孔较小（小于8 mm）、便于手握时才可用手握住工件钻孔。

3）钻头的装拆

（1）直柄钻头装拆。直柄钻头用钻夹头夹持。先将钻头柄部插入钻夹头的两只卡爪内，

图 1-6-11 用钻夹头连接

其夹持长度不能小于 15 mm，然后用钻夹头钥匙旋转外套，使环形螺母带动三只卡爪移动，做夹紧或放松动作（见图 1-6-11）。

（2）锥柄钻头装拆。锥柄钻头用柄部的莫氏锥体直接与钻床主轴连接。连接时必须将钻头锥及主轴锥孔擦干净，且使矩形舌部的长向与主轴上的腰形孔中心线方向一致，利用加速冲力一次装接[见图 1-6-12（a）]。当钻头锥柄小于主轴锥孔时，可加过渡锥套［见图 1-6-12（b）］来连接。对套孔内的钻头和在钻床主轴上的拆卸，是用斜铁敲入套筒或钻床主轴上的腰形孔内，斜铁带圆弧的一边要放在上边，利用斜铁斜面的张紧分力，使钻头与套筒或主轴分离［见图 1-6-12（c）］。

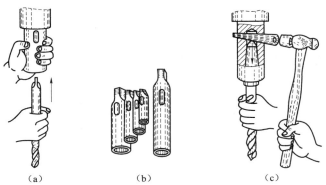

（a） （b） （c）
图 1-6-12 锥柄钻头的装拆及过渡锥套
（a）装接钻头；（b）过渡锥套；（c）拆卸钻头

钻头在钻床主轴上的装接要求，应保证装接牢固，且旋转时的径跳现象应最小。

4）钻床转速的选择

选择时要考虑如下因素：先确定钻头的允许切削速度，在用高速钢钻头钻铁件时，$v=14\sim22$ m/min；钻钢件时，$v=16\sim24$ m/min；钻青铜或黄铜件时，$v=30\sim60$ m/min。当工件材料的强度和硬度较高时取较小值；钻头直径小时也取较小值；钻孔深度 $L>3d$ 时，还应将取值乘以 0.7~0.8 的修正系数。

用下式求出钻头转速 n。

$$n=100v/(\pi d) \text{ (r/min)}$$

式中：v——切削速度，m/min；
d——钻头直径，mm。

例如，在钢件上钻 $\phi10$ mm 的孔，钻头材料为高速钢，钻孔深度为 25 mm，则应选用的钻头转速：

$$n=100v/(\pi d)=1\,000\times19/(3.14\times10)\approx600 \text{ (r/min)}$$

5）起钻

钻孔时，先使钻头对准钻孔中心，起钻一浅坑，观察钻孔位置是否正确，并要不断纠正，使其钻浅坑与划线圆同轴。借正方法：如偏位较少，可在起钻的同时用力将工件向偏位的反方向推移，达到逐步借正；如偏位较多，可在借正方向打上几个样冲眼或用油槽凿凿出几条槽［见图 1-6-13（b）］，以减少此处的钻削阻力，达到借正目的。但无论何种方法，都必须在锥坑外圆小于钻头直径之前完成，这是保证达到钻孔位置精度的重要一环。如果起钻锥坑外圆已经达到孔径，而孔位仍偏移，那再借正就困难了。

　　6）手动进给操作

　　当起钻达到钻孔的位置要求后，即可压紧工件完成钻孔。手动进给时，进给用力不应使钻头产生弯曲现象，以免使钻孔轴线歪斜（见图 1-6-14）；钻小直径孔或深孔，进给力要小，并要经常退钻排屑，以免切屑阻塞而扭断钻头，一般在钻深达直径的三倍时，一定要退钻排屑；钻孔将穿时，进给力必须小，以防进给量突然过大，增大切削抗力，造成钻头折断，或使工件随着钻头转动造成事故。

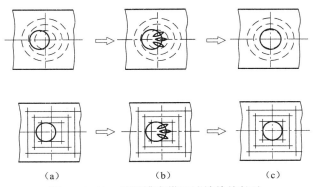

（a）　　　　　　　（b）　　　　　　　（c）

图 1-6-13　用凿槽来借正试钻偏位的孔

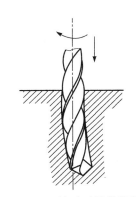

图 1-6-14　钻孔时轴线的歪斜

　　7）钻孔时的冷却润滑

　　为了使钻头散热冷却，减少钻削时钻头与工件、切屑之间的摩擦，以及消除黏附在钻头和工件表面上的积屑瘤，从而降低切削抗力、提高钻头耐用度和改善加工表面的表面质量，钻孔时要加注足够的冷却润滑液。钻钢件时，可用 3%～5% 的乳化液；钻铸铁时，一般可不加，或用 5%～8% 的乳化液连续加注。

　　8）钻孔时的安全知识

　　（1）操作钻床时不可戴手套，袖口必须扎紧；女同学必须带工作帽。

　　（2）工件必须夹紧，特别是在小工件上钻大直径孔时装夹必须牢固，孔将钻穿时，要尽量减小进给力。

　　（3）开动钻床前，应检查是否有钻夹头钥匙或斜铁插在钻轴上。

　　（4）钻孔时不可用手、棉纱或用嘴吹清除切屑，必须用毛刷清除，钻出长条切屑时，要用钩子钩断后除去。

　　（5）钻头不准与旋转的主轴靠得太紧，停车时应让主轴自然停止，不可用手去刹住，也不能用反转制动。

　　（6）严禁在开车状态下装拆工件。检查工件和变换主轴转速必须在停车状况下进行。

　　（7）清洁钻床或加注润滑油时，必须把电动机关闭。

三、实训图样

实训图样如图 1-6-15 所示。

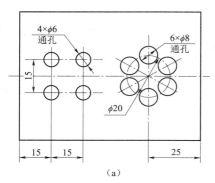

(a)

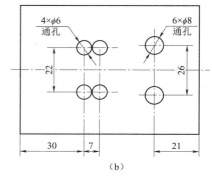

(b)

图 1-6-15　钻孔工件

（a）件 1；（b）件 2

四、实训步骤

1. 完成麻花钻的刃磨练习

（1）由教师做刃磨示范。

（2）用练习钻的钻头进行刃磨实训。

（3）完成实训件钻孔钻头的刃磨。

2. 在实训件上钻孔

（1）由教师做钻床的调整操作，以及钻头、工件的装夹及钻孔方法示范。

（2）练习钻床空车操作，并做钻床转速、主轴头架或工作台升降等的调整练习。

（3）在实训件上进行划线钻孔，达到图样要求。

五、注意事项

（1）钻头的刃磨技能是学习中的重点，必须不断练习，做到刃磨的姿势、动作以及几何形状和角度正确。

（2）用钻夹头装夹钻头时要用钻夹头钥匙，不要用扁铁和手锤敲击，以免损坏夹头。工件装夹时，必须做好装夹面的清洁工作。

（3）钻孔时，手动进给压力是根据钻头的工作情况，以目测和感觉进行控制，在实训时注意掌握。

（4）钻头用钝后必须及时修磨锋利。

1.6.2　锪孔

一、实训要求

（1）了解锪孔的作用；

（2）掌握锪孔的方法；

（3）会用标准麻花钻改制刃磨锥形锪钻并懂得平底锪钻的刃磨要求。

二、实训内容

用锪钻进行孔口形面的加工，称为锪孔。

1. 锪孔形式

（1）锪柱形埋头孔，如图 1-6-16（a）所示。

（2）锪锥形埋头孔，如图 1-6-16（b）所示。

（3）锪孔端平面，如图 1-6-16（c）和图 1-6-16（d）所示。

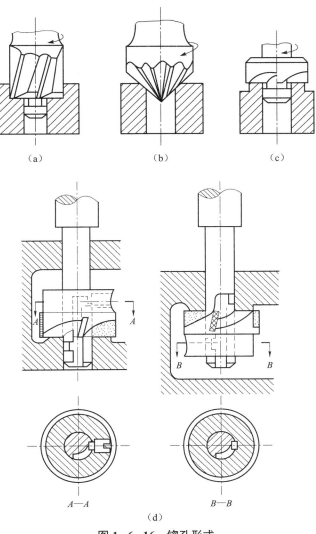

图 1-6-16　锪孔形式

（a）锪柱形埋头孔；（b）锪锥形埋头孔；（c），（d）锪孔端平面

2. 锪孔作用

在工件的连接孔端锪出圆柱形或锥形埋头孔，将埋头螺钉埋入孔内把有关零件连接起来，

使外观整齐、装配位置紧凑。将孔口端面锪平，并与孔中心线垂直，能使连接螺栓的端面与连接件保持良好接触。

3. 锪锥形埋头孔

（1）加工要求。锥角和最大直径要符合图样规定，加工表面无振痕。

（2）使用刀具。用专用锥形锪钻或用麻花钻刃磨改制，如图 1-6-17 所示。

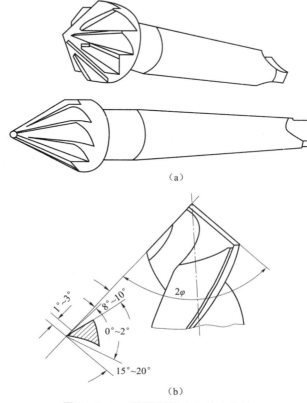

(a)

(b)

图 1-6-17 锪锥形埋头孔的麻花钻

用麻花钻锪锥孔时，其顶角 2φ 应与锥孔锥角一致，两切削刃要磨得对称。由于锪孔时无横刃切削，故轴向抗力减小。为了减小振动，通常磨双重后角 α_{01} 为 $0°\sim2°$，这个部分的后面宽度 f 为 $1\sim2$ mm，$\alpha_{02}=6°\sim10°$，将外圆处的前角适当修整为 $15°\sim20°$，以防扎刀。

4. 锪柱形埋头孔

（1）加工要求。孔径和深度要符合图样规定，孔底面要平整并与原螺栓孔垂直，加工表面无振痕。

（2）使用刀具。用专用柱形锪钻[见图 1-6-16（a）]或用麻花钻刃磨改制（见图 1-6-18）的带导柱的锪钻，其圆柱导向部分是螺栓孔直径，钻头直径是埋头孔直径，由磨床磨出所需要的阶台，端面刀刃靠手工在砂轮上磨出，后角 $\alpha=6°\sim8°$。这种锪钻前端圆柱导向部分有螺旋槽，槽与圆柱面形成的刃口要用油石进行倒钝，否则在锪孔时会刮伤孔壁。

用麻花钻改制的不带导柱的锪钻加工柱形埋头孔时，必须先用标准麻花钻扩出一个阶台孔做导向，然后再用平底钻锪至深度尺寸（见图 1-6-19）。

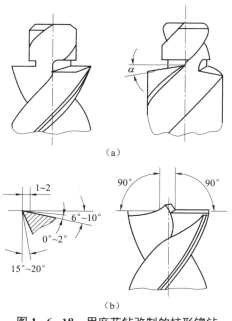

（a）

（b）

图 1-6-18 用麻花钻改制的柱形锪钻

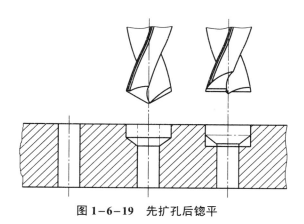

图 1-6-19 先扩孔后锪平

三、实训图样

实训图样如图 1-6-20 所示。

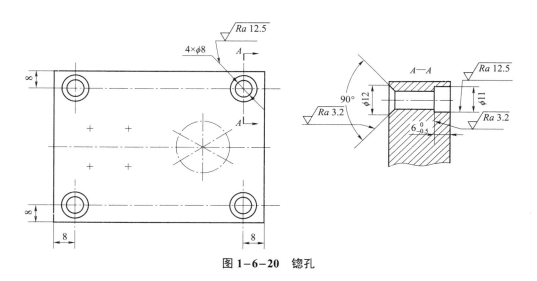

图 1-6-20 锪孔

四、实训步骤

（1）用练习麻花钻刃磨 90° 锥形锪钻和平底钻。

（2）完成锪实训件 90° 锥形埋头孔钻头的刃磨，达到使用要求。

（3）在实训件上完成钻孔、锪孔加工。加工步骤如下：

① 按图样尺寸划线。

② 钻 $4 \times \phi 8$ mm 孔，然后锪 $90°$ 锥形埋头孔。深度按图样要求，并用 M5 沉头螺钉做试配检查。

③ 用专用柱形锪钻在实训件的另一面锪出 $4 \times \phi 11$ mm 的柱形埋头孔，深度按图样要求并用 M6 内六角螺钉做实验检查。

五、注意事项

（1）尽量选用比较短的钻头来改磨锪钻，且刃磨时要保证切削刃高低一致、角度对称，同时，在砂轮上修磨后再用油石修光，使切削均匀平稳，减少加工时的振动。

（2）要先调整好工件的螺栓通孔与锪钻的同轴度再做工件的夹紧。调整时，可旋转主轴做试钻，使工件能自然定位。工件夹紧要稳固，以减少振动。

（3）锪孔时的切削速度应比钻孔低，一般为钻孔速度的 1/3～1/2，同时由于锪孔时的轴向抵抗力较小，所以手动进给压力不宜过大，并要均匀。

（4）当锪孔表面出现多角形振纹等情况时，应立即停止加工，找出钻头刃磨等问题并及时修正。

（5）为了保证锪孔深度，在锪孔前，对于钻床主轴的进给深度，可用钻床上的深度标尺和定位螺母做好调整定位工作。

（6）要做到安全和文明操作。

1.6.3 铰孔

一、实训要求

（1）了解铰刀的种类和应用；

（2）掌握铰孔的方法；

（3）懂得铰削用量和润滑冷却液的选择；

（4）了解铰刀损坏的原因及防止方法；

（5）了解铰孔产生废品的原因及防止方法。

二、实训内容

1. 铰刀的种类

铰刀有手铰刀和机铰刀两种。手铰刀［见图 1-6-21（a）］用于手工铰孔，柄部为直柄；机铰刀［见图 1-6-21（b）］多为锥柄，装在钻床上进行铰孔。

按铰刀用途不同可分为圆柱形铰刀和圆锥形铰刀（见图 1-6-22）。圆柱形铰刀又有固定式和可调式。圆锥形铰刀是用来铰圆锥孔的。用作加工定位锥销孔的锥角刀，起锥度为 1:50，使铰得的锥孔与圆锥销紧密配合。可调式角刀主要用于装配和修理时铰非标准尺寸的通孔。

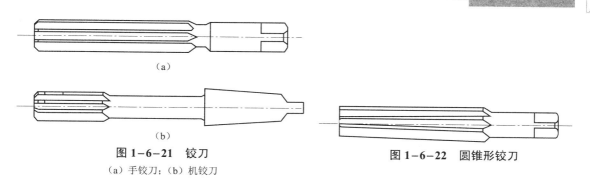

图 1-6-21　铰刀　　　　　　　　图 1-6-22　圆锥形铰刀

(a) 手铰刀；(b) 机铰刀

铰刀的刀齿有直齿和螺旋齿两种。直齿铰刀较为常见；螺旋铰刀（见图 1-6-23）多用于铰有缺口或带槽的孔，其特点是在铰削时不会被槽边勾住，且切削平稳。

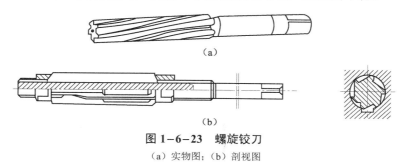

图 1-6-23　螺旋铰刀

(a) 实物图；(b) 剖视图

2. 铰孔方法

1）铰削用量选择

（1）铰削余量。铰孔余量是否合适，对铰出的表面粗糙度和精度影响很大。如余量太大，不但孔铰不光，而且铰刀容易磨损；铰孔余量太小，则不能去掉上道工序留下的刀痕，也达不到要求的表面粗糙度。在一般情况下，对 IT9、IT8 级的孔可一次铰出，对 IT8 级的孔，应分粗铰和精铰；对孔径大于 20 mm 的孔，可先钻孔再扩孔，然后进行铰孔。

（2）机铰铰削速度的选择。机铰时为了获得较小的加工表面粗糙度，必须避免产生刀瘤，减少切削热及变形，因而应取较小的切削速度。用高速钢铰刀铰钢件时 $v=4\sim8$ m/min；铰铸件时 $v=6\sim8$ m/min；铰铜件时 $v=8\sim12$ m/min。机铰进刀量 s 的选择，对铰钢件及铸件为 $0.5\sim1.0$ mm/r，铰铜铝为 $1.0\sim1.2$ mm/r。

2）铰削操作

（1）手铰时，两手用力要均匀、平稳，不得有侧向压力，避免孔口成喇叭形或将孔径扩大。铰刀推出时，不能反转，防止刃口磨钝以及切削嵌入刀具后面与孔壁间，将孔壁划伤。

（2）机铰时，应使工件一次装夹进行钻、铰工作，以保证铰刀中心线与钻孔中心线一致。铰毕后，要在铰刀退出后再停车，以防孔壁拉出痕迹。

（3）铰尺寸较小的圆锥孔，可先按小端直径并留取圆柱精铰余量钻出圆柱孔，然后用锥铰刀铰削即可。对尺寸和深度较大的孔，为减小铰削余量，铰孔前可先钻出阶梯孔（见图 1-6-24），然后再用铰刀铰削。铰削过程中要经常用相配的锥销来检查铰孔尺寸（见图 1-6-25）。

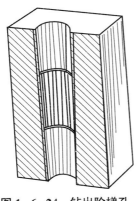

图 1-6-24　钻出阶梯孔

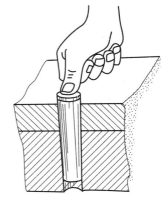

图 1-6-25　用锥销检查铰孔尺寸

3）铰削时的冷却润滑

铰削时必须选用适当的冷却润滑液来减少摩擦并降低刀具和工件的温度，防止产生刀瘤并减少切屑细末黏附在铰刀和孔壁上，从而减小加工表面的表面粗糙度与孔的扩大量。选用时可参考表 1-6-1。

表 1-6-1　铰削冷却润滑油

材　料	冷却润滑油
钢	（1）10%～20%乳化液； （2）30%工业植物油，70%的浓度为 3%～5%的乳化液； （3）工业植物油
铸铁	（1）不用； （2）煤油（会引起孔径缩小，最大缩小量达 0.02～0.04 mm）； （3）3%～5%乳化液
铝	煤油、松节油
铜	5%～8%乳化液

三、铰孔注意事项

（1）铰孔前，一般先钻孔和扩孔，并留下一定余量以便进行铰孔，但余量的大小直接影响铰孔的质量和加工安全。余量小，往往不能铰削前道工序的加工痕迹；余量大，会使切屑挤塞在铰刀齿槽中，使切削液不能进入切削区，严重影响表面粗糙度的要求，并使铰刀刀刃负荷过大而增加磨损，甚至崩刃及折断铰刀。

（2）铰孔时，影响铰孔扩张量的安全因素有很多，如车床精度、工件材料、铰刀刀刃的径向圆跳动、切削用量、切削液以及安全操作方法等。因此，在确定选择铰刀直径时，可通过试铰，按实际情况选择铰刀直径，以免造成废品。

（3）铰削直径在 10 mm 以下的小孔，由于孔小，故镗孔非常困难。为了保证铰孔的质量，一般先用中心钻定位，然后钻孔，再扩孔，最后铰孔，以保证加工安全顺利地进行。

（4）铰孔时切削液不能间断，需安全浇注到切削区域。

1.7 攻丝与套丝

一、实训要求

（1）掌握攻丝底孔直径和套丝圆杆直径的确定方法；
（2）掌握攻丝和套丝方法；
（3）懂得丝锥折断和攻丝、套丝废品产生的原因和防止方法；
（4）提高钻头的刃磨技能，掌握横刃的修磨方法。

二、实训内容

用丝锥在孔中切削出内螺纹称为攻丝。用板牙在圆杆上切削出外螺纹称为套丝。

1. 攻丝

1）丝锥与绞手

丝锥是加工内螺纹的工具。按加工螺纹的种类不同有：普通三角螺纹丝锥、圆柱管螺纹丝锥和圆锥管螺纹丝锥。按加工方法有：机用丝锥和手用丝锥。

2）绞手是用来夹持丝锥的工具

有普通绞手和丁字绞手两类，如图 1-7-1 所示。丁字绞手主要用在攻工件凸台旁的螺孔或机体内部的螺孔。各类绞手又有固定式和活络式两种。固定式绞手常用于攻 M5 以下的螺孔，活络式绞手可以调节方孔尺寸。

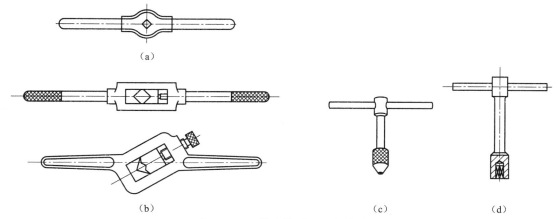

(a)

(b)   (c)   (d)

图 1-7-1 普通绞手和丁字绞手

（a）固定式普通绞手；（b）活络式普通绞手；（c）固定式丁字绞手；（d）活络式丁字绞手

绞手长度应根据丝锥尺寸大小选择，以便控制一定的攻丝扭矩，可参考表 1-7-1 选用。

表 1-7-1 攻丝绞手的长度选择 mm

丝锥直径	<6	8～10	12～14	≥16
绞手长度	150～200	200～250	250～300	400～450

3）攻丝底孔直径的确定

用丝锥攻螺纹时，每个切削刃一方面在切削金属，一方面也在挤压金属，因而会产生金属凸起并向牙尖流动的现象。此现象对于刃性材料尤为明显。若攻丝前钻孔直径与螺孔小径相同，被丝锥挤出的金属会卡住丝锥甚至将其折断，因此底孔直径应比螺纹小径略大，这样，挤出的金属流向牙尖正好形成完整的螺纹，又不易卡住丝锥。但是，若底孔钻得太大，又会使螺纹的牙型高度不够，降低强度。所以确定底孔直径的大小要根据工件的材料性质、螺纹直径的大小来考虑。其方法可用下列经验公式得出。

公制螺纹底孔的经验计算式：

脆性材料 $D_底 = D - 1.05P$

韧性材料 $D_底 = D - P$

式中：$D_底$——底孔直径，mm；

D——螺纹大径，mm；

P——螺距，mm。

4）不通孔螺纹的深度

钻通孔的螺纹底孔时，由于丝锥的切削部分不能攻出完整的螺纹，所以钻孔深度至少要等于需要的螺纹深度加上丝锥切削部分的长度，这段长度大约等于螺纹大径的 0.7 倍，即：

$$L = l + 0.7D$$

式中：L——钻孔深度，mm；

l——需要的螺纹深度，mm；

D——螺纹大径，mm。

5）攻丝方法

（1）划线，打底孔。

（2）在螺纹底孔的孔口倒角，通孔螺纹两端都倒角，倒角处直径可略大于螺孔大径，这样可使丝锥在开始切削时容易切入，并可防止孔口出现凸边。

（3）用头锥起攻。起攻时，可一手用手掌按住绞手中部沿丝锥中心线用力加压，另一手配合顺向旋进（见图 1-7-2）；或两手握住绞手两端均匀施加压力，并将丝锥顺向旋进并保证丝锥中心线与孔中心线重合，不可歪斜。在丝锥攻入 1～2 圈后，从前后、左右两个方向用角尺进行检查（见图 1-7-3），并不断借正至要求。

（4）正常攻丝时，两手用力要均匀，要经常倒转 1/4～1/2 圈，使切屑碎断后容易排除，避免因切屑阻塞而使丝锥卡住。

（5）攻丝时，必须以头锥、二锥、三锥顺序攻削至标准尺寸。对于在较硬的材料上攻丝时，可轮换各丝锥交替攻下，以减小切削部分负荷，防止丝锥折断。

（6）攻不通孔时，可在丝锥上做好深度标记，并要经常退出丝锥，清除留在孔内的切屑。否则会因切屑堵塞易使丝锥折断或攻丝达不到深度要求。当工件不便倒向进行清屑时，可用弯曲的小管子吹出切屑，或用磁性针棒吸出。

（7）攻韧性材料的螺孔时，要加润滑冷却液，以减小切削阻力、减小加工螺孔的表面粗糙度和延长丝锥寿命。攻钢件时用机油，螺纹质量要求高时可用工业植物油；攻铸铁件可加煤油。

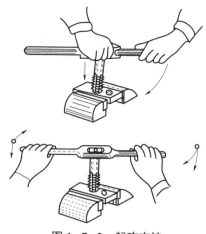

图 1-7-2　起攻方法

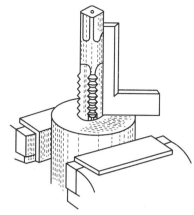

图 1-7-3　检查攻丝垂直度

2. 套丝

1）圆板牙与绞手（板牙架）

板牙是加工外螺纹的工具。常用的圆板牙如图 1-7-4 所示。其外圆上有四个锥坑和一条 V 形槽，图中下面有两个锥坑，其轴线与板牙直径方向一致，借助绞手（见图 1-7-5）上的两个相应位置的紧固螺钉顶紧后，用以套丝时传递扭矩。当套出的螺纹尺寸变化已大致超出公差范围时，可用锯片砂轮沿板牙 V 形槽将板牙磨割出一条通槽，用绞手上的另两个紧固螺钉，拧紧顶入板牙上面两个偏心的锥坑内，使板牙的螺纹中径变小。调整时，应使用标准样件进行尺寸校对。

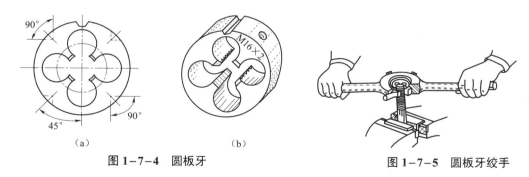

（a）　　　　　　　　　（b）

图 1-7-4　圆板牙　　　　　　图 1-7-5　圆板牙绞手

套丝时的圆杆直径及端部倒角与攻丝一样，套丝切削过程中也有挤压作用，因此，圆杆直径小于螺纹大径时可用下列经验公式计算确定。

$$d_{杆}=d-0.13P$$

式中：$d_{杆}$——圆杆直径，mm；

d——螺纹大径，mm；

P——螺距，mm。

为了使板牙起套时容易加入工件并做正确的引导，圆杆端部要倒角倒成锥半角为 15°～20° 的锥角。其倒角的最小直径略小于螺纹小径，使切出的螺纹端部避免出现缝口和卷边。

2）套丝方法

（1）套丝时的切削力矩较大，且工件都为圆杆，一般要用 V 形夹块或厚铜衬作衬垫，才能保证可靠夹紧。

（2）起套时，一只手用手掌按住绞手中部，沿圆杆的轴向施加压力；另一只手配合做顺向切进，转动要慢，压力要大，并保证板牙端面与圆杆轴线的垂直度，不使其歪斜。当按压切入圆柱 2～3 牙时，应再检查其垂直度并及时纠正。

（3）正常套丝时，不要加压，让板牙自然引进，以免损坏螺纹和板牙，也要经常倒转以断屑。

（4）在钢件上套丝时要加润滑冷却液，以减小加工螺纹的表面粗糙度和延长板牙使用寿命。一般可用机油或较浓的乳化液，要求较高时可用工业植物油。

三、实训图样

实训图样如图 1-7-6 所示。

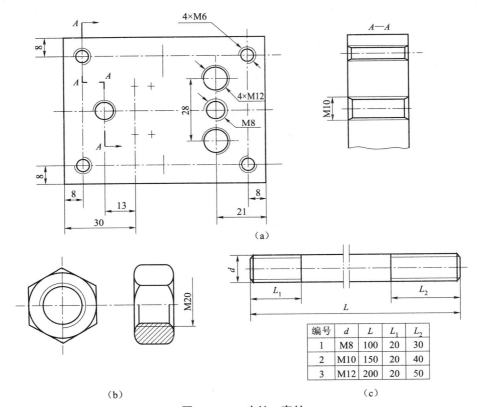

图 1-7-6　攻丝、套丝

（a）件 1；（b）件 2；（c）件 3

四、实训步骤

1. 攻丝

（1）按实训图尺寸要求划出各螺孔的加工位置线，钻各螺孔底孔，并对孔口进行倒角。

（2）依次攻丝 M8、M10、2×M12、4×M6 螺孔，并用相应的螺钉进行配检。

2. 套丝

（1）按图样尺寸落料。

（2）按前述套丝方法完成 M8、M10 二件双头螺栓的套丝，并用相应的螺母进行配检。

五、注意事项

（1）起攻、起套时，要从两个方面进行垂直度的及时借正，这是保证攻丝、套丝质量的重要一环。特别是在套丝时，由于板牙切削部分的锥角较大，起套时的导向性较差，容易产生板牙端面与圆杆轴心线的不垂直，造成切出的螺纹牙型一面深一面浅，并随着螺纹长度的增加，其歪斜现象将按比例明显增加，甚至不能继续切削。

（2）起攻、起套的正确性以及攻丝时能用两手均匀握住和掌握好最大用力限度，是攻丝、套丝的基本功之一，必须用心掌握。

（3）攻丝时注意底孔直径不能太小，否则起攻困难、左右摆动，孔口容易烂牙。

（4）攻丝时要经常反转断屑。

（5）攻入时螺纹攻歪斜后不可以强行借正，以避免丝锥折断。

1.8　刮削、研磨

一、实训要求

（1）了解刮刀种类，掌握平面刮刀的刃磨；

（2）掌握平面、曲面刮削方法及显示剂的使用；

（3）了解磨料及研磨工具，熟悉常用的研磨方法；

（4）会研磨平面。

二、实训内容

1. 刮削

用刮刀刮除金属工件表面薄层的加工方法称为刮削。它是工装制造及机械装配中常见的一种精加工方法。

1）刮削工具

刮刀是刮削的主要工具。刮刀一般采用碳素工具钢或轴承钢锻制而成。刮刀分平面刮刀和曲面刮刀两大类。

平面刮刀用来刮削平面和外曲面，其又分为普通刮刀和活头刮刀两种，如图 1-8-1 所示。曲面刮刀用来刮削内曲面，曲面刮刀常用的有三角刮刀和蛇头刮刀，如图 1-8-2 所示。

平面刮刀由刀头、刀身和柄部组成。平面刮刀的规格以刮刀刀身长度来表示，常用的规格有 400 mm、450 mm 和 480 mm 等几种。

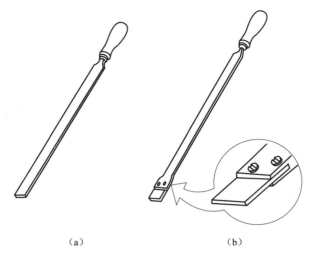

（a）　　　　　　　　　　　　　（b）

图 1-8-1　平面刮刀

（a）普通刮刀；（b）活头刮刀

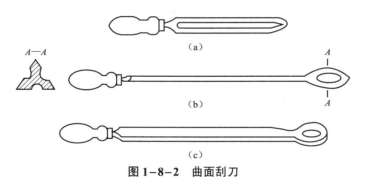

图 1-8-2　曲面刮刀

（a），（b）三角刮刀；（c）蛇头刮刀

平面刮刀的头部形状和角度按粗刮、细刮和精刮的要求而定，如图 1-8-3 所示。粗刮刀 β 为 90°～92.5°，刀刃平直；细刮刀 β 为 95° 左右，刀刃稍带圆弧；精刮刀 β 为 97.5° 左右，刀刃带圆弧。刮韧性材料的刮刀可磨成正前角，但这种刮刀只适用于粗刮。

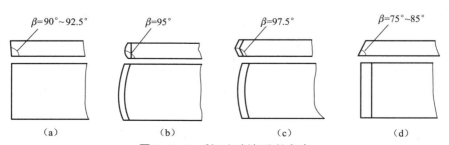

图 1-8-3　刮刀切削部分的角度

（a）粗刮刀；（b）细刮刀；（c）精刮刀；（d）韧性材料刮刀

平面刮刀的刃磨分粗磨和精磨两个步骤进行。

（1）粗磨。刮刀粗磨的方法如图 1-8-4 所示。粗磨时分别将刮刀两平面贴在砂轮侧面，开始时应先接触砂轮边缘，再慢慢平放在侧面上，不断前后移动进行刃磨，使两面都达到平整且基本平行。然后粗磨顶端面，把刮刀的顶端放在砂轮轮缘上平稳地左右移动刃磨，要求端面与刀身中心线垂直，磨时应先以一定倾斜度与砂轮接触，再逐步按图示箭头方向转动至水平。如直接按水平位置靠上砂轮，刮刀会颤抖不易磨削，甚至会出事故。

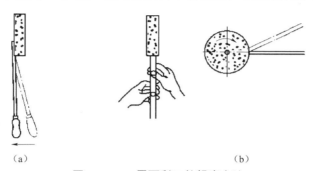

（a） （b）

图 1-8-4　平面刮刀的粗磨方法

（a）粗磨刮刀平面；（b）粗磨刮刀顶断面

（2）精磨。刮刀精磨需在油石上进行，如图 1-8-5 所示。在油石上加适量机油，先磨两平面至平面平整，表面粗糙度 $Ra < 0.2\ \mu m$，如图 1-8-5（a）所示。然后精磨端面，刃磨时左手扶住手柄下方，右手紧握刀身，使刮刀直立在油石上，略带前倾地向前移动，拉回时刀身略微提起，以免磨损刀口。如此往复，直到切削部分形状和角度符合要求且刃口锋利为止，如图 1-8-5（b）所示。

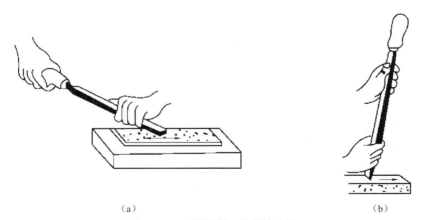

（a） （b）

图 1-8-5　平面刮刀的精磨方法

（a）精磨两平面；（b）精磨端面

校正工具也称为研具，它是用来推磨研点及检验刮削面精度的工具。根据被检工件表面的形状特点，校正工具可分为标准平板、标准平尺和角度平尺 3 种。

标准平板用来检验宽平面，如图 1-8-6 所示。平板的精度分 0、1、2、3 四级，0 级精度最高，3 级最低。

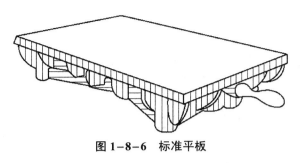

图 1-8-6　标准平板

标准平尺：常用的标准平尺有桥形平尺和工字形平尺两种，如图 1-8-7（a）和图 1-8-7（b）所示。桥形平尺用来检验较大的导轨平面。工字形平尺又分单面平尺和双面平尺，单面平尺用来检验短导轨平面，双面平尺用来检验导轨的相对位置精度。

角度平尺用来检验两个互成角度的刮削面，如图 1-8-7（c）所示。角度平尺的两面经过精刮，成为所需要的标准角度，如 55°、60° 等；第三面是放置时的支撑面，不用精刮，刨削加工即可。

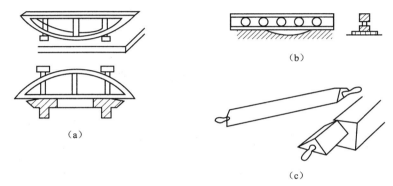

（b）

（a）

（c）

图 1-8-7　平尺
（a）桥形平尺；（b）工字形平尺；（c）角度平尺

2）刮削方法

（1）平面刮削方法。平面刮削方法有手刮法和挺刮法两种。

① 手刮法的姿势如图 1-8-8 所示。右手握锉刀柄，左手四指向下握住近刮刀头部约 50 mm 处，刮刀与被刮削面呈 25°～30°。同时，左脚前跨一步，上身随着往前倾斜，这样可以增加左手压力，也易看清刮刀前面的情况。刮削时随着上身前倾，刮刀向前推进，左手下压，落刀要轻，当推进到所需要位置时，左手迅速提起，完成一个手刮动作。手刮法动作灵活，适用于各种工作位置，姿势可合理掌握，但手较易疲劳，故不适用于加工余量较大的场合。

② 挺刮法的姿势如图 1-8-9 所示。将刮刀柄放在小腹右下侧，双手并拢握在刮刀前部约 80 mm 处，刮削时刮刀对准研点，左手下压，利用腿部和臀部力量使刮刀向前推挤，在推动到位的瞬间，同时用双手将刮刀提起，完成一次刮削。挺刮法每刀切削量较大，适合余量较大的切削加工，工作效率较高，但腰部易疲劳。

（2）曲面刮削方法。曲面刮削（内曲面刮削）时，刮刀应在曲面内做螺旋运动，图 1-8-10（a）和图 1-8-10（b）所示为曲面刮削的两种姿势。为了提高刮削面的精度，一遍刮削与另一遍刮削要交叉进行，以免出现波纹。同时在刮削开始时，压力不宜过大，以防发生抖动，使表面产生振痕。

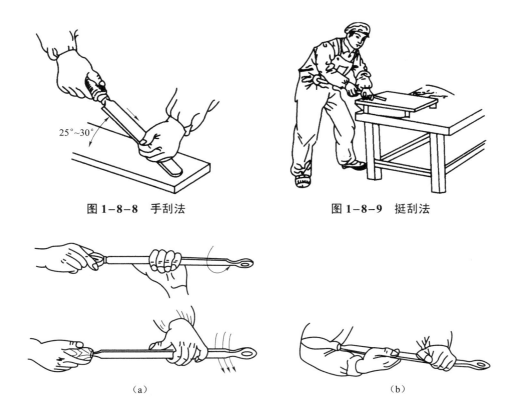

图 1-8-8　手刮法　　　　　　　图 1-8-9　挺刮法

（a）　　　　　　　　　　　　　（b）

图 1-8-10　曲面的刮削方法

（a）刮削的第一种姿势；（b）刮削的第二种姿势

（3）显示剂及其应用。显示剂的作用是显示刮削零件与标准工具接触的状况。常用的显示剂有红丹粉、普鲁士蓝油、印红油、油墨等，一般多用前两种。红丹粉又分铅丹和铁丹两种，广泛用于钢和铸铁的显示。普鲁士蓝油是用普鲁士蓝粉与蓖麻油及适量机油调制而成的，多用于有色金属和精密零件的显示。

显示剂的使用方法是：粗刮时，显示剂调和得稀些，涂刷在标准工具表面，涂得厚些，显示点子较暗淡、大而少，使切屑不易黏附在刮刀上；精刮时，显示剂调和得干些，涂抹在零件表面，涂得薄而均匀，显示点子细小清晰，便于提高刮削精度。

2. 研磨

用研磨工具及研磨剂从工件表面磨掉极薄一层金属，这种精加工方法称为研磨。

1）研磨剂

研磨剂是由磨料和研磨液及辅助材料混合而成的一种混合剂，常用的磨料有氧化物系、碳化物系和超硬系等几种。研磨液在研磨剂中起稀释、润滑与冷却作用，常用的有煤油、汽油、机油、工业甘油和熟猪油等。

研磨膏是在磨料中加入黏结剂和润滑剂调制而成的，由专门的工厂生产。目前研磨膏的应用较为广泛，使用时要用油液稀释，并注意粗研磨膏与精研磨膏不能混用。

油石由磨料与黏结剂压制烧结而成。它的端面形状有正方形、长方形、三角形、半圆形和圆形等。油石主要用于工件形状比较复杂和没有适当研磨工具的场合，如刀具、模具和量规等的研磨。

2）研磨工具

研磨工具是研磨时决定工件表面几何形状的标准工具。在生产中需要研磨的工件是多种多样的，不同形状的工件应选用不同类型的研具，现介绍常用的几种。

（1）研磨平板。研磨平板主要用于研磨平面。研磨平板分为有槽平板和光滑平板两种，如图 1-8-11 所示。有槽平板用于粗研，研磨时易于将工件压平，可防止将研磨面磨成凸弧形。光滑平板用于精研，可使研磨后的工件得到准确的尺寸精度及良好的表面质量。

（2）研磨环。研磨环主要用于研磨外圆柱表面，如图 1-8-12 所示。研磨环的内径一般比工件外径大 0.025～0.050 mm。将研磨环套在工件外径上进行研磨，当研磨一段时间后，若研磨环的内孔增大，则应拧紧调节螺钉，使孔径缩小，以达到所需要的间隙。

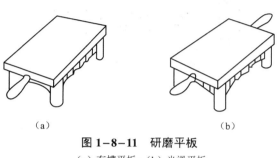

图 1-8-11　研磨平板

（a）有槽平板；（b）光滑平板

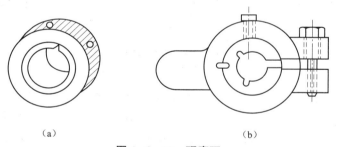

图 1-8-12　研磨环

（a）固定式；（b）可调节式

（3）研磨棒。研磨棒主要用于圆柱孔的研磨。研磨棒有固定式和可调式两种，如图 1-8-13 所示。固定式研磨棒制造容易，但磨损后无法补偿，多用于单件研磨。有槽的研磨棒用于粗研，光滑的研磨棒用于精研。可调式研磨棒能在一定的尺寸范围内进行调整，适用于成批工件的研磨，应用广泛。若将研磨环的内孔或将研磨棒的外圆制成圆锥形，即可用于研磨内、外圆锥表面。

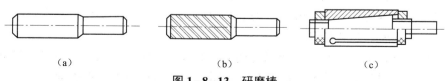

图 1-8-13　研磨棒

（a）光滑研磨棒；（b）带槽研磨棒；（c）可调式研磨棒

3）研磨方法

（1）研磨平面。开始研磨前，先将煤油涂在研磨平板的工作表面上，把子板擦洗干净，再涂上研磨剂。研磨时，用手将工件轻压在平板上，按"8"字形或螺旋形运动轨迹进行研磨，如图 1-8-14 所示。平板的每一个地方都要磨到，使平板磨耗均匀，保持平板精度。同时还要使工件不时地变换位置，以免研磨平面倾斜。研磨压力和速度不宜过大，以免工件发热变形。研磨后不应立即测量，待冷却至室温后再测量。

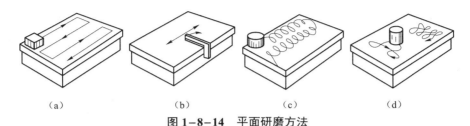

（a）　　　　　　　（b）　　　　　　　（c）　　　　　　　（d）

图 1-8-14　平面研磨方法

（a）直线；（b）直线摆动；（c）螺旋形运动轨迹；（d）"8"字形运动轨迹

（2）研磨圆柱面。外圆柱面研磨多在车床上进行。将工件顶在车床的顶尖之间，涂上研磨剂，然后套上研磨环，如图 1-8-15 所示。研磨时工件以一定的速度转动，同时用手握住研磨环做轴向往复运动，两种速度要配合适当，使工件表面研磨出交叉网纹。研磨一定时间后，应将工件调转 180° 再进行研磨，这样可以提高研磨精度，使研磨环磨耗均匀。内圆柱面研磨与外圆柱面研磨相反。研磨时将研磨棒顶在车床两顶尖之间或夹紧在钻床的钻夹头内，工件套在研磨棒上，并用手握住，使研磨棒做旋转运动，工件做往复直线运动。

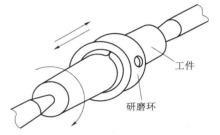

图 1-8-15　外圆柱面研磨方法

（3）研磨圆锥面。研磨圆锥面时，必须使用与工件锥度一致的研磨棒或研磨环，而且锥度要磨得准确。研磨时使研具和工件的锥面接触，用手顺一个方向转 3～4 次后，使锥面分离，然后再推入研磨即可。有些工件的表面是直接用彼此接触的表面进行研磨来达到密封目的的，不需要用研磨棒或研磨环。

三、实训图样

实训图样如图 1-8-16 所示。

四、实训步骤

（1）练习研磨。先用三块小平板分组进行粗磨练习，要求平板达到平面度 ≤0.01 mm、表面粗糙度 Ra≤0.4 μm。

（2）选用 100～280 号研磨粉对宽度角尺两平面做粗研磨，要求全部研磨到为止，表面粗糙度 Ra≤0.4 μm，如图 1-8-16 所示。

（3）用方铁导靠块作导靠，粗、精研磨尺座内侧和尺坯内侧刀口面，如图 1-8-17 所示，达到两面垂直度为 0.01 mm、直线度为 0.005 mm、表面粗糙度 Ra≤0.4 μm 的要求。

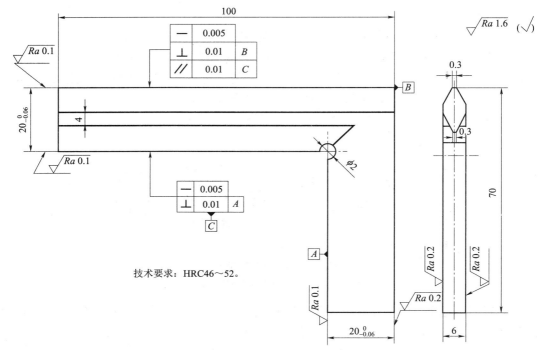

图 1-8-16　宽座角尺

技术要求：HRC46～52。

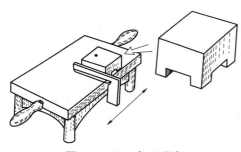

图 1-8-17　角尺研磨

（4）仍用导靠粗、精研磨尺座外侧和尺坯外侧刀口面，达到两面垂直度 0.01 mm、直线度 0.005 mm、平行度 0.01 mm、表面粗糙度 $Ra\leqslant0.1$ μm 的要求。

五、注意事项

（1）粗、精研磨工作要分开进行，若粗、精研磨采用同一块平板作研具，在改变研磨工序时，必须全面清洗，以清除上道工序所留下的较粗磨料。

（2）研磨剂每次上料不宜太多，并要分布均匀，以免造成工件边缘研坏。

（3）研磨时要特别注意清洁工作，不要使研磨剂中混入杂质，以免反复研磨时划伤工件表面。

（4）窄平面研磨要采用导靠块，研磨时工件必须靠紧，才能保持研磨平面与侧面垂直，不产生倾斜和圆角。

（5）应经常改变在研具上的研磨位置，以防止研具因磨损而降低研磨质量。同时为了使工件均匀受压，应在研磨一段时间后将工件调头轮换进行。

（6）刀口面本应采用直线摆动式研磨，使刀口研磨成圆弧面，由于初次学习，故要求按直线研磨平直即可。

1.9 复合作业

1.9.1 錾口榔头制作

一、实训要求

（1）掌握锉腰孔及连接内、外圆弧面的方法，达到连接圆滑、位置及尺寸正确的要求。

（2）熟练推锉技能，达到被加工面纹理齐正、表面光洁的要求。

（3）通过复合作业，要求掌握已学课题的基本技能并达到能进行一般的手工具生产。同时对工件各形面的加工步骤、使用工具及有关基准、测量方法的确定有一定的了解。

二、实训图样

实训图样如图 1-9-1 所示。

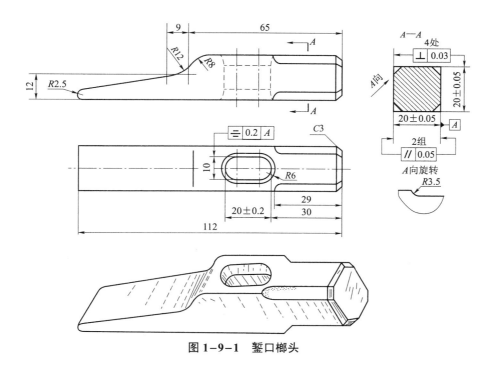

图 1-9-1 錾口榔头

三、实训步骤

（1）检查来料尺寸。

（2）按图样要求锉出 20 mm×20 mm 的长方体。

（3）以长面为基准锉一端面，达到基本垂直，表面粗糙度 $Ra \leqslant 3.2$ μm。

（4）以一长面及端面为基准，用凿口榔头样板划出形体加工线，并按图样尺寸划出 4×C3.5 倒角加工线。

（5）锉 4×C3.5 倒角达到要求。方法：先用圆锉粗锉出 R3.5 mm 圆弧，然后分别用粗、细样板锉粗、细锉倒角，再用圆锉细加工 R3.5 mm 圆弧，最后用推锉法修整，并用砂布打光。

（6）按图划出腰孔加工线及钻孔检查线，并用 ϕ9.8 mm 钻头钻孔。

（7）用圆锥锉通两孔，然后用掏锉按图样要求锉好腰孔。

（8）先按划线在 R12 mm 处钻好孔，后用手锯按加工线锯出多余部分。

（9）用半圆锉按线粗锉 R12 mm 内圆弧面，用样板锉粗锉斜面与 R8 mm 圆弧面至划线线条处。后用细板锉细锉斜面，用半圆锉细锉 R12 mm 内圆弧面，再用细板锉细锉 R8 mm 外圆弧面。最后用细板锉及半圆锉修整，达到每个型面连接圆滑、光洁、纹理齐正的要求。

（10）锉 R2.5 mm 圆头，并保证工件总长等于 112 mm。

（11）八角端部棱边倒角 C3。

（12）用砂布将各加工面全部打光，交件待验。

（13）待工件检验后，再将腰孔各面倒出 1 mm 弧形喇叭口，20 mm 端面锉成略成凸弧形面，然后将工件两端热处理淬硬。

四、注意事项

（1）用 ϕ9.8 mm 钻头钻孔时，要求钻孔位置正确，钻孔孔径没有明显扩大，以免造成加工余量不足，影响腰孔的正确加工。

（2）锉削腰孔时，应先锉两侧平面，后锉两端面圆弧。在锉平面时要注意控制好锉刀的横向移动，防止锉坏两端孔面。

（3）加工四角 R3.5 mm 圆弧时，横向锉要锉准、锉光，然后推光就容易，且圆弧夹角处也不易蹹角。

（4）在加工 R12 mm 与 R8 mm 内外圆弧面时，横向必须平直，并与侧面垂直，才能使弧形面连接正确、外形美观。

1.9.2 100 mm 90°角尺制作

一、实训要求

（1）懂得 90°角尺的加工工艺；

（2）熟练掌握推锉技术；

（3）掌握研磨技术。

二、实训图样

实训图样如图 1-9-2 所示。

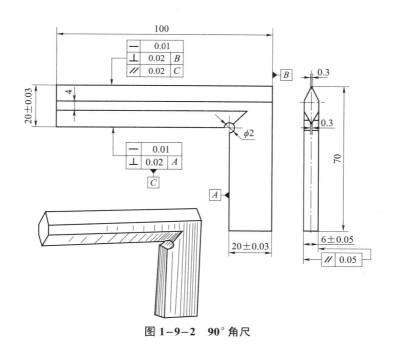

图 1-9-2   90°角尺

三、实训步骤

（1）按图样检查来料尺寸，并去除锐边毛刺。

（2）将工件用圆钉固定在木板上加工两平面，达到图样要求。

（3）锉外直角面，达到直线度 0.01 mm、垂直度 0.02 mm、表面粗糙度 $Ra \leqslant 1.6$ μm 的要求。

（4）划出相距尺寸为 20 mm 的内直角线，并按要求钻 ϕ 2 mm 的工艺孔。

（5）锉内直角面，达到图样要求。

（6）锉好 100 mm 与 70 mm 角尺的端面。

（7）按图样尺寸加工两刀口斜面。

（8）锐边倒棱并做全部精度检查。

四、注意事项

（1）在锉两平面时，锉削纹路要一致，要沿 90°角尺的竖直方向，故在锉尺座时要特别注意将面锉平。

（2）锉削刀口斜面，必须在平面加工达到要求后进行，并要注意不能碰坏垂直面，造成角度不准。

（3）90°角尺是以短面为基准测量直角的，但在加工时应先加工长直角面，然后以此面作为基准来加工短面达到 90°直角，最后检查垂直度仍应以短直角面为测量基准。

（4）因本角尺各测量面最后还须进行研磨加工，使其达到表面粗糙度 $Ra \leqslant 1.6$ μm 的要求，故在本处加工后，必须保证各测量面不应有可见的锉削纹路。

1.9.3 对开夹板制作

一、实训要求

（1）巩固熟练划线、锉削、锯割、钻孔、攻丝以及精度测量等基本技能，加工指定工件时，能达到图样各项技术要求。

（2）能正确熟练地修整、刃磨所使用的工具，如划针、样冲、划规、钻头及丝锥等。

（3）做到安全生产和文明生产。

二、实训图样

实训图样如图 1-9-3 所示。

三、实训步骤

（1）来料锯断。

（2）锉削 20 mm×18 mm 的加工面（加工两件）。

（3）按图划出全部锯削、锉削加工线。

（4）锯、锉完成 14 mm 尺寸面的加工（先做一件）。

（5）锉 4×C6 斜面，最后细加工采用直向锉，锉直钝纹。

（6）锯、锉 90° 角度面。

（7）划两孔位的十字中心线及检查圆线（或检查方框线），按划线钻 2×ϕ11 mm 孔，达到（82±0.3）mm 的加工要求，并将孔口倒角 C1.5。

（8）锉两端 R9 mm 圆弧面（用 R9 mm 圆弧样板和厚薄规检查）。

（9）用砂布垫在锉刀下把全部锉削面打光。

（10）用同样方法加工另一件。两螺孔用 8.5 mm 钻头钻底孔，孔口倒角 C1.5，然后攻丝 M10。

（11）工件用 M10 螺钉连接，做整体检查修整。

（12）拆下螺钉，将工件各棱边均匀倒角，清洁各表面，然后再重新连接好。

四、注意事项

（1）钻孔与攻丝时，中心线必须保证与基准面垂直，且两孔中心距尺寸正确，以保证可装配性。

（2）为保证钻孔的中心距准确，两孔位置除按正确划线进行钻孔外，也可在起钻第二孔时，用游标卡尺做检查校正，或在已钻孔中及钻夹头上各装一圆柱销，用游标卡尺检查调整已钻孔中心线与钻床主轴轴线的尺寸与中心距尺寸要求一致，然后将工件夹紧，再钻第二个孔。为测量尺寸，d_1 和 d_2 为圆柱销直径，则实际中心距为：

$$L=L_1-(d_1+d_2)/2$$

（3）在钻孔划线时，两孔的位置必须与中间两直角面的中心线对称，以保证装配连接后，

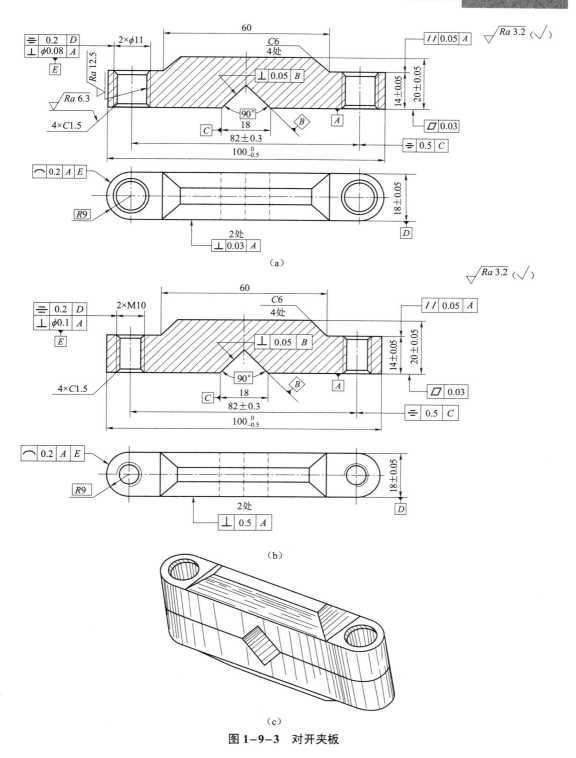

图 1-9-3 对开夹板

其上的直角面不产生错位现象。

（4）锉削两端圆弧面，两件可以单独进行，也可留些余量，最后再把两件用螺钉连接后做一次整体修整，使圆弧一致、总长相等。

（5）做到各平面所交外棱角倒角均匀、内棱清晰无重棱、表面光洁、纹理齐正。

1.10 锉 配 训 练

1.10.1 锉配

一、实训要求

（1）巩固提高划线、锯削、锉削、钻孔、铰孔、测量等钳工基本操作技能。
（2）能熟练制定锉配件的钳工加工工艺，掌握各种典型零件的锉配方法。
（3）掌握锉配的各种钳工加工技巧。
（4）掌握钳工常用的测量技术。

二、实训内容

用锉削加工方法，使两个或两个以上的零件配合在一起，达到规定的配合要求，这种加工过程称为锉配，通常也称为镶配。

锉配工作有面的配合（如各种样板）和形体的配合（如四方体、六角形体等），本课题主要是讲解各种典型形体的配合。

锉配工作一般先将相配的两个零件中的一个锉得符合图样要求，再根据已锉好的加工件来锉配另一件。由于外表面比内表面容易锉削，所以一般先锉好凸件的外表面，然后锉配凹件的内表面。在锉配凹件时，需用量具测出凸件的实际尺寸，再用量具控制凹件的尺寸精度，使其符合配合要求。

　1. 锉配锉削技巧

锉配的锉削方法及技巧因件而异，通常先精密后粗糙，先凸件后凹件，先难后易。读图要仔细，认真分析思考，编制好正确的加工工艺。

（1）外直角面或平行面锉削。由前面课题可知，外直角面或平行面的锉削，通常是先锉好一个面，然后以这个面作基准，再锉垂直的相邻面或平行的相对面。

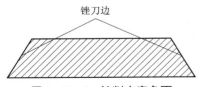

锉刀边

图 1-10-1　锉削内直角面

（2）内直角面、清角的锉削。锉削内直角面、清角时，应修磨锉刀边，使锉刀边与锉刀面成小于90°的角，如图 1-10-1 所示。同外直角面锉削一样，通常是先锉好一个面，以这个面作基准，再锉削另一相邻的垂直面。清角处应用修磨后的小锉刀或什锦锉小心锉削。

（3）锐角锉削。锉削锐角时，应修磨平板锉锉刀边或三角锉的一个锉刀面，与锉刀面构成小于所锉锐角的夹角，如图 1-10-2 所示。锉削时，通常先锉好一个面，再锉削另一相邻面。

（4）对称件锉削。对称件的锉削如图 1-10-3 所示。一般先加工好一边，再加工另一边，即可先锯、锉 1 面和 2 面，保证尺寸 L，再锯、锉 3 面和 4 面，保证尺寸 A 与外形的对称要求。

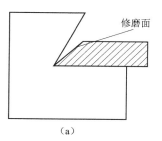 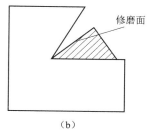

图 1-10-2 锉削锐角

(a) 修磨平板锉；(b) 修磨三角锉

（5）圆弧面锉削。锉削圆弧面时，可用横锉（对着圆弧锉）、滚锉（顺着圆弧锉）和推锉等方法。锉削时，要经常检查圆弧面的曲面轮廓度、直线度及与平面的垂直度，发现问题时要及时纠正，才能达到配合要求。

2. 锉配件的测量

1）对称度测量

如图 1-10-4 所示，把 3 面放在平板上，用百分表测量 1 面到平板的尺寸 L，两次测得的 L 差值，即为实测的对称度误差值。

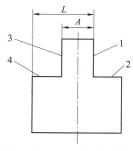

图 1-10-3 对称件锉削

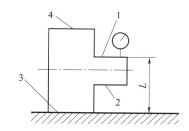

图 1-10-4 对称度测量

2）平行度测量

测量平行度时，可把工件放在平板上，用百分表进行测量。也可用游标卡尺或千分尺测量工件两平行面间的尺寸，最大尺寸与最小尺寸之差即为平行度误差值。测量时，应测量工件的四角和中间等 5 个位置，如图 1-10-5 所示。

3）圆弧面测量

测量圆弧面圆度时，可用圆弧样板检查。

4）角度测量

测量角度时，可用直角尺、万能角尺进行测量，也可用角度样板检查，如图 1-10-6 所示。

5）燕尾测量

测量燕尾角度时，常使用角度样板或万能角尺。测量燕尾尺寸时，一般都采用间接测量法，如图 1-10-7 所示，其测量尺寸 M 与尺寸 B、圆柱直径之间有如下关系。

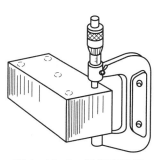

图 1-10-5 平行度测量

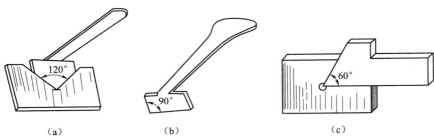

图 1-10-6　角度测量

（a）120°内、外角样板；（b）内直角样板；（c）样板测量角度

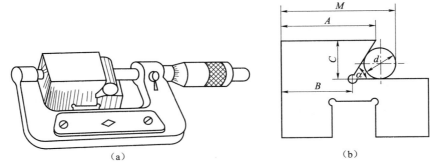

图 1-10-7　燕尾测量

（a）测量方法；（b）换算关系

$$M = B + \frac{d}{2}\cot\frac{\alpha}{2} + \frac{d}{2}$$

式中：M——测量读数值，mm；

$\quad\quad B$——斜面与底面的交点至侧面的距离，mm；

$\quad\quad d$——圆柱量棒的直径尺寸，mm；

$\quad\quad \alpha$——斜面的角度值，（°）。

当要求尺寸为 A 时，则可按下式进行换算，即

$$A = B + C\cot\alpha$$

式中：A——斜面与上平面的交点（边角）至侧面的距离，mm；

$\quad\quad C$——深度尺寸，mm。

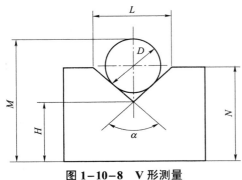

图 1-10-8　V 形测量

6）间隙测量

测量间隙时，可用一片或数片塞尺重叠在一起塞入间隙内，检验两个接触面之间的间隙大小。也可用游标卡尺或千分尺等量具测量出内孔的尺寸和外形的尺寸，两者的差值即为间隙。

7）V 形测量

测量 V 形件时，可采用如图 1-10-8 所示的间接测量方法。

当要求尺寸为 H 时：

$$M = H + \frac{D}{2} / \sin\frac{\alpha}{2} + \frac{d}{2}$$

当要求尺寸为 L 时：

$$M = N - \frac{L}{2}\cot\frac{\alpha}{2} + \frac{D}{2}\left(1 + 1/\sin\frac{\alpha}{2}\right)$$

三、锉配注意事项

（1）要根据工件图样要求正确选择划线基准，若以两直角侧面为基准，此两面务必锉成直角，并与基准大面成直角，且平面度要好，这样才能保证划线质量。

（2）在划线中考虑到工件划线基准面较窄，划线时工件易走动，此时应采用垂直度和平面度较好的靠铁，工件靠在靠铁上进行划线。

（3）为提高锉削质量，不影响相邻面及修整清角，应使用光边锉刀。新锉刀的一侧面可在砂轮上磨去侧齿，改成光边，并根据需要磨成不同的角度。

（4）一般锉配时用透光法来检查锉配件的配合情况，测量间隙时可用塞尺。为提高配合质量，也可在锉配件表面涂上红丹粉等，将凸凹件相对推动，把凹件接触的亮斑锉去，达到较高的配合精度。

（5）锯削薄板料时应用细齿锯条，因单位长度内同时参与切削的齿数多，故比较平稳，被加工表面质量好，平面度也好。

（6）锯条背部有时可磨去 1/3 或更多，以便对孔中进行切削，提高工作效率。有时也可将锯条齿部磨成尖角，加工工件清角。

（7）锉配件上一般会有尺寸精度较高的孔的加工，一般通过钻孔后的铰孔来完成。手铰时要使铰刀转动平稳，铰削时应使用润滑液。机铰时采用低速铰削。铰削时铰刀不准倒转，以防止铁屑挤在铰刀槽中造成崩刃。

（8）锉配件上有时会有内螺纹孔的加工，攻螺纹时起攻是关键，起攻时手要多加一点向下的压力，这样起攻质量好。起攻后一定要观察丝攻与基准面的垂直度，垂直后再进行攻螺纹。攻螺纹时尽量使用润滑液，需经常反转丝攻，便于断屑，攻螺纹省力且螺纹质量高。

1.10.2　典型件的锉配

一、T 形件锉配

T 形件锉配时，必须保证凸件的对称度要求，各内角应做成倾角，否则会影响两件相对的配合精度。

1. 工件分析

图 1–10–9 所示为封闭式对称 T 形件锉配。

凸件（外 T 形体）材料为 45 钢，坯料尺寸为 33 mm×33 mm×8 mm，各锉削平面的平面度要求为 0.02 mm，尺寸 16 mm 与 32 mm 有对称要求，锉削平面与基准大平面的垂直度要求为 0.02 mm，各角要锉成清角。因此，锉配时必须使用光边锉刀，且锉刀工作面与磨光

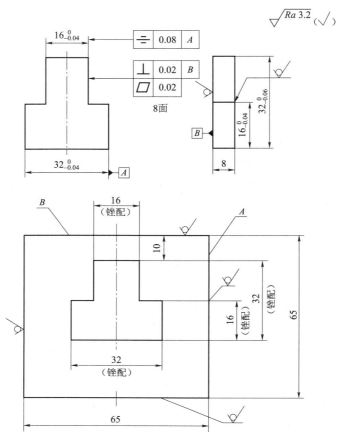

图 1-10-9 封闭式对称 T 形件

的侧面之间夹角小于 90°，侧边直线性要好。凹件材料为 45 钢，坯料尺寸为 65 mm×65 mm×8 mm，凹件与凸件配合间隙小于 0.08 mm（8 面），喇叭口小于 0.14 mm（8 面），各角清晰，能正反互换配合。

2. 操作步骤

1）外 T 形体加工

（1）划线，锉成正方形，达到尺寸、平面度、垂直度、平行度和表面粗糙度等要求。

（2）以相邻两垂直面作为划线基准，划出 T 形件各平面加工线。

（3）按划线锯去 T 形件的右侧垂直角，粗、精锉两垂直面，根据 32 mm 处的实际尺寸，通过控制 24 mm（32 mm 尺寸的一半加上 16 mm 尺寸的一半）的尺寸误差，保证 $16_{-0.04}^{0}$ mm 的尺寸要求和对称度要求，并直接锉出底面的尺寸 $16_{-0.04}^{0}$ mm。

（4）锯去 T 形体左侧的垂直角，粗、精锉两垂直面，达到图样要求。

（5）将各棱边倒钝并复检尺寸等。

2）锉配内 T 形体

（1）检测 A、B 两面，保证 A、B 有较高的垂直度，以 A、B 两面为划线基准，划出 T 形全部线。

（2）钻、排孔去除 T 形孔内余料。粗锉各面，各边留 0.1～0.2 mm 的精锉余量。

（3）精锉尺寸 32 mm×16 mm 长方孔四面，保证与相关面的平行度和垂直度，并用外 T 形体大端处试塞，使两端能较紧塞入，且形体位置准确。

（4）精锉 16 mm×16 mm 的左面、右面及上面，保证与相关面垂直和平行，并用外 T 形体的相关尺寸检查，能较紧地塞入。

（5）用透光和涂色法检查，逐步进行整体修锉，使外 T 形体推进推出松紧适当，然后做翻转试配，仍用涂色法检查修锉，达到互换配合要求。

（6）复查后各锐边倒钝。

3．注意事项

（1）加工凸件时，只能先做一侧，一侧符合要求后再做另一侧。检测对称度时也可用如图 1–10–4 所示的方法。

（2）为防止产生较大的喇叭口，加工中尽量保证各面的平面度及垂直度。

（3）为保证正反互换配合，一定要使凸件的各项加工误差控制在最小允许误差范围内。

（4）为防止加工中锉伤邻面，应使用光边锉刀，注意各角应清角。

二、锉配六角形体

六角形体锉配时，关键是加工好外六角体，保证外六角体尺寸、平面度、平行度和角度等要求，加工误差尽可能小。

1．工件分析

图 1–10–10 所示为六角形体锉配，工件材料为 Q235，要求在厚 8 mm 圆料上加工六角凸件，在方形板料上加工六角形凹件。因凸件是锉配基准，且要转位互换。因此，加工中应特别注意凸件的尺寸精度，同时保证各面平面度、平行度、垂直度及 6 个角的角度值，以保证锉配凹件时符合技术要求。凹件坯料尺寸为 60 mm×60 mm×8 mm，中间锉配内六角形体。锉配凹件时，应保证凹件 6 个面的平面度及垂直度，防止喇叭口的产生；件内六角棱线必须用修磨过的光边锉刀按划线仔细锉直；配合间隙要不大于 0.06 mm。锉配凹件时有两种加工顺序，第一种先锉配一组对面，然后依次锉配另外两组面，再做整体修锉配入；第二种是依次先锉 3 个相邻面，用如图 1–10–6 所示的样板检查，并用加工好的外六角凸件试配凹件 3 面的 120° 角及等边边长，然后再依次锉配 3 个面的对面，使凸件能较紧塞入，再做整体修锉配入。

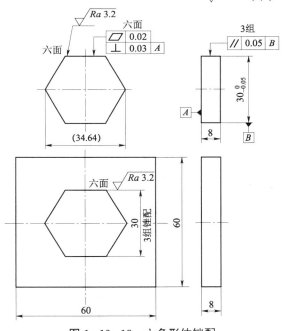

图 1–10–10　六角形体锉配

2．操作步骤

1）划线

（1）将 φ40 mm 圆形坯件安放在 V 形体上，用高度游标尺划出中心线，记下高度游标尺

的尺寸读数，按图样六角形对边距离，调整高度游标尺，划出与中心线平行的六角形两对边线。将$\phi40$ mm圆形坯件转动90°，用角尺找正垂直，划出六角形各点的坐标尺寸线，然后用划针、钢直尺依次连接各交点，如图1-10-11所示。

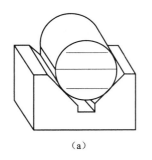
（a）

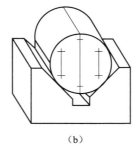
（b）

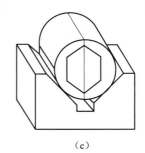
（c）

图1-10-11 六角体划线

（2）在直角板料坯件上划六角形，如图1-10-12所示。用高度游标卡尺划出中心线，调整高度游标尺，划出与中心线平行的六角形两对边线。将直角形坯件转动90°，划出六角形各点的坐标尺寸线，然后用划针、钢直尺依次序连接各交点。

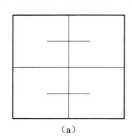
（a）

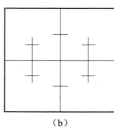
（b）

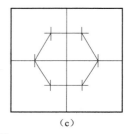
（c）

图1-10-12 凹件划线法

2）根据图样要求加工外六角体

（1）用游标卡尺测出圆形坯料的实际直径，锯、粗锉、精锉A面达到平面度为0.02 mm、表面粗糙度值小于2 μm的要求，同时保证圆柱母线至锉削面的尺寸为（W/2+15）±0.03，如图1-10-13（a）所示。

（2）锯、粗锉、精锉A面的相对面，达到图样各有关要求，如图1-10-13（b）所示。

（3）用同样的方法粗、精加工C面达到图样要求。保证圆柱母线至锉削面的尺寸为（W/2+15）±0.03，用万能角度尺测量120°角，保证角度要求，如图1-10-13（c）所示。

（4）粗、精加工D面达到图样要求，保证圆柱母线至锉削面的尺寸为（W/2+15）±0.03，保证120°的角度要求，如图1-10-13（d）所示。

（5）粗、精加工E面，达到图样有关要求，如图1-10-13（e）所示。

（6）粗、精加工F面，达到图样有关要求，如图1-10-13（f）所示。

（7）按图样要求做全面复检，并做必要的修整锉削，把各个尺寸、角度误差控制在最小范围内，最后将各锐边均匀倒钝。

3）锉配内六角

（1）在内六形中钻排孔，去除中间废料，粗锉六角形各面接近划线线条，各边留0.1～0.2 mm的精锉余量。精锉内六角相邻的3个面，先精锉第一面，要求平直并与基准大平面垂直；

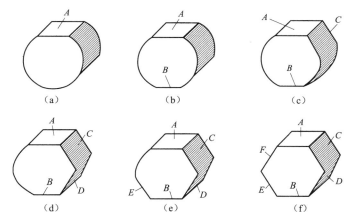

图 1-10-13　加工步骤

（a）锯、粗锉、精锉 A 面；（b）锯、粗锉、精锉 B 面；（c）粗、精加工 C 面；（d）粗、精加工 D 面；
（e）粗、精加工 E 面；（f）粗、精加工 F 面

然后精锉第二面，达到平直并与基准大平面垂直的要求，并用 120° 角度样板检查角度是否正确，保证清角；最后精锉第三面，也达到上述相同的要求并保证边长。

（2）精锉 3 个邻面的各自对应面，用同样方法检查 3 面，保证平面度、垂直度和角度要求，并将外六角体的 3 组面与内六角的对应面分别试配，达到能够较紧地塞入。

（3）用外六角体整体试配。利用透光法与涂色法来检查和精修各面，使外六角体配入后达到透光均匀，推进推出滑动自如而且配合间隙尽可能小。最后做转位试配，用涂色法修锉达到互换配合要求。各棱边应均匀倒棱，并用塞尺检查配合精度。

3. 注意事项

（1）划线要正确，线条要细而清晰，外六角体划线时，最好正反面同时划出六角形的加工线，以便锉配。

（2）外六角体是锉配时的基准件，为了达到转位互换的配合精度要求，应使外六角体的加工精度尽可能控制在较高范围内。

（3）内六角各角尽量做到清角，清角时采用光边锉刀，锉刀推出时应慢而稳，紧靠邻边直锉，防止锉坏邻面或将该角锉坏。

（4）锉配时，先做好记号，并以此面作为参考，定向进行，为取得转位互换配合精度，尽可能不修锉外六角体。如外六角体必须修锉时，应进行准确的测量，找出需修锉处，并应综合考虑修锉后的相互影响。

三、燕尾体锉配

燕尾体锉配时，一般都采用间接测量来达到有关尺寸要求，因此，必须测量和换算正确，才能确保配合质量。

1. 工件分析

图 1-10-14 所示为单燕尾锉配，材料为 Q235，坯料尺寸为 51 mm×26 mm×8 mm，件 2 与件 1 坯料外形一致。先加工件 2，保证尺寸、平面度和角度等要求。工件 1 与工件 2 配锉，保证配合等要求。

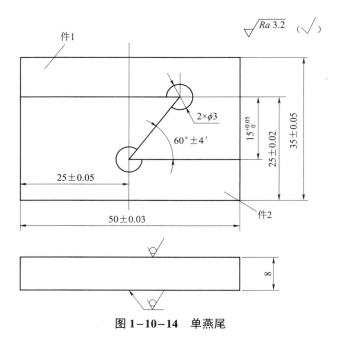

图 1-10-14 单燕尾

2．操作步骤

（1）粗、精锉件 1、件 2 的外形至要求。

（2）件 1、件 2 分别按图划线。

（3）分别在件 1、件 2 上钻 3 号工艺孔。

（4）加工件 2。离燕尾角度线 2 mm 锯去余料，粗加工燕尾的两面，各边留 0.1～0.2 mm 精锉余量。精加工燕尾的两面，保证尺寸、平面度及平行度要求。加工斜面时，用万能角度尺或角度样板测量角度并保证斜面的平面度和件 2 大平面间的垂直度。利用 ϕ 10 mm 测量芯棒，参照图 1-10-7 的测量方法，保证尺寸为（25±0.05）mm。

（5）件 1 加工。离燕尾角度线 2 mm 锯去余料，粗加工燕尾的两面，各边留 0.1～0.2 mm 精锉余量。根据件 2 的实际尺寸，分别锉配件 1 底面、角度面，保证平面度、垂直度、平行度、尺寸及配合间隙 0.06 mm，保证配合后两侧的错位不大于 0.06 mm。达到要求后，各锐边倒钝。

3．注意事项

（1）因采用间接测量来达到尺寸要求，所以必须正确换算和测量，才能达到所要求的精度。

（2）加工面都比较狭窄，应锉平各面，保证与大平面的垂直度，防止喇叭口的产生。

（3）为达到配合精度要求，必须保证工件 2 的加工质量。

四、曲面体锉配

曲面体锉配时，必须把凸件加工准确，不仅圆弧面要锉准确，还要做到圆弧与平面连接圆滑光洁、各面尺寸的误差控制在最小范围内。曲面体的线轮廓度检查方法可用曲面样板通过光隙法来检查。

1. 工件分析

图 1-10-15 所示为曲面体锉配，材料为 Q235，凸件坯料为 31 mm×31 mm×8 mm，凹件坯料为 60 mm×60 mm×8 mm。凸件一头为 R15 圆头，另一头为 R6 的内圆弧面，技术要求中要转位互换，故加工凸件时，要保证尺寸精度和两圆弧面的圆心在零件的对称中心线上，圆弧面与平面交接处要自然圆滑。锉配凹件时，要保证图样的技术要求。

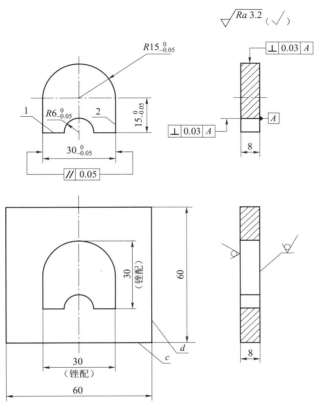

图 1-10-15　曲面体锉配

2. 操作步骤

1）加工凸曲面体

（1）根据图纸要求，粗精锉长方体，达到尺寸、平面度、平行度、垂直度和表面粗糙度的要求。

（2）以面 1 和面 2 两面为基准面，按图纸尺寸，划出曲面体加工线。

（3）锯去 R15 圆头处左右两角及 R6 内的废料，粗、精锉 R15 和 R6 两圆弧面，达到图纸要求，与两侧面连接自然光滑，与基准大平面垂直，两圆弧的中心在零件的同一中心线上。

2）锉配凹曲面体

（1）以 c、d 两垂直面为基准，根据图纸要求划出曲面体加工线。

（2）钻排孔、去除废料。粗锉去除大部分余量，使每边留 0.2 mm 细精锉余量。

（3）以两面和大平面为基准，精锉 30 mm×15 mm 长方孔两侧面及底面，达到平面度、平行度、垂直度和表面粗糙度等的要求。并用凸曲面体进行试塞，使之能较紧地塞入。

（4）精锉 R6 圆弧和 R15 圆弧，用样板测量，保证图样要求。

（5）整体试配，用透光法和涂色法检查凸凹曲面体各面之间的配合情况，精锉 R15 圆弧和 R6 圆弧及其他各面，使凸曲面体能无阻滞地推进推出，达到图纸锉配要求。

（6）复查后各锐边倒钝。

3. 注意事项

（1）在锉削两圆弧面时，注意保证其对称性及与基准大平面间的垂直度要求。经常检查横向的直线度误差，并用半径样板（圆弧样板）细心检查两圆弧面的轮廓线。

（2）在加工凸件 R15 圆弧时，为了使圆弧达到尺寸要求和与平面之间的过渡自然圆滑，可采用滚锉法，这样才能使圆弧锉圆。

（3）锉配凹件过程中，锉刀在锉削圆弧面时，采用带斜向运动的横锉法，注意不要碰伤左右侧面；在锉削两侧面时，不要碰坏圆弧面，以免使局部间隙增大，影响整体锉配质量。

（4）常清除切屑，以防切屑拉伤加工表面，留下较深的沟痕，影响表面粗糙度。

五、组合体锉配

组合锉配比较复杂，锉配时，不仅要保证各配合件的精度要求，而且要保证它们之间的配合精度及装配精度要求。因此，锉配前必须认真分析各件的情况，确定正确的锉配加工方案。

1. 工件分析

图 1−10−16 所示为六方转位组合锉配，材料为 Q235，凸件坯料为 36 mm×8 mm，凹件坯料为 71 mm×51 mm×8 mm 和 71 mm×36 mm×8 mm，圆柱销为 ϕ8h6，长 20 mm。锉配时，先要保证件 2 的精度要求，然后保证件 2 与件 1、件 3 的配合精度要求及装配精度要求。

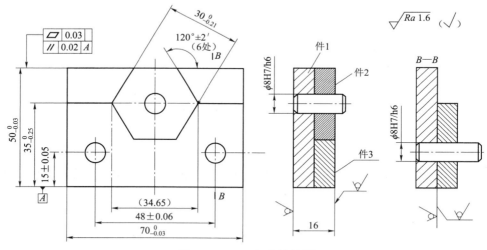

图 1−10−16　组合体锉配

2. 操作步骤

1）件 2 的加工

将圆形坯件置于 V 形铁上，照图划出中心线及六角形加工线，中心处钻、铰 ϕ8H7 孔，以中心为基准，加工六角形体 6 面。严格保证各面到孔壁的距离一致，保证图样要求。锐边倒钝。

2）件 1 的加工

粗、精锉件 1 外形尺寸 $70_{-0.03}^{0}$ 和 $50_{-0.03}^{0}$ 至要求，尽量接近上偏差，保证平面度、垂直度和平行度等要求。

3）件 3 的加工

（1）粗、精锉件 3 外形尺寸 $70_{-0.03}^{0}$ 和 $50_{-0.03}^{0}$，尽量接近上偏差，保证平面度、平行度和垂直度要求。

（2）工件做好记号，以件 2 配作件 3 的 120° 半六方。利用 ϕ8h6 圆柱销和百分表测量，保证左右斜面对称及尺寸要求，保证锉配后两件之间的配合尺寸为 $50_{-0.03}^{0}$。

4）组合件加工

（1）在件 3 上划出销钉孔的位置。把件 1、件 2 和件 3 组合在一起夹紧，保证装配位置要求，由件 2 向件 1 钻、铰 ϕ8H7 孔。

（2）钻、铰件 3、件 1 上左端的 ϕ8H7 销钉孔，保证孔位要求。

（3）件 1 左、右翻转 180°，把件 1、件 2、件 3 组合在一起，在件 2 与件 1 销钉孔中装入销钉，按装配关系调整好夹紧，以件 1、件 3 上已加工的 ϕ8H7 孔为基准，分别由件 1 向件 3、件 3 向件 1 钻、铰 ϕ8H7 孔。

（4）插入两个 ϕ8h6 圆柱销，检测组合件质量，必要时作修整，保证各要求。

（5）分别将件 2、件 3 翻转 180° 插入 ϕ8h6 圆柱销，检测翻转后组合的质量，做必要的修整，保证满足各要求。

（6）锐边去毛刺、倒钝。

3. 注意事项

（1）插入圆柱销时，圆柱销表面应沾些机油，防止各工件表面相咬。

（2）各加工面的平面度要求和与大平面的垂直度要求要严格控制在 0.02 mm 之内。

（3）课题图上虽无对称度要求，但为保证最后组合加工精度，各工件加工时，均应严格保证对称要求。

（4）件 1、件 2 和件 3 钻孔时，务必保证孔中心与大平面垂直，否则插入圆柱销后，两件间平面不能贴平。

（5）钻、铰件 1、件 3 上左端的 ϕ8H7 圆柱销孔时，可先钻一个 ϕ7 左右的孔，通过测量 ϕ7 位置，用锉刀修正后，再扩孔铰孔，保证满足孔的位置要求。

1.11　装配基础知识

1.11.1　装配工艺概述

在生产过程中，按照规定的技术要求，将若干个零件结合成部件或若干个零件和部件结合成机器的过程，称为装配。

1. 装配工作的重要性

装配工作是产品制造过程中的最后一道工序，装配工作的好坏，对整个产品的质量起着决定性的作用。零件间的配合不符合规定的技术要求，机器就不可能正常工作；零部件之间、机构之间的相互位置不正确，有的影响机器的工作性能，有的甚至无法工作；在装配过程中，不重视清洁工作、粗枝大叶、乱敲乱打、不按工艺的要求装配也绝不可能装配出合格的产品。装配质量差的机器，精度低、性能差、消耗大、寿命短，将造成很大的浪费。相反，虽然某些零部件的精度并不是很高，但经过仔细地修配、精确地调整后，仍可能装配出性能良好的产品来。装配工作是一项非常重要而细致的工作，必须认真做好。

2. 装配工艺过程

产品的装配通常是在工厂的装配工段或装配车间内进行的，但在某些场合下，制造厂并不将产品进行总装。为了运输方便，产品（如重型机床、大型汽轮机等）的总装必须在基础安装的同时才能进行，在制造厂内就只进行部件装配工作，而总装则在工作现场进行。

3. 装配组织形式

装配组织的形式随着生产类型和产品复杂程度的不同而不同，机器制造中的生产类型可分为三类：单件生产、成批生产和大量生产。

（1）单件生产及其装配组织。单个地制造不同结构的产品，并且很少重复，甚至完全不重复，这种生产方式称为单件生产。单件生产的装配工作多在固定的地点，由一个工人或一组工人，从开始到结束把产品的装配工作进行到底。这种组织形式的装配周期长、占地面积大，需要大量的工具和装配，并要求工人有全面的技能。在产品结构不十分复杂的小批量生产中，也有采用这种组织形式的。

（2）成批生产及其装配组织。每隔一定的时期成批地制造相同的产品，这种生产方式称为成批生产。成批生产时的装配工作通常分成部件装配和总装配，每个部件由一个工人或一组工人来完成，然后进行总装配。其装配工作常采用移动的方式进行。如果零件预先经过选择分组，则零件可采用部分互换的装配，因此有条件组织流水线生产。这种组织形式的装配效率较高。

（3）大量生产及其装配组织。产品的制造数量庞大，每个工作地点经常重复地完成某一个工序，并具有严格的节奏性，这种生产方式称为大量生产。在大量生产中，把产品的装配过程首先划分为主要部件、主要组件，并在此基础上再进一步划分为部件、组件的装配，使每一工序只由一个工人来完成。在这样的组织下，只有当从事装配工作的全体工人都按顺序完成他们所承担的装配工序以后，才能装配出产品。工作对象（部件或组件）在装配工程中，有顺序地由一个工人转移给另一个工人，这种转移可以是装配对象的移动，也可以是工人的移动，通常把这种装配组织形式叫作流水装配法。为了保证装配工作的连续性，在装配线所有工作位置上，完成工序的时间都应相等或互成倍数。在流动装配时可以利用传送带、滚道或在轨道上行走的小车来运送装配对象。在大量生产中，由于广泛采用互换性原则并且使装配工作工序化，因而其装配质量好、装配效率高、占地面积小、生产周期短，是一种较先进的装配组织形式。

4. 装配工艺规程

装配工艺规程是规定装配全部部件和整个产品的工艺工程以及所使用的设备和工夹具等的技术文件。一般来说工艺规程是生产实践和科学实验的总结，是符合多、快、好、省的原则的，是提高产品质量和提高劳动生产率的必要措施，也是组织生产的重要依据。执行工艺规程能使生产有条理地进行，并能合理使用劳动力和工艺装配，降低生产成本。工艺规程所规定的内容和生产的发展，也要不断改革，但是必须采取严格的科学态度，要慎重、严肃地进行。

装配工艺规程通常按工序和工步的顺序编制。由一个工人或一组工人在不更换设备或地点的情况下完成的装配工作，叫作装配工序。用同一工具和附具，不改变工作方法，并在固定的连续位置上所完成的装配工作，叫作工步。在一个装配工序中包括一个或几个装配工步。

总装配和部件装配都是由若干装配工序组成的。

1.11.2 装配时的连接和配合

1. 装配时连接的种类

在装配过程中，零件相互连接的性质，会直接影响产品的装配顺序和装配方法，因此，在装配前，应当仔细研究机器零件中的连接。按照部件或零件连接方式的不同，可分为固定连接和活动连接（见表 1-11-1）。采用固定连接时，零件之间没有相对运动。采用活动连接时，零件之间在工作中能按规定的要求做相对运动。按连接能否拆卸又可分为可拆和不可拆两类。可拆的连接，在拆卸时不致损伤其连接零件；而不可拆的连接，虽然有时候也需要拆卸（如修理等），但拆卸往往比较困难，并且必然使其中一个或几个零件遭受损坏，在重装时不能复用或至少需做专门的修理后才能复用。

表 1-11-1　连接的种类

固定连接		活动连接	
可拆的	不可拆的	可拆的	不可拆的
螺纹、键销等连接	铆接、焊接、压合、胶合、扩压等	轴与滑动轴承、柱塞与套筒等间隙配合零件	任何活动连接的铆合头

2. 装配方法

这里讲的装配方法，是指达到零件或部件最终配合精度的方法。为了保证机器的工作性能，在装配时，必须保证零件间、部件间具有规定的配合要求。由于产品的结构、生产的条件和生产批量不同，采用的装配方法也不一样。装配方法可分为：完全互换法、选配法、调整法和修配法四种。

1）完全互换法

在同类零件中，任取一个装配零件，不经任何选择或装配就能装入部件（或机器）中，并达到规定的装配要求，这种装配方法称为完全互换装配法。

完全互换法的特点是：装配操作简单，易于掌握，生产率高；易于组织流水线作业；零件的更换方便。但这种装配方法对零件的加工精度要求较高，制造费用将随之大大增加，所以这种方法往往在配合件的组成件数少、精度要求不太高或产品批量较大的时候采用。

2）选配法

选配法是将零件的制造公差适当放宽，然后把尺寸相当的零件进行装配，以保证配合精度。选配法又可分为两种：直接选配法和分组选配法。

（1）直接选配法。

由装配工人直接从一批零件中，选择"适合"的零件进行装配，称为直接选配法。这种

方法比较简单，但装配质量凭工人的经验和感觉来确定，同时装配效率也高。分组选配法将一批零件专用的量具逐一进行测量，按实际尺寸的大小划分为若干组，然后，将尺寸大的与包容件相配。这种装配方法的配合精度决定于分组数，增加分组数就能提高装配精度。

分组选配法的特点是：经分组后零件的配合精度高；因零件制造公差放大，因此加工成本降低；增加了零件的测量分组工作，并需加强对零件的储存和运输的管理。

（2）调整法。

装配时，调整一个或几个零件的位置以消除零件间的积累误差，来达到装配要求，称为调整法。例如用不同尺寸的可换垫片、衬套、可调节螺母或螺钉、镶条等调整配合间隙。图 1−11−1 所示为用垫片来调节轴向配合间隙；图 1−11−2 所示为用移动衬套的方法来调整轴向间隙。

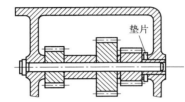

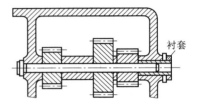

图 1−11−1　用垫片来调节轴向配合间隙　　　图 1−11−2　用移动衬套调整的方法轴向间隙

调整法的特点是：

① 装配时零件不需要任何修配加工，并能达到很高的装配精度。

② 可以进行定期调整，故容易保持或恢复配合精度，这对于容易磨损或因温度变化而需要改变尺寸的结构极为有利。

③ 调整件易使配合件的刚度受到影响，有时候还会影响配合件的位置精度和寿命，所以要认真仔细地调整。调整后的固定要坚实可靠。

4）修配法

在装配过程中，修去某配合件上的预留量，以消除其积累误差，使配合零件达到规定的装配精度，称为修配法。如图 1−11−3 所示，车床两顶尖两中心线不等高。装配时，可以修刮尾座底板来达到精度要求。尾座底板刮去的厚度 $\Delta A = A_3 + A_2 - A_1$。

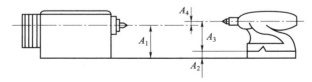

图 1−11−3　采用修配法达到精度要求

采用修配法使装配工作复杂化，同时增加了装配时间，但可使零件的加工精度降低，不需要采用高精度的加工设备，节省机械加工的时间，从而使产品成本降低。因此，这种方法常用在成批生产精度高的产品或单件生产、小批生产中。

1.11.3　装配时零件的清理和清洗

在装配过程中，零件的清理和清洗工作对提高装配质量、延长产品使用寿命都有重要的意义。特别对于轴承、精密配合件、液压元件、密封件以及特殊清洗要求的零件等更为重要。

如装配主轴部件时，清洁工作不严格将会造成轴承升温过高，并过早丧失其精度，对于相对滑动的导轨摩擦副，也会因摩擦面间有砂粒、切屑等而加速磨损。甚至会出现导轨副"咬合"等严重事故。为此，在装配过程中要认真做好零件的清理和清洗工作。

装配前，零件上残存的型砂、铁锈、切屑、研磨剂、油漆灰砂等都必须清理干净。有些零件清理后还须涂漆（如变速箱、机体等内部涂以淡色的漆），对于孔、槽、沟及其他容易残留的地方，特别应仔细地进行清理。

清除在装配时产生的金属切屑（因某些零件定位销孔的钻、铰及攻丝等加工是在装配过程中进行的）。

对于非全部表面都加工的零件，如铸造的机座、箱体、支架等，可用錾子、钢丝刷等清除不加工面上的型砂和铁渣，并用毛刷、皮风箱或压缩空气把零件清理干净。加工面上的铁锈、干油漆可用刮刀、锉刀、砂布清除。对重要的配合表面，在进行清理时，应注意保持其精度。

1. 零件的清洗方法

在单件和小批量生产中，零件可在洗涤槽内用抹布擦洗或进行冲洗。在成批或大量生产中，常用洗涤机清洗零件。比较理想的清洗方式为超声波洗涤装置，它是利用高频率的超声波，使清洗液振动从而出现大量空穴气泡，并逐渐长大，然后突然闭合，闭合时会产生自中心向外的微激波，压力可达几百甚至几千大气压，促使零件上所黏附的油垢剥落。同时空穴气泡的强烈振荡，加强和加速了清洗液对油垢的乳化作用和增乳作用，提高了清洗能力。

超声波清洗主要用于要求较高的零件，尤其是精密加工、几何形状较复杂的零件，如光学零件、精密传动的零部件、微型轴承和精密轴承等。对零件上的小孔、深孔、盲孔、凹槽等，也能获得较好的清洗效果。

2. 常用的清洗液

常用的清洗液有汽油、煤油、轻柴油和化学清洗液。它们的性能有：

（1）汽油、工业汽油主要用于清洗油脂、污垢和一般黏附的机械杂质，适用于清洗较精密的零部件。航空汽油用于清洗质量要求高的零件。

（2）煤油和轻柴油的应用与汽油相似，但清洗能力不及汽油，清洗后干得较慢，但比汽油安全。

（3）化学清洗液含有表面活性剂，又称乳化剂清洗液，对油脂、水溶性污垢具有良好的清洗能力。这种清洗液配置简单，稳定耐用，无毒，不易燃烧，使用安全，成本便宜。如105清洗剂、6501清洗剂可用于喷洗钢件上以机油为主的油垢和机械杂质。

1.11.4　旋转零件和部件的平衡

在机器中的旋转零件和部件（如带轮、齿轮、飞轮、曲轴、叶轮和砂轮等）由于内部组织密度不均、加工不准或本身形状不对称等原因，其重心与旋转中心发生偏移。零件在高速旋转时，由于重心偏移（简称偏重）将产生一个很大的离心力。

例如：当一旋转零件在离旋转中心 50 mm 处有 5 kgf（注：kgf 即千克力，为非法定许用单位，1 kgf≈9.8 N。）的偏重时，如果以 1 400 r/min 的转速旋转，则将产生的离心力大小为：

$$F = \frac{W}{g} e \left(\frac{\pi n}{30} \right)^2 = \frac{5}{9.81} \times 0.05 \times \left(\frac{\pi \cdot 1\,400}{30} \right)^2 \approx 547 \, (\text{kgf})$$

式中：F——离心力（kgf）；

$\quad\quad\quad$ W——转动零件的偏重（kgf）；

$\quad\quad\quad$ g——重力加速度，g=9.81 m/s²；

$\quad\quad\quad$ e——偏离重心的距离（mm）；

$\quad\quad\quad$ n——每分钟转速（r/min）。

$\quad$这个离心力如果不加以平衡，则将引起机器工作时的剧烈振动，使零件的寿命和机器的工作精度大大降低。

$\quad$零件或部件由于偏重而产生的不平衡情况主要有两种：零件或部件在径向位置上有偏重时，叫作静不平衡［见图 1-11-4（a）］。静不平衡的零件只有当它的偏重在铅垂线下方时才能静止不动，在旋转时则由于离心力而使轴产生向偏重方向的弯曲，并使机器发生振动。零件或部件在径向位置上有偏重（或相互抵消）而在轴向位置上两个偏重相隔一定的距离时，叫作动不平衡。图 1-11-4（b）所示为一曲轴，其重心显然不在回转轴线上，因而是动不平衡。这种动不平衡的零件虽然在任何位置都可以静止不动（即静平衡，也可称单纯动不平衡），但在旋转时由于轴向位置上有偏重而产生力偶矩，同样会使机器发生振动。对旋转零件或部件做消除不平衡的工作，叫作平衡（静平衡或动平衡）。

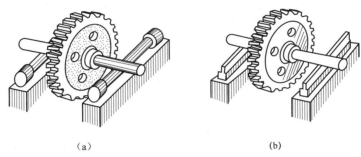

（a）$\quad\quad\quad\quad\quad\quad\quad\quad\quad\quad\quad\quad$（b）

图 1-11-4　零件偏重产生不平衡

（a）静不平衡；（b）动不平衡

$\quad$1. 静平衡

$\quad$静平衡用以消除零件在径向位置上的偏重，根据偏重总是停留在铅垂方向的最低位置的道理，一般在菱形、圆柱形或滚轮等平衡架上测定偏重方向和大小。平衡架必须置于水平位置，且须有光滑和坚硬的工作表面，以减少摩擦阻力，提高水平精度。

$\quad$静平衡的试验方法有装平衡杆和装平衡块两种。

$\quad$装平衡杆试验法的具体平衡步骤如下：

$\quad$（1）将齿轮部件放在水平的静平衡装置上。

$\quad$（2）使齿轮缓慢转动，待静止后在零件的正下方作一记号 S。

$\quad$（3）重复转动齿轮若干次。如 S 始终处于最下方，就说明零件有偏重，其方向是指向记号处的。

$\quad$（4）装上平衡杆。

$\quad$（5）调整水平块，使平衡力矩等于重心偏移而形成的力矩（$L_0 P_0 = L_1 P_1$）。设 $L_1 = L_0 = 40$ cm，

当平衡块 P_1=0.01 kg 时，在零件的偏重一边离中心 40 cm 处，钻去 0.01 kg 金属，就可消除静不平衡。

2. 动平衡

对长径比很小的零件，进行静平衡就可以了；对长径比很大的旋转零件或部件，只进行静平衡是不够的，还必须进行动平衡。

动平衡试验是在零件或部件旋转时进行的。在动平衡时，不但要平衡偏重所产生的离心力，而且要平衡离心力所组成的力偶矩，因此动平衡包括静平衡。但在动平衡之前，一般先要校正好它们的静平衡。

动平衡在动平衡机上进行。动平衡机有框架式平衡机、弹性支梁平衡机、摆动式平衡机、电子动平衡机和动平衡仪等。

1.11.5　零件的密封性试验

对于某些要求密封的零件，如液压机床的液压操纵箱、油缸、各种阀类、泵体、气缸套和气阀等，要求在一定的压力下不允许发生漏油、漏水或漏气的现象。由于这些零件在铸造过程中容易出现砂眼、气孔及组织疏松等疵病，因此在装配前应进行密封性试验，否则将会对机器的质量带来很大的影响。

在成批生产中，可以对零件进行有意识地抽查，但对其加工表面有明显的组织疏松、砂眼、气孔等迹象的零件，决不能轻易放过。密封性试验有气压法和液压法两种，试验的压力可按产品图或工艺文件规定。

1. 气压法

气压法适用于承受工作压力较小的零件。试验前，首先将零件的各孔封闭（用塞头或压盖），然后置于水箱中并通入压缩空气，绝对密封的零件在水箱中应没有气泡。有泄漏时，则可根据气泡的密度来判定是否符合技术要求。

图 1−11−5 所示为气压法密封试验。

2. 液压法

液压法适用于承受工作压力较大的零件。对于容积较小的密封试验零件，可采用手动油泵注油试验。如图 1−11−6 所示，试验零件是三位五通滑阀体，两端装密封圈和端盖，并用

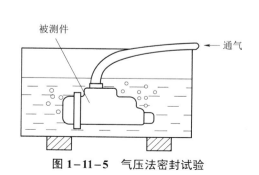

图 1−11−5　气压法密封试验

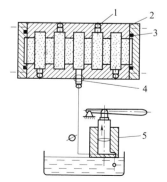

图 1−11−6　液压法密封试验

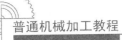

螺钉均匀紧固，各螺孔用锥螺塞堵住，装上接头使之与油泵相连接。摇动油泵，调整压力，即对于容积较大的零件可采用机动油泵进行注油试验。

1.11.6　黏合剂的应用

黏合剂又称胶黏剂、胶合剂，它是能把不同或相同的材料牢固地连接在一起的化学物质。用黏合剂粘接材料，工艺简单，操作方便，连接可靠，在各种机械设备的修复中，取得了良好的效果。近年来，在新设备制造过程中，也采用了粘接技术，达到了以粘代焊、以粘代铆、以粘代机械加固的效果，从而解决了过去某些连接方式所不能解决的问题，简化了复杂的机械机构和装配工艺。

按照黏合剂使用的材料来分，有无机黏合剂和有机黏合剂两大类。无机黏合剂的特点是能耐高温，但强度较低；而有机黏合剂的特点是强度较高，但不能受高温。因此要根据不同的工作情况来选用。

有机黏合剂品种很多，已有上百种，而且在这一基础上又可配成上千品种。这里介绍钳工工作中常用的几种有机黏合剂。

1. 环氧黏合剂

凡含有环氧基团的高分子聚合物，统称为环氧黏合剂或叫环氧树脂。由于它对各种材料有较好的粘接性能，因而得到广泛的应用。环氧黏合剂的优点是黏合力强，硬化收缩小，能耐化学药品、溶剂和油类的腐蚀，电绝缘性能好，使用方便，只要施加较小的接触压力，在室温或不太高的温度下就能固化。主要缺点是耐热性差及脆性大，使用时如添加适当的增韧剂能达到较好的粘接效果。当车床尾座底板磨损后，为了修复其精度，可粘接塑料板。在粘接前用砂布仔细砂光结合面，并擦净粉末。在粘接时用丙酮清洗粘接表面，再用丙酮润湿，待其风干挥发后，将已配好的环氧黏合剂涂在被连接表面上，涂层宜较薄（0.10～0.15 mm），然后将两个粘接件压在一起。为了保证胶层固化完善，必须有足够的时间。在一定范围内，提高温度、缩短时间或降低温度、延长时间，一般能得到同样的效果。

常用环氧黏合剂的配方见表 1-11-2。

表 1-11-2　常用环氧黏合剂的配方

配方（1）	
6101 环氧树脂	100 份
磷苯二甲酸二丁酯	17 份
650 聚酰胺	60～100 份
乙二胺	4 份
配方（2）	
6101 环氧树脂	100 份
磷苯二甲酸酐	20 份
乙二胺	7.5 份

2．聚氨酯黏合剂

聚氨酯黏合剂及聚氨基甲酸酯黏合剂，俗称"乌利当"黏合剂。这类黏合剂具有较好的黏结力，不仅加热能固化，而且也可在室温下固化。起始黏力高，胶层柔韧，剥离度强，抗弯、抗扭和抗冲击等性能均优良，且耐冷水、耐油、耐稀酸和耐磨性较好，但耐热性不高。由于使用方便，调配迅速，因此目前已广泛应用于各种材料的黏结。对于粘接表面的处理同环氧黏合剂。使用 101 聚氨酯时可把甲、乙两组配合使用，其配比如下：

101 聚氨酯黏合剂甲组 100 份；101 聚氨酯黏合剂乙组 50 份。

黏合剂按配比调匀后，就可分别在塑料板和铸铁导轨的粘接面上涂黏合剂，约 5 min 后涂第二次，再经 15～20 min（涂胶时应保证无气泡和不缺胶，胶层厚度为 0.10～0.15 mm），当胶层发黏有拉丝现象时，即可将塑料板与导轨叠合，靠本身质量加压。为防止因温差太大，引起材料膨胀或收缩所产生的应力而裂开，固化温度最好保持在 20 ℃～25 ℃。固化时间随温度不同而不同，如在 100 ℃条件下只需要 1.5～2.0 h，在室温条件下需要 5～6 天。

3．聚丙烯酸酯黏合剂

聚丙烯酸酯黏合剂有热塑性和热固性两种。常用的牌号有 501、502，这类黏合剂的特点是无溶剂，单组份，可以室温固化，并有一定的透明性。缺点是由于固化速度快（几秒至几分钟），因此不宜大面积黏结。

第2章 车 工

实训目标

（1）掌握车削加工的工艺范围、工艺特点以及工艺过程。

（2）了解卧式车床的组成及各部分的作用，熟练掌握车床的操作方法并能正确调整车床。

（3）掌握车刀的构成、安装与刃磨。

（4）熟悉车削加工一般工件的定位、装夹及加工方法。

（5）能根据设备及实际生产状况独立完成一定的生产任务。

2.1 入 门 知 识

一、实习教学要求

（1）了解车工工种内容；

（2）了解车工安全文明生产内容和操作章程；

（3）了解生产实习课的教学特点；

（4）了解车床日常维护和一级保养；

（5）了解车工车间实训场地的设备与生产概况。

二、车工生产实训课的任务

车工生产实训课的任务是培养学生熟练掌握车工的基本操作技能；能熟练地使用、调整车工的主要设备；独立进行一级保养；正确使用工、夹、量、刀具，并具有安全生产知识和文明生产的习惯；会做本工种中级技术等级工件的工作；培养良好的职业道德。要在生产实训教学过程中注意发展学生的技能，还应该逐步创造条件，争取完成1~2个相近工种的基本操作技能训练。

三、车工工种的工作内容

车床是利用工件的旋转运动和刀具的进给运动来切削工件，使之加工成符合图纸要求的零件。车削的加工范围很广，常用来加工零件上的回转表面，其基本的工作内容是：车外圆、车端面、切槽、切断、打中心孔、钻孔、镗孔、铰孔、车削各种螺纹、车圆锥面、车成形面、滚花以及盘绕弹簧等，如图2-1-1所示。

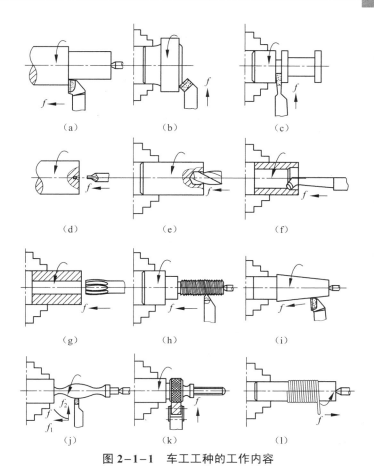

图 2-1-1　车工工种的工作内容

（a）车外圆；（b）车端面；（c）切槽；（d）打中心孔；（e）钻孔；（f）镗孔；（g）铰孔；（h）车螺纹；
（i）车圆锥面；（j）车成形面；（k）滚花；（l）盘绕弹簧

四、车床文明生产和安全操作规程

1. 文明生产

文明生产是工厂管理的一项十分重要的内容，它直接影响产品质量的好坏。文明的生产习惯影响设备和工、夹、量具的使用寿命，影响操作者技能的发挥。因此，要求操作者在操作时必须做到：

（1）车床四周的工作场地必须保持清洁，道路畅通，调节车床照明灯使工作区光线充足。

（2）开车前要润滑机床，检查机床各部分机构是否完好。各手柄是否处于正确位置，防止开车时因突然撞击而损坏机床。开启机床后，应使主轴低速空转 1～2 min。

（3）卡盘扳手用毕须随手取下，防止遗留在卡盘上的扳手在开车时飞出，伤人损物。

（4）工件和刀具须装夹牢固。开车前要用手扳动卡盘，检查工件与床面、刀架、滑板等是否会相碰。操作者不宜站在卡盘转动的同一平面上，以免工件装夹不牢而飞出伤人。

（5）改变主轴转速时必须先停车，严禁开车变速。变速时必须将手柄扳到正确的位置，使齿轮处于完全啮合状态。不能同时使用纵、横向自动进给手柄。

（6）工件转动时不得用手触摸或进行测量。工件加工完毕后可能温度很高，避免烫手。

（7）工作时不得用手直接清理切屑，以防伤手。

（8）在车床上用锉刀锉正在旋转的螺纹工件时，严禁戴手套操作；不要用手触摸正在加工的螺纹表面（特别是小径内螺纹），否则，可能因手指被卷入而造成严重事故。

（9）加工中发现异常应立即停车进行检查，排除故障后方可重新开车。

（10）工作时应精力集中，坚守岗位。必须离开机床时，要先停车并切断电源。下课时要擦净机床，整理场地，关闭电源。

（11）车床每运行 500 h 之后，应以操作工人为主、维修工人为辅进行一次一级保养，内容包括清洗和检查机床各主要部分。

2. 操作者应注意工、量、夹具，图纸的合理放置

（1）不允许在机床上堆放工件或工具，不能在主轴箱或床身导轨上敲击工件。

（2）工具箱的布置要分类，并保持整齐、清洁。要求小心使用的物体稳妥放置，重物在下面，轻物在上面。

（3）刀具、量具、工具分类排列整齐，尽可能靠近和集中在操作者的周围。毛坯、半成品、成品分开堆放稳固和拿取方便，工艺、图纸的安放位置要便于阅读，并保持清洁和完整。

（4）工作区域周围应保持清洁和整齐。

3. 安全操作规程

（1）要求操作人员身穿紧袖口和紧下摆的工作服，长发的同学必须戴工作帽，并将头发塞在工作帽内。

（2）严禁戴手套进行车工操作。

（3）佩戴护目镜，头部离工件不能太近。

五、车床日常维护和一级保养

1. 车床的日常维护、保养要求

（1）每天工作后，切断电源，对车床各表面、各罩壳、导轨面、丝杠、光杠、各操纵手柄和操纵杆进行擦拭，做到无油污、无铁屑、车床外表清洁。

（2）每周保养床身导轨面和中、小滑板导轨面及转动部位。要求油路畅通、油标清晰，并清洗油绳和护床油毛毡，保持车床外表清洁和工作场地整洁。

2. 车床的一级保养要求

通常当车床运行 500 h 后，需进行一级保养。其保养工作以操作工人为主，在维修工的配合下进行。保养时，必须先切断电源，然后按下述顺序和要求进行。

1）主轴箱的保养

（1）清洗滤油器，使其无杂物。

（2）检查主轴锁紧螺母有无松动，检查螺钉是否拧紧。

（3）调整制动器及离合器摩擦片的间隙。

2）交换齿轮箱的保养

（1）清洗齿轮、轴套，并在油杯中注入新的油脂。

（2）调整齿轮啮合间隙。

（3）检查轴套有无晃动现象。

3）滑板和刀架的保养

拆洗刀架和中、小滑板，洗净擦干后重新组装，并调整中、小滑板与镶条的间隙。

4）尾座的保养

摇出尾座套筒，并擦净涂油，保持内外清洁。

5）润滑系统的保养

（1）清洗冷却泵、滤油器和盛液盘。

（2）保证油路通畅，油孔、油绳、油毡清洁无铁屑。

（3）保持油质良好、油杯齐全、油标清晰。

6）电气系统的保养

（1）清扫电动机、电气箱上的尘屑。

（2）电气装置固定整齐。

7）外表的保养

（1）清洗车床外表面及各罩盖，保持其内外清洁，无锈蚀、无油污。

（2）清洗二杠。

（3）检查螺钉、手柄是否齐全。

六、生产实习课教学的特点

生产实习课教学主要是培养学生全面掌握技术操作的技能、技巧，与文化理论课教学比较其具有如下特点：

（1）在教师指导下，经过示范、观察、模仿、反复练习，使学生获得基本操作技能。

（2）要求学生经常分析自己的操作动作和生产实习的综合效果，善于总结经验，改进操作方法。

（3）通过实践，能提高学生的职业基本功。

（4）生产实习课教学是结合生产实际进行的，所以在整个生产实习教学过程中，都要教育学生树立安全操作和文明生产的思想。

（5）参观历届同学的实训工件和生产产品。

（6）参观学校或工厂的设施。

七、讨论

（1）对学习车工工作的认识和想法。

（2）遵守车工安全文明操作章程。

（3）生产中遵守安全文明操作规程的意义。

2.2　车床和车刀基本知识

一、实习教学要求

（1）了解车床型号、规格、主要部件的名称和作用；

（2）了解车床的传动系统；

（3）了解常用刀具的种类及材料；

（4）了解切削过程与控制；

（5）了解切削液；

（6）熟练掌握车床的基本操作。

二、实训内容

1. 车床

1）卧式车床的主要结构

CD6240 型车床是最常用的国产卧式车床，其外形结构如图 2-2-1 所示。它的主要组成部分和用途如下。

图 2-2-1　国产卧式车床

（1）主轴部分。

① 主轴箱内有多组齿轮变速机构，变换箱外手柄位置，可以使主轴得到各种不同的转速。

② 卡盘用来夹持工件，带动工件一起旋转。

（2）挂轮箱部分。它的作用是把主轴的旋转运动传送给进给箱。变换箱内齿轮，并和进给箱及长丝杠配合，可以车削各种不同螺距的螺纹。

（3）进给部分。

① 进给箱。进给箱利用它内部的齿轮传动机构，可以把主轴传递的动力传给光杠或丝杠。变换箱外手柄位置，可以使光杠或丝杠得到各种不同的转速。

② 丝杠。丝杠用来车螺纹。

③ 光杠。光杠用来传递动力，带动床鞍、中滑板，使车刀做纵向或横向进给运动。

（4）溜板部分。

① 溜板箱。变换箱外手柄位置，在光杠或丝杠的传动下，可使车刀按要求方向做进给运动。

② 滑板。滑板分床鞍、中滑板、小滑板三种。床鞍做纵向移动，中滑板做横向移动，小滑板通常做纵向移动。

③ 刀架。刀架用来装夹车刀。

（5）尾座。尾座用来装夹顶尖、支顶较长工件，它还可以装夹其他切削刀具，如钻头、铰刀等。

① 床身。床身用来支持和装夹车床的各个部件。床身上面有两条精确的导轨，床鞍和尾座可沿着导轨移动。

② 附件。中心架和跟刀架在车削较长工件时，起支撑作用。

2）车床各部分传动关系

车床各部分的传动关系如图 2-2-2 所示。

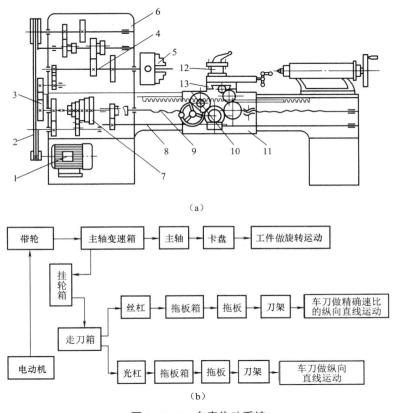

（a）

（b）

图 2-2-2　车床传动系统

（a）示意图；（b）框图

1—电动机；2—皮带轮；3—床头变速箱；4—主轴；5—卡盘；6—挂轮箱；7—走刀箱；8—光杠；9—丝杠；10—横向拖板；11—拖板箱；12—刀架；13—纵向拖板

电动机输出的动力，经皮带传给主轴箱带动主轴、卡盘和工件做旋转运动。此外，主轴的旋转还通过挂轮箱、进给箱、光杠或丝杠到溜板箱，带动床鞍、刀架沿导轨做直线运动。

2. 车刀

1）常用车刀

（1）常用车刀的种类和用途。车削加工时，根据不同的车削要求，需选用不同种类的车刀。常用车刀的种类及其用途见表 2-2-1。

表 2-2-1 常用车刀的种类及其用途

车刀种类	车刀外形图	用　　途	车削示意图
90°车刀（偏刀）		车削工件的外圆和台阶等	
75°车刀		车削工件的外圆等	
45°车刀（弯头车刀）		车削工件的外圆和倒角	
切断刀		切断工件或在工件上车槽	
内孔车刀		车削工件内孔	

续表

车刀种类	车刀外形图	用　途	车削示意图
圆头车刀		车削工件的圆弧或成形面	
螺纹车刀		车削螺纹	

（2）硬质合金可转位车刀。硬质合金可转位车刀是近年来国内外大力发展并广泛应用的先进刀具之一。其结构形状如图 2-2-3 所示，刀片用机械夹紧机构装夹在刀柄上。当刀片上的一个切削刃磨钝后，只需将刀片转过一个角度，即可用新的切削刃继续车削，从而大大缩短了换刀和磨刀的时间，并提高了刀柄的利用率。

硬质合金可转位车刀的刀柄可以装夹各种不同形状和角度的刀片，分别用来车外圆、车端面、切断、车孔和车螺纹等。

3. 刀具材料和切削用量

1）车刀切削部分应具备的基本性能

车刀切削部分在很高的温度下工作，经受连续强烈的摩擦，并承受很大的切削力和冲击，所以车刀切削部分的材料必须具备下列基本性能：

（1）较高的硬度。

（2）较高的耐磨性。

（3）足够的强度和韧性。

（4）较高的耐热性。

（5）较好的导热性。

（6）良好的工艺性和经济性。

2）车刀切削部分的常用材料

目前，车刀切削部分的常用材料有高速钢和硬质合金两大类。

（1）高速钢。高速钢是含钨（W）、钼（Mo）、铬（Cr）、钒（V）等合金元素较多的工

（a）　　（b）　　（c）

图 2-2-3　硬质合金可转位车刀

具钢。高速钢刀具制造简单，刃磨方便，容易通过刃磨得到锋利刃口，而且韧性较好，常用于承受冲击力大的场合。高速钢特别适用于制造各种结构复杂的成形刀具和孔加工刀具，例如成形车刀、螺纹刀具、钻头和铰刀等。高速钢耐热性较差，因此不能用于高速切削。

（2）硬质合金。硬质合金是用钨和钛的碳化物粉末加钼作为黏结剂，高压压制成形后再经高温烧结而成的粉末冶金制品。硬度、耐磨性和耐热性均高于高速钢。切削钢时，切削速度可达 220 m/min。硬质合金的缺点是韧性较差，承受不了大的冲击力。硬质合金是目前应用最广泛的一种车刀材料。

3）切削用量三要素

切削用量是表示主运动与进给运动大小的参数。它包括切削深度、进给量、切削速度，如图 2-2-4 所示。合理选择切削用量与提高生产效率有着密切的关系。

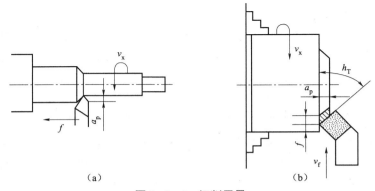

图 2-2-4　切削用量

（1）切削深度：工件上已加工表面和待加工表面间的垂直距离，也就是每次进给时车刀切入工件的深度（单位：mm）。车外圆时的切削深度可按下式计算：

$$a_p=(d_w-d_m)/2$$

式中：a_p——切削深度，mm；

　　　d_w——工件待加工表面直径，mm；

　　　d_m——工件已加工表面直径，mm。

（2）进给量：工件每转一周车刀沿进给方向移动的距离。它是衡量进给运动大小的参数（单位：mm/r）。进给又分为横向进给和纵向进给两种。

纵向进给——沿车床床身导轨方向的进给量。

横向进给——垂直于车床床身导轨方向的进给量。

（3）切削速度：在进行切削时，刀具切削刃上的某一点相对于待加工表面在主运动方向上的瞬时速度。也可以理解为车刀在一分钟内车削工件表面的理论展开直线长度（但必须假定切屑没变形或收缩）。它是衡量主运动大小的参数（单位：m/min），计算公式为：

$$v=\pi d_w n/1\,000$$

式中：v——切削速度，m/min；

　　　d_w——工件直径，mm；

　　　n——车床主轴每分钟转数，r/min。

例： 车削直径 $d_w=60$ mm 的工件外圆，车床主轴转速 $n=600$ r/min，求切削速度 v。

解： 根据公式可得：

$$v=\pi d_w n/1\,000=3.14\times60\times600/1\,000=113\ （m/min）$$

4. 车削运动

车削时，为了切除多余的金属，必须使工件和车刀产生相对的车削运动。按其作用划分，车削运动可分为主运动和进给运动两种，如图 2-2-5 所示。

1）主运动

机床的主要运动，它消耗机床的主要动力。车削时工件的旋转运动是主运动。通常主运动的速度较高。

2）进给运动

使工件的多余材料不断被去除的切削运动。如车外圆的纵向进给运动，车端面时的横向进给运动等。

在车削运动中，工件上会形成已加工表面、过渡表面和待加工表面，如图 2-2-5 所示车削运动和工件上的表面。

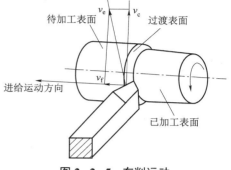

图 2-2-5　车削运动

（1）已加工表面。已经切去多余金属而形成的表面。

（2）加工表面。加工表面又叫作过渡表面，车刀切削刃正在切削的表面。

（3）待加工表面。即将被切去金属层的表面。

5. 切削过程与控制

切削过程是指通过切削运动，刀具从工件表面上切下多余的金属层，从而形成切屑和已加工表面的过程。在各种切削过程中，一般都伴随有切屑的形成、切削力、切削热及刀具磨损等物理现象，它们对加工质量、生产率和生产成本等有直接影响。

1）切屑的形成及种类

在切削过程中，刀具推挤工件，首先使工件上的一层金属产生弹性变形，刀具继续进给时，在切削力的作用下，金属产生不能恢复原状的滑移（即塑性变形）。当塑性变形超过金属的强度极限时，金属就从工件上断裂下来成为切屑。随着切削继续进行，切屑不断地产生，逐步形成已加工表面。由于工件材料和切削条件不同，切削过程中材料变形程度也不同，因而产生了各种不同的切屑，其类型见表 2-2-2。其中比较理想的是短弧形切屑、短环形螺旋切屑和短锥形螺旋切屑。

表 2-2-2　切屑形状的分类

切屑类型	长	短	缠乱
带状切屑			
管状切屑			

续表

切屑类型	长	短	缠乱
盘旋状切屑			
环状螺旋切屑			
锥形螺旋切屑			
弧线切屑			
单元切屑			
针形切屑			

在生产中最常见的是带状切屑，产生带状切屑时，切削过程比较平稳，因而工件表面较光滑，刀具磨损也较慢。但带状切屑长时会妨碍工作，并容易发生人身事故，所以应采取断屑措施。影响断屑的主要因素如下：

（1）断屑槽的宽度。断屑槽的宽度对断屑的影响很大。一般来讲，宽度减小，使切屑卷曲半径减小，增大卷曲变形及弯曲应力，容易断屑。

（2）切削用量。生产实践和试验证明，切削用量中对断屑影响最大的是进给量，其次是背吃刀量和切削速度。

（3）刀具角度。刀具角度中以主偏角和刃倾角对断屑的影响最为明显。

2）切削力

切削加工时，工件材料抵抗刀具切削所产生的阻力称为切削力。切削力是在车刀车削工件的过程中产生的、大小相等、方向相反地作用在车刀和工件上的力。

3）切削力的分解

为了测量方便，可以把切削力分解为主切削力、背向力和进给力三个分力，如图 2-2-6 所示。

（1）主切削力。在主运动方向上的分力。

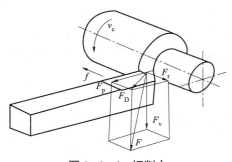

图 2-2-6　切削力

（2）背向力（切深抗力）。在垂直于进给运动方向上的分力。

（3）进给力（进给抗力）。在进给运动方向上的分力。

4）影响切削力的主要因素

切削力的大小跟工件材料、车刀角度和切削用量等因素有关。

（1）工件材料。工件材料的强度和硬度越高，车削时的切削力就越大。

（2）主偏角。主偏角变化使切削分力的作用方向改变，当主偏角增大时，背向力减少，进给力增大。

（3）前角。增大车刀的前角，车削时的切削力就降低。

（4）背吃刀量和进给量。一般车削时，当进给量不变，背吃刀量增大一倍时，主切削力也成倍地增大；而当背吃刀量不变，进给量增大一倍时，主切削力增大 70%～80%。

6. 切削液

切削液又称为冷却润滑液，是在车削过程中为改善切削效果而使用的液体。在车削过程中，在切屑、刀具与加工表面间存在着剧烈的摩擦，并产生很大的切削力和大量的切削热。合理地使用切削液，不仅可以减小表面粗糙度、减小切削力，而且还会使切削温度降低，从而延长刀具寿命，提高劳动生产率和产品质量。

1）切削液的作用

（1）冷却作用。切削液能吸收并带走切削区域大量的热量，降低刀具和工件的温度，从而延长刀具的使用寿命，并能减少工件因热变形而产生的尺寸误差，同时也为提高生产率创造了条件。

（2）润滑作用。切削液能渗透到工件与刀具之间，在切屑与刀具的微小间隙中形成一层很薄的吸附膜，因此，可减小刀具与切屑、刀具与工件间的摩擦，减少刀具的磨损，使排屑流畅并提高工件的表面质量。对于精加工，润滑作用就显得更加重要了。

（3）清洗作用。车削过程中产生的细小切屑容易吸附在工件和刀具上，尤其是铰孔和钻深孔时，切屑容易堵塞。如加注一定压力、足够流量的切削液，则可将切屑迅速冲走，使切削顺利进行。

2）切削液的种类

车削时常用的切削液有水溶性切削液和油溶性切削液两大类。

7. 操纵练习注意事项

（1）摇动滑板时要集中注意力，做模拟切削运动。

（2）分清小滑板与中滑板的进退刀方向，要求反应灵活、动作准确。

（3）变换转速时，应停车进行。

（4）注意车床正确的启停顺序。

（5）车床运转操作时，转速要慢，注意防止左右前后碰撞，以免发生事故。

2.3　车外圆、端面、台阶和钻中心孔

2.3.1　手动进给车外圆和端面

一、实习教学要求

（1）熟悉车刀的装夹和应用（45°外圆车刀的装夹和应用）；

（2）了解铸件毛坯的装夹和找正；

（3）熟悉粗、精车概念，用钢直尺测量长度并检查平面凹凸，达到图样精度要求；

（4）掌握用手动进给车外圆、端面和倒角；

（5）掌握刻度盘的计算和应用；

（6）遵守操作章程，养成文明生产、安全生产的好习惯。

二、实训内容

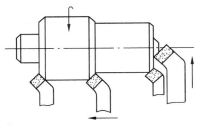

图 2-3-1　45°外圆车刀的使用

1. 车刀的装夹和应用（45°外圆车刀的装夹和应用）

45°外圆车刀有两个刀尖，前端一个刀尖通常用于车工件外圆，左侧另一个刀尖通常用于车平面。主、副刀刃，在需要时可用来左右倒角，如图 2-3-1 所示。

车刀装夹时，左侧的刀尖必须严格对准工件旋转中心，否则在车平面至中心时会留有凸头或造成刀尖碎裂，如图 2-3-2 所示。刀头伸出长度为杆厚度的 1.0～1.5 倍。伸出过长，刚性变差，车削时容易引起振动。

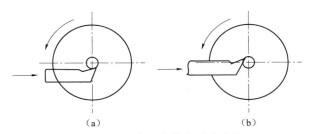

(a)　　　　　　　　　(b)

图 2-3-2　车刀安装应对准中心

2. 铸件毛坯的装夹和找正

要选择工件平整的表面进行装夹，以确保装夹牢靠，找正外圆时一般要求不高，只要保证能车至图样尺寸，以及未加工面余量均匀即可。如发现毛坯工件截面呈椭圆形，应以直径小的相对两点为基准进行找正。

3. 粗、精车概念

车削工件一般分粗车和精车。

（1）粗车。在车床动力条件许可时，通常选择切削深度和进给量大，转速不宜过快，以合理时间尽快把工件余量车掉。因为粗车对切削表面没有严格要求，只需留一定的精车余量即可。由于粗车切削力较大，工件装夹必须牢靠。粗车的另一作用是：可以及时发现毛坯材料内部的缺陷，如夹渣、砂眼、裂纹等，也能消除毛坯工件内部残存的应力和防止热变形等。

（2）精车。精车是指车削的末道加工。为了使工件获得准确的尺寸和规定的表面粗糙度，操作者在精车时，通常把车刀修磨得锋利些。车床转速选得高一些，进给量选得小一些。

4. 用手动进给车端面、外圆和倒角

1）车端面的方法

开动车床使工件旋转，移动小滑板或床鞍控制吃刀量，然后锁紧床鞍，摇动中滑板丝杠进给，由工件外向中心或由工件中心向外车削，如图 2-3-3 所示。

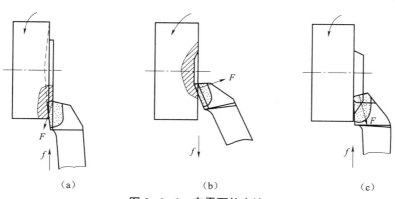

图 2-3-3 车平面的方法

(a),(c)由工件外向中心车削；(b)由工件中心向外车削

2）车外圆的方法

（1）移动床鞍至工件右端，用中滑板控制吃刀量，摇动小滑板丝杠或床鞍做纵向移动车外圆，如图 2-3-4 所示。一次进给车削完毕，横向退出车刀，再纵向移动刀架滑板或床鞍至工件右端进行第二次、第三次进给车削，直至符合图样要求为止。

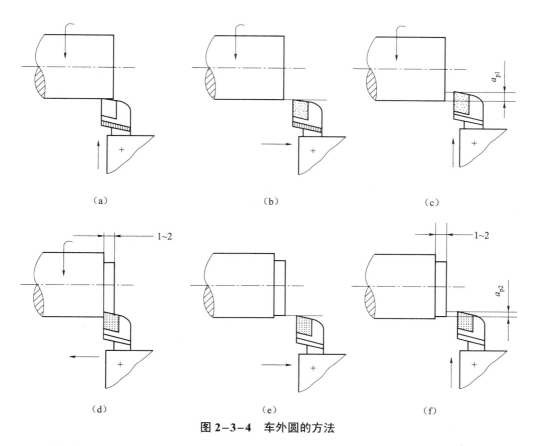

图 2-3-4 车外圆的方法

（2）在车外圆时，通常要进行试切削和试测量。其具体方法是：根据工件直径余量的 1/2 做横向进刀，当车刀在纵向外圆上移动至 2 mm 左右时，纵向快速退出车刀，然后停车测量，

如图 2-3-4 所示，如尺寸已符合要求，就可切削。否则可以按上述方法继续进行试切削和试测量。

（3）为了确保外圆的车削长度，通常先采用刻线痕法（见图 2-3-5）后采用测量法进行。即在车削前根据需要的长度，用钢直尺、样板、卡钳以及刀尖在工件表面上刻一条线痕，然后根据线痕进行车削。当车削完毕时，再用钢直尺或其他量具复测。

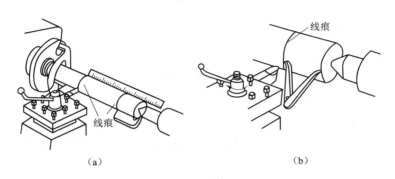

（a）　　　　　　　　　　　　（b）

图 2-3-5　刻线痕

（a）用钢直尺刻线痕；（b）用卡钳刻线痕

3）倒角

当平面、外圆车削完毕，移动刀架使车刀的刀刃与工件外圆成 45° 夹角，再移动床鞍至工件外圆和平面相交处进行倒角。45° 倒角的简化注法的符号为 C。所谓 C1 是指倒角在外圆上的轴长度为 1 mm。

5. 刻度盘的计算和应用

在车削工件时，为了正确和迅速地掌握吃刀量，通常利用中滑板或小滑板和刻度盘进行操作，如图 2-3-6（a）所示。

中滑板的刻度盘装在横向进给的丝杠上，当摇动横向进给丝杠转一圈时，刻度盘也转了一圈。这时固定在中滑板上的螺母就带动中滑板、车刀移动一个导程。如果横向进给导程为 5 mm，刻度盘分 100 格，当摇动进给丝杠一周时，中滑板就移动 5 mm，当刻度盘转过一格时，中滑板移动量为 5 mm/100＝0.05 mm。

使用刻度盘时，由于螺杆和螺母之间的配合往往存在间隙，因此会产生空行程转动而滑板并未移动，如图 2-3-6（b）所示，所以使用时要把刻线转到所需要的格数。当吃刀量过大时，必须向相反方向退回全部空行程，然后再转到需要的格数，如图 2-3-6（c）所示。但必须注意，中滑板刻度的吃刀量应是工件余量尺寸的 1/2。

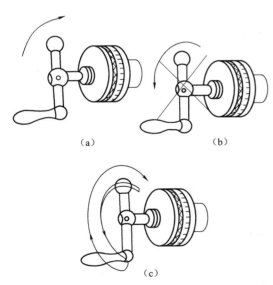

（a）　　　　　　　（b）

（c）

图 2-3-6　刻度盘的应用

三、实训图样

实训图样如图 2-3-7 所示。

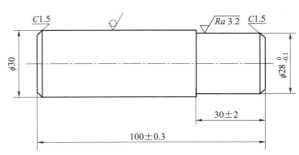

图 2-3-7 实训图样

四、实训步骤（毛坯 $\phi 30 \times 101$）

（1）用三爪单动卡盘夹住工件外圆长 45 mm 左右，并找正夹紧。

（2）粗车平面及外圆 ϕ 28.3 mm，长 29 mm（留精车余量）。

（3）精车平面及外圆 $28_{-0.1}^{0}$ mm，长 30 mm，并倒角 C1.5（工件另一端不车削）。

（4）检查质量合格后取下工件。

五、注意事项

1）工件平面中留有凸头

产生的原因是刀尖没有对准，中心偏高或偏低。

2）平面不平有凹凸

产生的原因是吃刀量过大、车刀磨损、滑板移动、刀架和车刀紧固力不足。

3）车外圆产生锥度的原因

（1）用小滑板手动进给车外圆时，小滑板导轨与主轴中心线不平行。

（2）车速过高，在切削过程中车刀磨损。

（3）摇动中滑板切削时没有消除空行程。

（4）车削表面痕迹粗细不一，主要是手动进给不均匀。

（5）变换转速时应先停车，否则容易打坏主轴箱内的齿轮。

（6）切削时应先开车，后进刀。切削完毕时先退刀，后停车，否则车刀容易损坏。

（7）车铸铁毛坯时，由于表面氧化皮较硬，要求尽可能一刀车掉，否则车刀容易磨损。

（8）手动进给车削时，应把有关进给手柄放在空挡位置。

（9）调头装夹工件时，最好垫铜片，以防夹坏工件。

（10）车削时应检查滑板位置是否正确，工件装夹是否牢靠，卡盘、扳手柄是否取下。

2.3.2 机动进给车台阶工件

一、实习教学要求

（1）掌握车刀的选择和装夹。

（2）掌握车台阶工件的方法。

（3）掌握台阶长度的测量和控制方法。

（4）了解工件的调头找正和车削。

（5）掌握游标卡尺的使用。

二、实训内容

在同一工件上，找几个直径大小不同的圆柱体像台阶一样连接在一起，称为台阶工件。台阶工件的车削，实际上就是外圆和平面车削的组合。故在车削时必须兼顾外圆的尺寸精度和台阶长度的要求。

1. 台阶工件的技术要求

台阶工件通常与其他零件结合使用，因此它的技术要求一般有以下几点。

（1）各挡外圆之间的同轴度。

（2）外圆和台阶平面的垂直度。

（3）台阶平面的平面度。

（4）外圆和台阶平面相交处的清角。

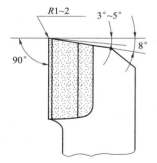

图2-3-8　90°外圆偏刀

2. 车刀的选择和装夹

车台阶工件，通常使用 90°外圆偏刀，车刀的装夹应根据粗、精车和余量的多少来区别。如粗车时余量多，为了增加吃刀量，减少刀尖压力，车刀装夹取主偏角小于 90°为宜。精车时为了保证台阶平面和轴心线垂直，应取主偏角大于 90°，如图 2-3-8 所示。

3. 车台阶工件的方法

车台阶工件，一般分粗、精车进行。粗车时的台阶长度除第一挡台阶长度略短一些外，其余各挡可车至较长长度。

精车台阶工件时，通常在机动进给精车外圆至靠近台阶处时，以手动进给代替机动进给。当车至平面时，再变纵向进给为横向进给，移动中滑板由里向外慢慢精车台阶平面，以确保台阶平面垂直于轴心线。

4. 台阶长度的测量和控制方法

车削前根据台阶长度先用刀尖在工件表面刻线痕，然后按线痕进行粗车。当粗车完毕时，台阶长度基本符合要求。在精车外圆的同时，一起把台阶长度车准。通常用钢直尺检查。如精度要求较高时，可用样板、游标深度尺、卡板等测量，如图 2-3-9 所示。

5. 工件的调头找正和车削

根据习惯的找正方法，应先找正卡爪处的工件外圆，后找正台阶处的反平面。这样反复多次找正后才能进行车削，当粗车完毕时，宜再进行一次复查，以防粗车时工件发生移位。

6. 游标卡尺的使用

游标卡尺的测量范围很广，可以测量工件外径、孔径、长度、深度以及沟槽宽度等。测量工件的姿势和方法如图 2-3-10 所示。

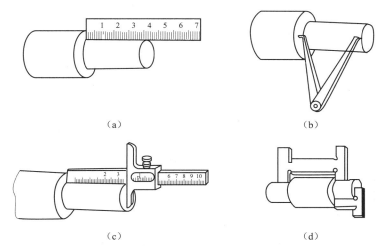

图 2-3-9 测量方法

（a）钢直尺测量；（b）样板测量；（c）游标深度尺测量；（d）卡板测量

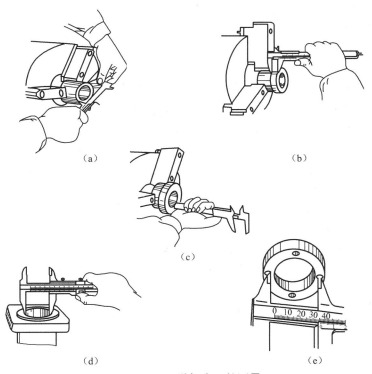

图 2-3-10 游标卡尺的测量

（a）测外径；（b）测厚度；（c）测深度；（d）测孔径；（e）测孔距

三、实训图样

实训图样如图 2-3-11 所示。

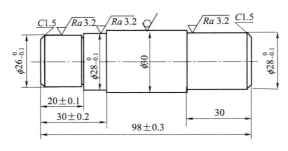

图 2-3-11 实训图样

四、实训步骤

（1）用三爪卡盘夹住毛坯外圆 $\phi 30$，伸出毛坯一端长度在 45 mm 左右；

（2）粗车 $\phi 28.2$ mm、长 29 mm 及 $\phi 26.2$ mm、长 19 mm（留精车余量），并保证总长为（98 ± 0.3）mm；

（3）精车 $\phi 28_{-0.1}^{0}$ mm、长（30 ± 0.2）mm 及 $\phi 26_{-0.1}^{0}$ mm、长（20 ± 0.1）mm；

（4）倒角 $C1.5$，锐边倒钝 $C0.5$；

（5）检查后卸下。

五、注意事项

（1）台阶平面和外圆相交处要清角，防止产生凹坑和出现小台阶。

（2）台阶平面出现凹凸，其原因可能是车刀没有从里到外横向切削或车刀装夹主偏角小于 $90°$，其次与刀架、车刀、滑板等发生移位有关。

（3）多台阶工件的长度测量，应从一个基准表面量起，以防累积误差。

（4）平面与外圆相交处出现较大圆弧，原因是刀尖圆弧较大或刀尖磨损。

（5）使用游标卡尺测量时，卡角应和测量面贴平，以防卡角歪斜，产生测量误差。

（6）使用游标卡尺测量时，松紧程度要适当。特别是用微调螺钉使卡角接近工件时，尤其要注意不能卡得太紧。

（7）车未停妥，不能使用游标卡尺测量工件。

（8）从工件上取下游标卡尺时，应把紧固螺钉拧紧，以防副尺移动，影响读数的正确性。

2.3.3 简单刀具刃磨（90°车刀）

一、实习教学要求

（1）了解 90°车刀及应用；

（2）了解 90°车刀的几何角度；

（3）掌握刃磨 90°外圆车刀的方法；

（4）掌握砂轮的使用及注意事项。

二、实训内容

1. 90°车刀及应用

车刀是应用最广的一种单刃刀具，也是学习、分析各类刀具的基础。车刀用于在各种车床上加工外圆、内孔、端面、螺纹、车槽等。

车刀按结构可分为整体车刀、焊接车刀、机夹车刀、可转位车刀和成形车刀。其中可转位车刀的应用日益广泛，在车刀中所占比例逐渐增加。本部分主要讲解90°车刀。

1）90°车刀

车刀按进给方向分为左偏刀和右偏刀，如图2-3-12所示。

2）90°硬质合金车刀及其特点

90°硬质合金车刀是根据对精车要求而刃磨的车削钢料用的典型硬质合金精车刀。90°车刀的刀尖角<90°，所以刀尖强度和散热条件比45°车刀和75°车刀都差，但应用范围较广。

3）90°车刀的应用

右偏刀一般用来车削工件的外圆和右向台阶。因为其主偏角较大，车外圆时的背向力较小，所以不易使工件产生径向弯曲。

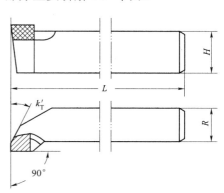

图 2-3-12　90°车刀

左偏刀一般用来车削工件的外圆和左向台阶，也适用于车削直径较大且长度较短工件的端面。用右偏刀车削时，如果车刀由工件外缘向中心进给，则是用副切削刃车削。当背吃刀量较大时，因切削力的作用会使车刀扎入工件而形成凹面，如图2-3-13所示。

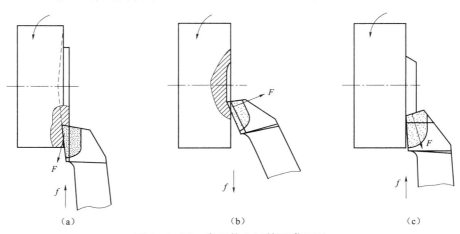

（a）　　　　　　　　　　（b）　　　　　　　　　　（c）

图 2-3-13　车刀扎入工件形成凹面

为防止产生凹面，可采用由中心向外缘进给的方法，利用主切削刃进行车削，但是，背吃刀量应小些。

2. 90°车刀的几何角度

1）车刀切削部分的几何要素

车刀由刀头（或刀片）和刀柄两部分组成。刀头担负切削工作，故又称为切削部分；刀柄用来把车刀装夹在刀架上。

图 2-3-14 所示为车刀的结构，刀头由若干刀面和切削刃组成。

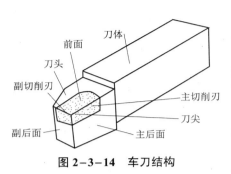

图 2-3-14 车刀结构

（1）前面：刀具上切屑流过的表面称为前面，又称为前刀面。

（2）后面：分主后面和副后面。与工件上过渡表面相对的刀面称为主后面；与工件上已加工表面相对的刀面称为副后面。后面又称为后刀面，一般是指主后面。

（3）主切削刃：前面和主后面的交线称为主切削刃，它担负着主要的切削工作，与工件上过渡表面相切。

（4）副切削刃：前面和副后面的交线称为副切削刃，它配合主切削刃完成少量的切削工作。

（5）刀尖：主切削刃和副切削刃交会的一小段切削刃称为刀尖。为了提高刀尖强度和延长车刀寿命，将刀尖磨成圆弧形或直线形过渡刃。

（6）修光刃：副切削刃近刀尖处一小段平直的切削刃称为修光刃，它在切削时起修光已加工表面的作用。装刀时必须使修光刃与进给方向平行，且修光刃长度必须大于进给量，才能起到修光作用。

组成车刀刀头上述组成部分的几何要素并不相同。例如，75°车刀由三个刀面、两条切削刃和一个刀尖组成；而 45°车刀却有四个刀面（其中副后面两个）、三条切削刃（其中副切削刃两条）和两个刀尖。此外，切削刃可以是直线，也可以是曲线，如车成形面的成形车刀就是曲线切削刃。

2）确定车刀角度的辅助平面

为了确定和测量车刀的角度，需要假想以下三个辅助平面作为基准，即切削平面、基面和截面。对车削而言，如果不考虑车刀安装和切削运动的影响，切削平面可以认为是铅垂面；基面是水平面；当主切削刃水平时，垂直于主切削刃所作的剖面为主剖面，如图 2-3-15 所示。

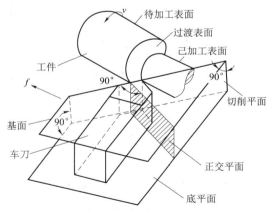

图 2-3-15 确定车刀角度的辅助平面

3）车刀的主要角度及其作用

车刀的主要角度有前角、后角、主偏角、副偏角和刃倾角，如图 2-3-16 所示。

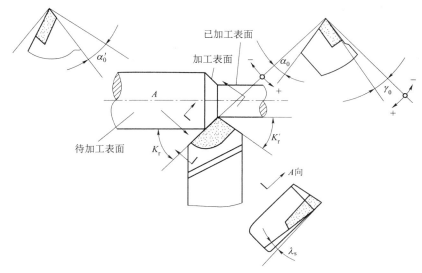

图 2-3-16 车刀的主要角度

（1）前角。前角在主剖面中测量，是前刀面与基面之间的夹角。其作用是使刀刃锋利，便于切削。但前角不能太大，否则会削弱刀刃的强度，容易磨损甚至崩坏。加工塑性材料时，前角可选大些，如用硬质合金车刀切削钢件可取前角 $10°\sim20°$，加工脆性材料，车刀的前角应比粗加工大，以利于刀刃锋利，使工件的粗糙度小。

（2）后角。后角在主剖面中测量，是主后面与切削平面之间的夹角。其作用是减小车削时主后面与工件的摩擦，一般取后角 $6°\sim12°$，粗车时取小值，精车时取大值。

（3）主偏角。主偏角 K_r 在基面中测量，它是主切削刃在基面的投影与进给方向的夹角。其作用是：

① 可改变主切削刃参加切削的长度，影响刀具寿命。

② 影响径向切削力的大小。

小的主偏角可增加主切削刃参加切削的长度，因而散热较好，对延长刀具使用寿命有利。但在加工细长轴时，工件刚度不足，小的主偏角会使刀具作用在工件上的径向力增大，易产生弯曲和振动，因此，主偏角应选大些。

车刀常用的主偏角有 $45°$、$60°$、$75°$ 和 $90°$ 等几种，如图 2-3-17 所示。

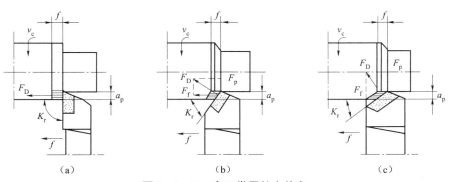

（a）　　　　　　　　　　（b）　　　　　　　　　　（c）

图 2-3-17 车刀常用的主偏角

（a）$K_r=90°$；（b）$K_r=60°$；（c）$K_r=30°$

（4）副偏角。副偏角在基面中测量，是副切削刃在基面上的投影与进给反方向的夹角。其主要作用是减小副切削刃与已加工表面之间的摩擦，以改善已加工表面的粗糙度，如图 2-3-18 所示。

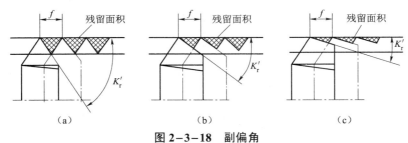

图 2-3-18　副偏角

（a）$K_r'=60°$；（b）$K_r'=30°$；（c）$K_r'=15°$

在切削深度、进给量、主偏角 K_r 相等的条件下，减小副偏角 K_r'，可减小车削后的残留面积，从而减小表面粗糙度，一般选取 $K_r'=5°\sim15°$。

（5）刃倾角。刃倾角在切削平面中测量，是主切削刃与基面的夹角。其作用主要是控制切屑的流动方向。主切削刃与基面平行，刃倾角为 0°，刀尖处于主切削刃的最低点，刃倾角为负值，刀尖强度增大，切屑流向已加工表面，用于粗加工；刀尖处于主切削刃的最高点，刃倾角为正值，刀尖强度削弱，切屑流向待加工表面，用于精加工。车刀刃倾角一般在 $-5°\sim+5°$ 选取，如图 2-3-19 所示。

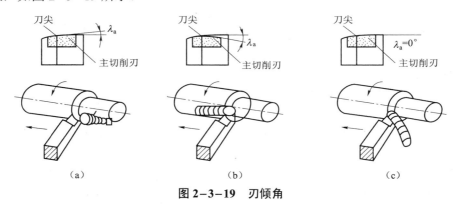

图 2-3-19　刃倾角

（a）刃倾角为负值（用于粗加工）；（b）刃倾角为正值（用于精加工）；（c）刃倾角为零

3. 刀具刃磨

车刀用钝后必须刃磨以恢复其合理的标注角度和形状。车刀有机械刃磨和手工刃磨两种刃磨方法，手工刃磨车刀是车工的基本功之一。

高速钢车刀宜用白色氧化铝砂轮（白刚玉）刃磨，硬质合金刀片宜用绿色碳化硅砂轮刃磨。粗磨时宜用小粒度号（如 36 或 60）的砂轮，精磨时选用较大粒度号（如 80 或 120）的砂轮。

（1）车刀刃磨的步骤如下：

车刀刃磨的一般顺序是：磨主后面—磨副后面—磨前刀面—磨刀尖圆弧。

通过顺序刃磨车刀刀头的三个面可获得车刀的各个标注角度。焊接式外圆车刀的刃磨方法如图 2-3-20 所示。

首先粗磨，初步磨出各个角度。顺序为：按主偏角 K_r 大小使刀体向左偏，按主后角大小使刀头向上翘，刃磨主后面，磨出主偏角 K_r 和主后角 [见图 2-3-20（a）]；接着按副偏角 K_r' 大小使刀体向右偏，按副后角大小使刀头向上翘，刃磨副后面，磨出副偏角和副后角 [见图 2-3-20（b）]；再按前角大小使前刀面倾斜，按刃倾角大小使刀头向上翘或向下倾，刃磨前刀面，磨出前角和刃倾角 [见图 2-3-20（c）]。

粗磨完毕后进行精磨，以减小各刀面和切削刃的表面粗糙度，并使几何角度符合要求。精磨顺序为：首先磨前刀面，同时磨出卷屑槽（可用平行砂轮的棱边刃磨），修磨主、副后刀面；然后将刀尖上翘并左右摆动，磨出有后角的过渡刃 [见图 2-3-20（d）]；对硬质合金车刀，为提高其使用寿命，应将刀刃修磨出负倒棱 [见图 2-3-20（e）]；最后，为减小各刃和各刀面的粗糙度，要用加机油的油石贴平前、后刀面及刀尖处进行研磨，直至看不出磨削痕迹 [见图 2-3-20（f）]。

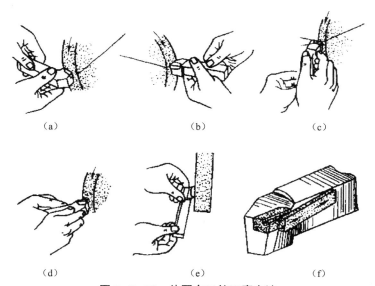

（a）　　　　　　　　（b）　　　　　　　　（c）

（d）　　　　　　　　（e）　　　　　　　　（f）

图 2-3-20　外圆车刀的刃磨方法

（a）刃磨主后面；（b）刃磨副后面；（c）刃磨前刀面；（d）磨出过渡刃；（e）磨出负倒棱；（f）研磨各面

车刀刃磨后，还应用油石细磨各个刀面。这样，可有效地提高车刀的使用寿命和减小工件的表面粗糙度。

（2）刃磨车刀的姿势及方法是：

① 人站立在砂轮机的侧面，以防砂轮碎裂时，碎片飞出伤人。

② 两手握刀的距离放开，两肘夹紧腰部，以减小磨刀时的抖动。

③ 磨刀时，车刀要放在砂轮的水平中心，刀尖略向上翘 3°～8°，车刀接触砂轮后应做左右方向水平移动。当车刀离开砂轮时，车刀需向上抬起，以防磨好的刀刃被砂轮碰伤。

④ 磨后刀面时，刀杆尾部向左偏过一个主偏角的角度；磨副后刀面时，刀杆尾部向右偏过一个副偏角的角度。

⑤ 修磨刀尖圆弧时，通常以左手握车刀前端为支点，用右手转动车刀的尾部。

4. 砂轮的使用及注意事项

1）砂轮

（1）实训车间用来刃磨刀具的砂轮有两种：一种是碳化硅砂轮，其磨料硬度高，切削性能好，但比较脆，适于刃磨硬质合金等硬度较高的材料；另一种是氧化铝砂轮，其磨料韧性好，但硬度较低，适于刃磨高速钢、碳素钢等刀具材料。

（2）刃磨刀具所选用的砂轮，其磨料和硬度都应与刀具材料相适应。否则不仅影响磨削效率，造成砂轮浪费，还会降低刀具的刃磨质量。例如，用氧化铝砂轮刃磨硬质合金刀具时，磨粒容易磨钝，而且被钝化的磨粒不易脱落，使砂轮切削能力和磨削效率降低，磨削热明显升高。反之，若用碳化硅砂轮刃磨高速钢刀具，磨粒还没被磨钝就会过早脱落，造成砂轮浪费，易使砂轮表面失真，造成刃磨质量下降。

硬质合金焊接车刀必须先在氧化铝砂轮上粗磨刀头上的非硬质合金部分，并且要使其主、副后角大于硬质合金刀片部分的主、副后角。

（3）新砂轮须经检查和运转试验方可使用。刃磨车刀时，操作者不要站在砂轮的正面，以防磨屑飞入眼睛和万一砂轮破碎飞出而使操作者受伤。进行刃磨操作时，一手紧握刀体以稳定刀身，另一手握刀头以掌握角度，用力要均匀，防止车刀猛撞砂轮和打滑伤手。磨后刀面时先使后刀面下部轻轻接触砂轮，然后再全面靠平，否则会磨掉刀刃。磨完后应先将刀刃离开砂轮，以免碰坏刀刃。车刀要在砂轮上左右移动，不可停留在一个地方，以使砂轮磨耗均匀，不出沟槽。刃磨高速钢车刀前角是为了使刀刃锋利，切削省力，减少刀具前面与切屑的摩擦和切屑的变形。而断屑槽的作用是使切屑本身产生内应力，强迫切屑变形而折断。

2）磨刀安全知识

（1）刃磨刀具前，应首先检查砂轮有无裂纹，砂轮轴螺母是否拧紧，并经试转后使用，以免砂轮碎裂或飞出伤人。

（2）刃磨刀具不能用力过大，否则会使手打滑而触及砂轮面，造成工伤事故。

（3）磨刀时应戴防护眼镜，以免砂砾和铁屑飞入眼中。

（4）磨刀时不要正对砂轮的旋转方向站立，以防意外。

（5）磨小刀头时，必须把小刀头装入刀杆。

（6）砂轮支架与砂轮的间隙不得大于 3 mm，若发现过大，应调整适当。

三、实训图样

实训图样如图 2-3-21 所示。

四、实训步骤

外圆车刀刃磨的步骤如下：

（1）磨主后面，同时磨出主偏角及主后角；

（2）磨副后面，同时磨出副偏角及副后角；

（3）磨前刀面，同时磨出前角；

（4）修磨各刀面及刀尖。

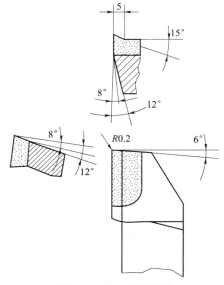

图 2-3-21　实训图样

五、容易产生的问题和注意事项

（1）刃磨刀具时，宜先用旧刀练习。

（2）断屑槽的宽度要磨均匀，防止将沟槽磨斜、过深或过浅。

（3）要防止将前角磨坍。

（4）由于车刀和砂轮接触时容易打滑，两手握稳车刀，刀杆靠于支架，使受磨面轻贴砂轮。切勿用力过猛，以免挤碎砂轮，造成事故。

（5）刃磨后，要正确地使用油石修整刀刃。

（6）刃磨时，应将刃磨的车刀在砂轮圆周面上左右移动，避免在砂轮两侧面用力粗磨车刀，以至砂轮受力偏摆、跳动，甚至破碎。

（7）刀头磨热时，即应沾水冷却，以免刀头因升温过高而退火软化。磨硬质合金车刀时，刀头不应沾水，避免刀片沾水急冷而产生裂纹。

（8）不要站在砂轮的正面刃磨车刀，以防砂轮破碎时使操作者受伤。

2.3.4　钻中心孔

一、实习教学要求

（1）了解中心孔的种类和作用；

（2）掌握中心钻的装夹及钻削方法；

（3）了解中心钻的折断原因和预防方法。

二、实训内容

在车削过程中，需要多次装夹才能完成车削工作的轴类工件，如台阶轴、齿轮轴和丝杠等，一般先在工件两端钻中心孔，采用两顶间装夹，确保工件定心准确和便于装卸。

1. 中心孔的种类

中心孔按形状和作用可分为 4 种。A 型和 B 型为常用的中心孔，此外还有 C 型中心孔和 R 型中心孔，A 型、B 型和 C 型中心孔如图 2-3-22 所示。

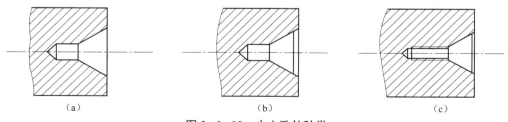

（a）　　　　　　　（b）　　　　　　　（c）

图 2-3-22　中心孔的种类

（a）A 型；（b）B 型；（c）C 型

2. 各类中心孔的作用

A 型中心孔由圆柱部分和圆锥部分组成，圆锥孔为 60°，一般适用于无须多次装夹或不保留中心孔的零件。

B 型中心孔是在 A 型中心孔的端部多一个 120° 的圆锥孔，目的是保护 60° 锥孔，不使其敲毛或碰伤，一般适用于多次装夹的零件。

C 型中心孔外端形状类似 B 型中心孔，里端有一个比圆柱孔还要小的内螺纹，它用于工件之间的紧固连接。

R 型中心孔是将 A 型中心孔的圆锥母线改为圆弧线，以减少中心孔与顶尖的接触面积，减小摩擦力，提高定位精度。

这四种中心孔的圆柱部分的作用是：储存油脂，保护顶尖使顶尖与锥孔 60° 配合贴切。其圆柱部分的直径即为选取中心钻的基本尺寸。

3. 中心钻

中心孔通常由中心钻钻出，常用的中心钻有 A 型和 B 型两种，如图 2-3-23 所示。制造中心钻的材料为高速钢。

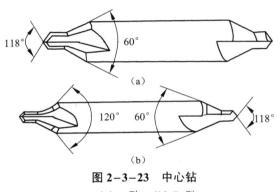

图 2-3-23 中心钻

（a）A 型；（b）B 型

4. 钻中心孔的方法

（1）中心钻在钻夹头上装夹。按逆时针方向旋转钻夹头的外套，使钻夹头的三爪张开，把中心钻插入，然后用钻夹头扳手以顺时针方向转动，钻夹头的外套把中心钻夹紧。

（2）钻夹头在尾座锥孔中装夹。先擦净钻夹头柄部和尾座锥孔，然后用轴向力把钻夹头装紧。

（3）找正尾座中心。工件装夹在卡盘上开车转动，移动尾座使中心钻接近工件平面，观察中心钻头是否与工件旋转中心一致，并找正，然后紧固尾座。

（4）转速的选择和钻削。由于中心孔直径小，钻削时应取较高的转速。进给量应小而均匀。当中心钻钻入工件时，加切削液，促使其钻削顺利、光洁。钻毕时，应使中心钻稍停留，然后退出，使中心孔光圆、准确。

三、实训图样

实训图样如图 2-3-24 所示。

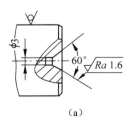

图 2-3-24 钻中心孔

（a）A 型中心孔；（b）B 型中心孔

四、加工步骤

（1）用三爪自定心卡盘夹住外圆，伸出工件长 30 mm 左右并找正夹紧。

（2）车平面，钻中心孔。

（3）以车出的平面为基准，用卡钳或划针在工件上刻线痕取总长。

（4）以划线为基准车总长至尺寸，并钻中心孔。

五、容易产生的问题和注意事项

（1）中心钻易折断的原因有：

① 工件平面留有小凸头，使中心钻偏斜。

② 中心钻未对准工件旋转中心。

③ 移动尾座时不小心撞断。

④ 转速太低进给太大。

⑤ 铁屑阻塞，中心钻磨损。

（2）中心孔钻偏或钻得不圆的原因有：

① 工件弯曲未找正，使中心孔与外圆产生偏差。

② 紧固力不足，工件移位，造成中心孔不圆。

③ 工件太长，旋转时在离心力的作用下，易造成中心孔不圆。

（3）中心孔钻得太深，顶尖不能以 60° 锥孔接触，影响加工质量。

（4）车端面时，车刀没有对准工件旋转中心，使刀尖碎裂。

（5）中心钻圆柱部分修磨后变短，造成顶尖和中心孔底部相碰，从而影响质量。

2.3.5　一夹一顶车轴类零件

一、实习教学要求

（1）掌握一夹一顶装夹工件和车削工件的方法；

（2）会调整尾座，找正车削过程中产生的锥度；

（3）了解一夹一顶车削工件的优缺点。

二、实训内容

1. 一夹一顶装夹工件和车削工件的方法

车削一般轴类工件，尤其是较重的工件时，可将工件的一端用三爪自定心或四爪单动卡盘夹紧；另一端用后顶尖支顶（见图 2－3－25），这种装夹方法称为一夹一顶装夹。为了防止由于进给力的作用而使工件产生轴向位移，可以在主轴前端锥孔内安装一限位支撑，也可利用工件的台阶进行限位。用这种方法装夹较安全可靠，能承受

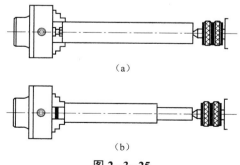

（a）

（b）

图 2－3－25

（a）装轴向限位支撑；（b）被夹部位车一台阶

较大的进给力,因此应用广泛。

一夹一顶的装夹方法如图 2-3-25 所示。它的定位是一端外圆表面和另一端的中心孔。为了防止工件轴向窜动通常在卡盘内装一个轴向限位支撑,如图 2-3-25(a)所示,或在工件的被夹部位车一个 10~20 mm 的台阶,作为轴向限位支撑,如图 2-3-25(b)所示。这种装夹方法比较安全可靠,能承受较大的轴向切削力,因此它也是车工常用的装夹方法之一。但这种方法的缺点是,对于有相互位置精度要求的工件,调头切削时,找正比较困难。

2. 一夹一顶车削工件的优缺点

优点是在车削过程中夹为固定支承、顶为辅助支承,提高了工件支承刚性,可提高加工效率、提高加工精度及表面粗糙度。能承受较大的轴向切削力,提高车削速度。同时保证加工基准的同一性。缺点是容易产生过定位,对于相互位置精度要求高的工件,调头车削时,找正比较困难。

三、实训图样

实训图样如图 2-3-26 所示。

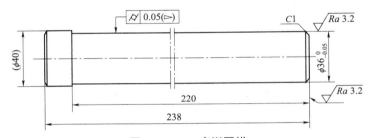

图 2-3-26 实训图样

四、实训步骤

(1)车平面和钻中心孔。

(2)用三爪自定心卡盘夹住毛坯一端外圆长 10 mm 左右;另一端中心孔用顶尖支顶。

(3)粗车外圆 ϕ36 mm×220 mm。

(4)精车外圆 $\phi36_{-0.05}^{0}$ mm×220 mm 至尺寸要求,并倒角 C1。

(5)检查质量合格后取下工件。

五、容易产生的问题和注意事项

(1)一夹一顶车削,最好要求用轴向限位支撑,否则在轴向切削力的作用下工件容易产生轴向移动。如果不采用轴向限位支撑,这就要求加工者随时注意后顶尖的支顶松紧情况,并及时给予调整,以防发生事故。

(2)顶尖支顶不能过松或过紧。过松时工件产生跳动、外圆变形;过紧时易产生摩擦热,烧坏固定顶尖和工件中心孔。

(3)不准用手拉铁屑,以防割破手指。

(4)粗车多台阶工件时,台阶长度余量一般只需要保留右端第一挡。

(5)台阶处应保持垂直、清角,并防止产生凹坑和小台阶。

（6）注意工件锥度的方向性。

2.3.6　轴类工件的车削工艺及车削质量分析

一、实习教学要求

（1）轴类工件的车削工艺及车削质量分析；
（2）轴类工件车削工艺分析示例；
（3）轴类工件的车削质量分析；
（4）减小工件表面粗糙度值的方法。

二、实训内容

1. 轴类工件的车削工艺

车削轴类工件，如果毛坯余量大且不均匀，或精度要求较高，应将粗车和精车分开进行。另外，根据工件的形状特点、技术要求、数量和装夹方法，应对轴类工件进行车削工艺分析，一般考虑以下几个方面：

（1）用两顶尖装夹车削轴类工件，至少要装夹 3 次，即粗车第一端，调头再粗车和精车另一端，最后精车第一端。

（2）车短小的工件，一般先车某一端，这样便于确定长度方向的尺寸。车铸锻件时，最好先适当倒角后再车削，这样刀尖就不易碰到型砂和硬皮，可避免车刀损坏。

（3）轴类工件的定位基准通常选用中心孔。加工中心孔时，应先车后钻中心孔，以保证中心孔的加工精度。

（4）车削台阶轴，应先车削直径较大的一端，以避免过早地降低工件刚度。

（5）在轴上车槽，一般安排在粗车或半精车之后、精车之前进行。如果工件刚度高或精度要求不高，也可在精车之后再车槽。

（6）车螺纹一般安排在半精车之后进行，待螺纹车好后再精车各外圆，这样可避免车螺纹时轴发生弯曲而影响轴的精度。若工件精度要求不高，可安排最后车削螺纹。

（7）工件车削后还需磨削时，只需粗车或半精车，并注意留磨削余量。

2. 轴类工件车削工艺分析示例

车削如图 2-3-27 所示的台阶轴，工件每批为 60 件。

1）车削工艺分析

（1）由于轴各台阶之间的直径相差不大，所以毛坯可选用热轧圆钢。

（2）为了减少工序，毛坯可直接调质处理。

（3）各主要轴颈必须经过磨削，而对车削要求不高，故可采用一夹一顶的装夹方法。但是必须注意，工件毛坯两端不能先钻中心孔，应该将一端车削后，再在另一端搭中心架，钻中心孔。

（4）工件用一夹一顶装夹，装夹刚度高，轴向定位较准确，台阶长度容易控制。

（5）$\phi36h7$ 及两端 $\phi25g6$ 外圆的表面粗糙度值较小，同轴度要求较高，需经磨削，车削时必须留磨削余量。

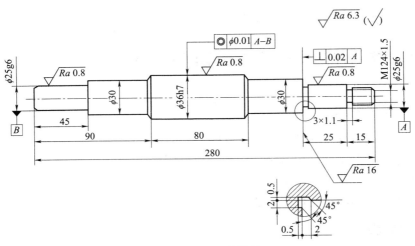

图 2-3-27 台阶轴

2）机械加工工艺卡

台阶轴机械加工工艺卡如表 2-3-1 所示。

表 2-3-1 台阶轴机械加工工艺卡

××厂			机械加工工艺卡		产品名称		图号	
					零件名称	台阶轴	共一页	第一页
材料种类			热轧圆钢材料牌号 45		毛坯尺寸		$\phi40$ mm×282 mm	
工序	工种	工步	工序内容	车间	设备	工艺装备		
						夹具	刃具	量具
1	热处理		调质（5151）后硬度为 220~240HBS 检验					
2	车	(1) (2)	夹住毛坯外圆车 钻中心孔 $\phi2.5$ mm	1	CA6140 CA6140		$\phi2.5$ mm 中心钻	
3	车		调头夹紧毛坯车外圆，取总长至 280 mm	1	CA6140			
4	车	(1) (2) (3) (4)	一夹一顶装夹 车 $\phi36h7$ 外圆至尺寸 $\phi36h7×250$ mm 车 $\phi30$ mm 外圆至尺寸 $\phi30$ mm×90 mm 车 $\phi25g6$ 外圆至尺寸 $\phi25g6×45$ mm 倒角 C1	1	CA6140			
5	车		一端夹紧，一端搭中心架钻 $\phi2.5$ mm 中心孔	1	CA6140		$\phi2.5$ mm 中心钻	
6	车	(1) (2) (3) (4)	一夹一顶装夹 车 $\phi30$ mm×110 mm，保证 80 mm 尺寸 车 $\phi25g6$ 外圆至尺寸 车 M24×1.5 mm 外圆至尺寸 15 mm，倒角 C1	1	CA6140			
7	车	(1) (2) (3) (4)	一端软卡爪夹紧，一端用后顶尖顶住 车 $\phi30$ mm 右端轴肩槽至尺寸 车 3 mm×1.1 槽至尺寸 车 M24×1.5 至尺寸 检验（以下略）	1	CA6140			

3. 轴类工件的车削质量分析

车削轴类工件时，常常会产生废品。各种废品的产生原因及预防方法见表 2-3-2。

表 2-3-2　各种废品的产生原因及预防方法

废品种类	产生原因	预防方法
尺寸精度达不到要求	（1）看错图样或刻度盘使用不当。 （2）没有进行试车削。 （3）量具有误差或测量不正确。 （4）由于切削热的影响，使工件尺寸发生变化。 （5）机动进给没有及时关闭，使车刀进给长度超过台阶长度。 （6）车削时，车槽刀主切削刃太宽或太窄，使槽宽不正确。 （7）尺寸计算错误，使槽的深度不正确	（1）必须看清图样的尺寸要求，正确使用刻度盘，看清刻度值。 （2）根据加工余量算出背吃刀量，进行试车削，然后修正背吃刀量。 （3）量具使用前，必须检查和调整零位，正确掌握测量方法。 （4）不能在工件温度较高时测量，如测量，应掌握工件的收缩情况，或浇注切削液，降低工件温度。 （5）注意及时关闭机动进给；或提前关闭机动进给，再用手动进给到长度尺寸。 （6）根据槽宽刃磨车槽刀主切削刃宽度。 （7）对留有磨削余量的工件，车槽时应考虑磨削余量
产生锥度	（1）用一夹一顶或两顶尖装夹工件时，后顶尖轴线不在主轴轴线上。 （2）用小滑板车外圆，小滑板的位置不正，即小滑板的基准刻线跟中滑板的"0"刻线没有对准。 （3）用卡盘装夹纵向进给车削时，床身导轨与车床主轴轴线不平行。 （4）工件装夹时悬伸较长，车削时因切削力的影响使前端让开，产生锥度。 （5）车刀中途逐渐磨损	（1）车削前必须通过调整尾座找正锥度。 （2）必须事先检查小滑板基准刻线与中滑板的"0"刻线是否对准。 （3）调整车床主轴与床身导轨的平行度。 （4）尽量减少工件的伸出长度，或另一端用后顶尖支顶，以增加装夹刚度。 （5）选用合适的刀具材料，或适当降低切削速度
圆度超差	（1）车床主轴间隙太大。 （2）毛坯余量不均匀，切削过程中背吃刀量变化太大。 （3）工件用两顶尖装夹时，中心孔接触不良，或后顶尖顶得不紧，或前后顶尖产生径向圆跳动	（1）车削前检查主轴间隙，并调整合适。如主轴轴承磨损严重，则需更换轴承。 （2）半精车后再精车。 （3）工件用两顶尖装夹时，必须松紧适当，若回转顶尖产生径向圆跳动，需及时修理或更换
表面粗糙度达不到要求	（1）车床刚度低，如滑板镶条太松，传动零件（如带轮）不平衡或主轴太松引起振动。 （2）车刀刚度低或伸出太长引起振动。 （3）工件刚度低引起振动。 （4）车刀几何参数不合理，如选用过小的前角、后角和主偏角。 （5）切削用量选用不当	（1）消除或防止由于车床刚度不足而引起的振动（如调整车床各部分的间隙）。 （2）增加车刀刚度和正确装夹车刀。 （3）增加工件的装夹刚度。 （4）选用合理的车刀几何参数（如适当增加前角、选择合理的后角和主偏角等）。 （5）进给量不宜太大，精车余量和切削速度应选择恰当

4. 减小工件表面粗糙度值的方法

生产中若发现工件的表面粗糙度达不到技术要求，应观察表面粗糙度值大的现象，找出影响表面粗糙度的主要因素，提出解决方法。

常见的表面粗糙度值大的现象如图 2-3-28 所示，可采取以下措施。

1）减小残留面积高度［见图 2-3-28（a）］

车削时，如果工件表面残留面积轮廓清楚，则说明其他切削条件正常。若要减小表面粗糙度值，则可从以下几个方面着手。

（1）减小主偏角和副偏角。一般情况下，减小副偏角对减小表面粗糙度效果较明显。但减小主偏角会使背向力 F_D 增大，若工艺系统刚度差，会引起振动。

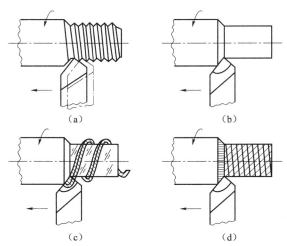

图 2-3-28　减小表面粗糙度值大的措施

（a）减小残留面积高度；（b）避免工件表面产生毛刺；（c）防止切屑拉毛已加工表面；（d）防止或减小振纹

（2）增大刀尖圆弧半径。但如果机床刚度不足，则刀尖圆弧半径大，过大会使背向力增大而产生振动，反而使表面粗糙度值变大。

（3）减小进给量。进给量是影响表面粗糙度最显著的一个因素，进给量越小，残留面积高度越小。此时，鳞刺、积屑瘤和振动均不易产生，因此表面质量较高。

2）避免工件表面产生毛刺［见图 2-3-28（b）］

工件表面产生毛刺一般是由积屑瘤引起的。这时可用改变切削速度的方法来控制积屑瘤的产生。如果用高速钢车刀时应降低切削速度（$G<3$ m/min），并加注切削液；用硬质合金车刀时应提高切削速度，避开最易产生积屑瘤的中速（$w=20$ m/min）区域。另外，应尽量减小车刀前面和后面的表面粗糙度值，保持刀刃锋利。

3）避免磨损亮斑

工件在车削时，已加工表面出现亮斑或亮点，切削时有噪声，说明刀具已严重磨损。

磨钝的切削刃将工件表面挤压出亮痕，使表面粗糙度值变大，这时应及时更换或重磨刀具。

4）防止切屑拉毛已加工表面

被切屑拉毛的工件表面一般有不规则的、很浅的痕迹［见图 2-3-28（c）］。这时应选用刃倾角为正值的车刀，使切屑流向工件待加工表面，并采用卷屑或断屑措施。

5）防止和减小振纹

切削时产生的振纹会使工件表面出现周期性的横向或纵向振纹［见图 2-3-28（d）］。防止和减小振纹可从以下几方面着手。

（1）机床方面。调整车床主轴间隙，提高轴承精度；调整滑板楔铁，使间隙小于 0.04 m，并使移动平稳轻便。

（2）刀具方面。合理选择刀具几何参数，经常保持切削刃光洁和锋利，增加刀具的装夹刚度。

（3）工件方面。增加工件的装夹刚度，例如装夹时不宜悬伸太长，细长轴应采用中心架或跟刀架支撑。

（4）切削用量方面。选用较小的背吃刀量和进给量，改变切削速度。

6）合理选用切削液，保证充分冷却润滑

采用合适的切削液是消除积屑瘤、鳞刺和减小表面粗糙度值的有效方法。车削时，合理选用切削液并保证充分冷却润滑，可以改善切削条件；尤其是润滑性能增强可使切削区域金属材料的塑性变形程度下降，从而减小已加工表面的粗糙度值。

2.4　切断和车槽

2.4.1　切断刀和车槽刀的刃磨

一、实习教学要求

（1）了解切断刀与车槽刀的种类和用途；

（2）了解切断刀和车槽刀的组成部分及其角度要求；

（3）掌握切断刀和车槽刀的刃磨方法；

（4）了解切断刀和车槽刀的角度。

二、实训内容

1. 切断刀和车槽刀的种类和用途

切断与车槽是车工的基本操作技能之一，能否掌握好，关键在于刀具的刃磨。因为切断刀和车槽刀的刃磨要比刃磨外圆刀难度大一些。

直形车槽刀和切断刀的几何形状基本相似、刃磨方法也基本相同，只是刀头部分的宽度和长度有些区别，二者有时也通用。

2. 切断刀及应用

切断刀以横向进给为主，前端的切削刃是主切削刃，两侧的切削刃是副切削刃。为了减少工件材料的浪费，保证切断实心工件时能切到工件的中心，一般切断刀的主切削刃较窄、刀头较长，其刀头强度相对其他车刀较低，所以，在选择几何参数和切削用量时应特别注意。

1）高速钢切断刀

高速钢切断刀的形状和几何参数如图 2−4−1 所示。

前角 r_o = 5° ~ 20°，主后角 α_0 = 6° ~ 8°，两个副后角 α_i = 1° ~ 3°，主偏角 K_r = 90°，两个副偏角 K'_r = 1° ~ 1.5°。

例：切断外径为 36 mm、孔径为 16 mm 的空心工件，试计算切断刀的主切削刃宽度和刀头长度。

解：$\alpha \approx (0.5 \sim 0.6)/v = (0.5 \sim 0.6) = 3 \sim 3.6$

$$L = \left(\frac{D}{2} - \frac{d}{2} \right) + (2 \sim 3) = (36/2 - 16/2) + (2 \sim 3) = 12 \sim 13$$

为了使切削顺利，在切断刀的弧形前面上磨出卷屑槽，卷屑槽的长度应超过切入深度。

但卷屑槽不可过深，一般槽深为 0.75～1.50 mm，否则会削弱刀头强度。

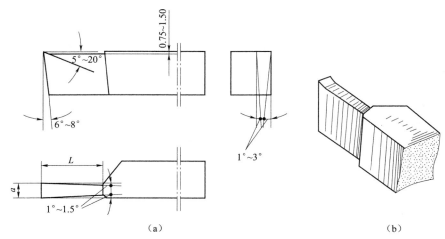

图 2-4-1　高速钢切断刀的形状和几何参数

在切断工件时，为使带孔工件不留边缘、实心工件不留小凸头，可将切断刀的切削刃略磨斜些，如图 2-4-2 所示。

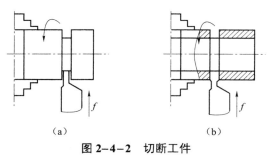

图 2-4-2　切断工件

（a）切断实心工件；（b）切断空心工件

2）硬质合金切断刀及应用

如果硬质合金切断刀的主切削采用平直刃，那么切断时的切屑和工件槽宽相等，切屑容易堵塞在槽内而不易排出。为使排屑顺利，可把主切削刃两边倒角或磨成人字形，为增加刀头的支撑刚度，常将切断刀的刀头下部做成凸圆弧形。高速切断时，会产生大量的热量，为防止刀片脱焊，必须浇注充足的切削液，发现切削刃磨钝时，应及时刃磨。

3）弹性切断刀及应用

为了节省高速钢，切断刀可以做成片状，装夹在弹性刀柄上，如图 2-4-3 所示。弹性切断刀的优点是：当进给量过大时，弹性刀柄会因受力而产生变形，由于刀柄的弯曲中心在上面，所以刀头就会自动向后退让，从而避免了因扎刀而导致切断刀折断的现象。

4）反切刀及应用

切断直径较大的工件时，由于刀头较长，刚度很低，很容易产生振动，这时可采用反向切断法，即工件反转，用反切刀切断，如图 2-4-4 所示。反向切断时，作用在工件上的切削力与工件重力方向一致，这样不容易产生振动，并且切屑向下排出，不容易在槽中堵塞。

3. 车槽刀及应用

车一般外沟槽的车槽刀的形状和几何参数与切断刀基本相同。车狭窄的外沟槽时，用主切削刃宽度与槽宽相等的车槽刀一次直进车出，如图 2-4-5（a）所示。车较宽外沟槽时，可以用多次车槽的方法来完成，但必须在槽的两侧和槽的底部留出精车余量，最后根据槽的宽度和位置进行精车，如图 2-4-5（b）所示。

1）车槽刀的几何角度（参见图 2–4–1）

2）切断刀与车槽刀长度和宽度的选择

（a）

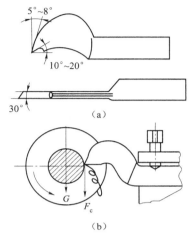

（a）

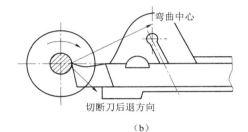

（b）

图 2–4–3 弹性切断刀

（a）实物图；（b）结构图

（b）

图 2–4–4 反切刀

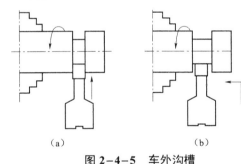

（a）   （b）

图 2–4–5 车外沟槽

（1）切断刀刀头宽度的经验计算公式是

$$a≈(0.5～0.6)D$$

式中：a——主刀刃宽度，mm；

D——被切断工件的直径，mm。

（2）刀头部分的长度 L。

① 切断实心材料时，$L=1/2D+(2～3)$mm。

② 切断空心材料时，$L=$被切工件壁厚$+(2～3)$mm。

③ 车槽刀的长度 L 为槽深$+(2～3)$mm。刀宽根据需要刃磨。

3）切断刀和车槽刀的刃磨方法

刃磨左侧副后面：两手握刀，车刀前面向上［见图 2–4–6（a）］，同时磨出左侧副后角和副偏角。刃磨右侧副后面：两手握刀，车刀前面向上［见图 2–4–6（b）］，同时磨出右侧副后角和副偏角。

刃磨主后面［见图 2-4-6（c）］，同时磨出主后角。

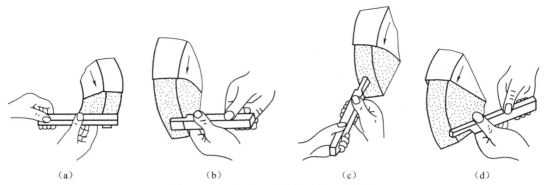

图 2-4-6　切断刀和车槽刀的刃磨方法

（a）刃磨左侧副后面；（b）刃磨右侧副后面；（c）刃磨主后面；（d）刃磨前面和前角

刃磨前面和前角，车刀前面对着砂轮磨削表面［见图 2-4-6（d）］。

三、实训图样

实训图样如图 2-4-7 所示。

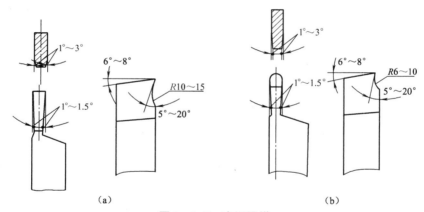

（a）　　　　　　　　　　　　　　　（b）

图 2-4-7　实训图样

四、实训步骤

（1）粗磨前面和两侧副后面以及主后面，使刀头基本成形。

（2）精磨前面和前角。

（3）精磨副后面和主后面。

（4）修磨刀尖。

五、容易产生的问题和注意事项

（1）切断刀的卷屑槽不宜磨得太深，一般为 0.75～1.50 mm，如图 2-4-8（a）所示。卷屑槽刃磨太深，其刀头强度差，容易折断，如图 2-4-8（b）所示。更不能把前面磨低或磨成台阶形，如图 2-4-8（c）所示。这种刀切削不顺利，排屑困难，切削负荷大增，刀头容易折断。

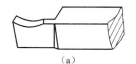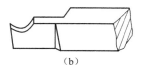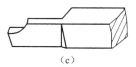

（a） （b） （c）

图 2-4-8 切断刀的卷屑槽

（a）卷屑槽刃磨正确；（b）卷屑槽刃磨太深；（c）卷屑槽磨成台阶形

（2）刃磨切断刀和车槽刀的两侧副后角时，应以车刀的底面为基准，用钢直尺或 90°角尺检查，如图 2-4-9（a）所示。图 2-4-9（b）中副后角一侧有负值，切断时要与工件侧面摩擦。图 2-4-9（c）中两侧副后角的角度太大，刀头强度变差，切削时容易折断。

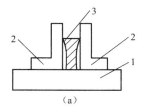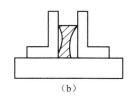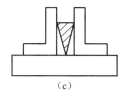

（a） （b） （c）

图 2-4-9 用角尺检查切断刀副后角

（a）正确；（b），（c）错误

1—平板；2—角尺；3—切断刀

（3）刃磨切断刀和车槽刀的副偏角时，要防止下列情况产生：如图 2-4-10（a）所示副偏角太大，刀头强度变差，容易折断；如图 2-4-10（b）所示副偏角为负值，不能用直进法切削；如图 2-4-10（c）所示副刀刃不平直，不能用直进法切削；如图 2-4-10（d）所示车刀左侧磨去太多，不能切削有高台阶的工件。

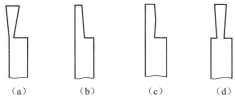

（a） （b） （c） （d）

图 2-4-10 副偏角产生的几种情况

（a）副偏角太大；（b）副偏角负值；（c）副刀刃不平直；（d）车刀左侧磨去太多

（4）高速钢车刀刃磨时，应随时冷却，以防退火。硬质合金刀刃磨时不能在水中冷却，以防刀片碎裂。

（5）硬质合金车刀刃磨时，不能用力过猛，以防刀片烧结处产生高热脱焊，使刀片脱落。

（6）刃磨切断刀和槽刀时，通常左侧副后面磨出即可，刀宽的余量应放在车刀右侧磨去。

（7）主刀刃与两侧副刀刃之间应对称和平直。

（8）在刃磨切断刀副刀刃时，刀侧与砂轮表面的接触点应放在砂轮的边缘处，仔细观察和修整副刀刃的直线度。

（9）建议选用练习刀刃磨，经检查符合要求后，再刃磨正式车刀。

（10）小圆头车刀的刃磨和直形槽刀相似，只是在刃磨主刀刃圆弧时有区别。其刃磨圆头的方法是：以左手握车刀前端为支点，用右手转动车刀尾端，如图 2-4-11 所示。

2.4.2　切断

一、实习教学要求

（1）掌握直进法和左右借刀法切断工件；

（2）巩固切断刀的刃磨和修正方法；

（3）对于不同材料的工件，能选用不同角度的车刀进行切割，并要求切割面平直光洁。

二、实训内容

在车床上把较长的棒料切断成短料，或将车削完毕的工件从原材料上切下，这样的加工方法叫切断。

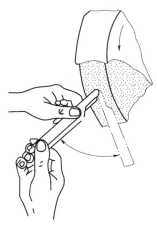

图 2-4-11　刃磨圆头

1. 切断刀的种类

（1）高速钢切断刀［见图 2-4-12（a）］。刀头与刀杆为同一材料锻造而成，每当切断刀损坏后，可以经过锻打后再使用。因此比较经济，是目前使用较为广泛的一种。

（2）硬质合金切断刀［见图 2-4-12（b）］。刀头用硬质合金焊接而成，它适宜于高速切削。

（3）弹性切断刀［见图 2-4-12（c）］。为了节省高速钢，切断刀做成片状，再装夹在弹簧刀杆内，这种切断刀既节省材料，又富有弹性，当进刀过多时，刀头在弹性刀杆的作用下会自动让刀，这样就不容易产生扎刀而折断刀头。

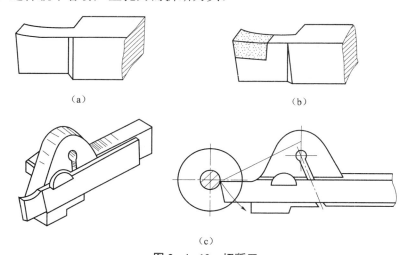

（a）　　　　　　　　　　　　　　　　（b）

（c）

图 2-4-12　切断刀

（a）高速钢切断刀；　（b）硬质合金切断刀；　（c）弹性切断刀

2. 切断刀的装夹

切断刀装夹是否正确，对切断工件能否顺利进行、切断的工件平面是否平直有直接的影响，所以对切断刀的装夹要求较严。

（1）切断实心工件时，切断刀的主刀刃必须严格对准工件旋转中心，刀头中心线与轴心线垂直。

（2）为了增强切断刀的刚性，刀杆不宜伸出过长，以防振动。

3. 切断方法

（1）用直进法切断工件。所谓直进法，是指垂直于工件轴线方向进给切断［见图 2-4-13（a）］。这种方法切断效率高，但对车床、切断刀的刃磨、装夹都有较高的要求，否则容易造成刀头折断。

（2）左右借刀法切断工件。在切削系统刚性不足的情况下，可采用左右借刀法切断工件［见图 2-4-13（b）］。这种方法是指切断刀在轴线方向反复地往返移动，同时两侧径向进给，直至工件切断。

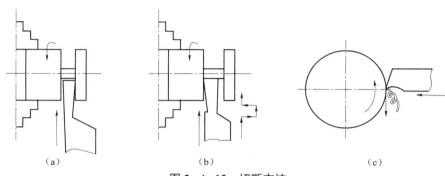

图 2-4-13　切断方法
（a）直进法；（b）左右借刀法；（c）反切法

4. 反切法切断工件

反切法是指工件反转，车刀反向装夹，如图 2-4-13（c）所示。这种切断方法适宜于较大直径的工件。其优点如下：

（1）反转切削时，作用在工件上的切削力与主轴重力方向一致，因此主轴不容易产生上下跳动，所以切断工件比较平稳。

（2）切屑从下面流出，不会堵塞在切割槽中，因而能比较顺利地切削。

但必须指出，在采用反切法时，卡盘与主轴的连接部分必须有保险装置，否则卡盘会因倒车而脱离主轴，产生事故。

三、实训图样

实训图样如图 2-4-14 所示。

四、实训步骤

（1）夹住外圆，车 ϕ28 mm 至尺寸要求；

（2）切割厚度（3±0.2）mm。

五、容易产生的问题和注意事项

（1）被切断工件的平面产生凹凸，其原因如下。

① 切断刀两侧的刀尖刃磨或磨损不一致，造成让刀，因而使工件平面产生凹凸。

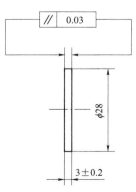

图 2-4-14　实训图样

② 窄切断刀的主刀刃与轴心线有较大的夹角，左侧刀尖有磨损现象，进给时在侧向切削力的作用下，刀头易产生偏斜，造成工件平面内凹，如图 2-4-15 所示。

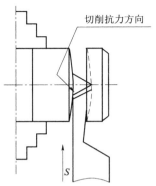
切削抗力方向

图 2-4-15　工件平面内凹

③ 主轴轴向窜动。

④ 车刀安装歪斜或副刀刃没有磨直等。

（2）切断时产生振动的原因如下。

① 主轴和轴承间隙太大。

② 切断的棒料太长，在离心力的作用下产生振动。

③ 切断刀远离工件支撑点。

④ 工件细长，切断刀刃口太宽。

⑤ 切断时转速过高，进给量较小。

⑥ 切断刀伸出过长。

（3）切断刀折断的主要原因如下。

① 工件装夹不牢靠，切割点远离卡盘，在切削力的作用下，工件抬起，造成刀头折断。

② 切断时排屑不良，铁屑堵塞，造成刀头载荷增大，使刀头折断。

③ 切断刀的副偏角和副后角磨得太大，削弱了刀头强度，使刀头折断。

④ 切断刀装夹跟工件轴心线不垂直，主刀刃与轴线不等高。

⑤ 进给量过大，切断刀前角过大。

⑥ 床鞍与中、小滑板松动，切削时产生扎刀，致使切断刀折断。

（4）切断前应调整中、小滑板的松紧，一般宜紧一些。

（5）用高速钢刀切断工件时，应浇注切削液，这样可延长切断刀的使用寿命，用硬质合金刀切断工件时，中途不准停车，否则刀刃容易碎裂。

（6）一夹一顶或两顶尖安装工件时，不能直接把工件切断，以防切断时工件飞出伤人。

（7）用左、右借刀法切断工件时，借刀速度应均匀，借刀距离要一致。

2.5　钻、车、铰圆柱孔和车内槽

2.5.1　内孔车刀的刃磨

一、实习教学要求

（1）掌握内孔刀刃磨的步骤及方法。

（2）懂得内孔刀刃磨的注意事项。

二、实训内容

经过锻孔、铸孔或钻孔的工件，一般都很粗糙，必须经过车削等加工后才能达到图样的精度要求。

车内孔需用内孔车刀,内孔车刀的切削部分基本上与外圆车刀相似,只是多了一个弯头而已。根据内孔的几何形状,内孔车刀一般可分为直孔车刀和台阶孔车刀两类。

1. 直孔车刀

直孔车刀的主偏角 K_r 一般取 $45°\sim75°$,副偏角一般取 $6°\sim45°$,后角取 $8°\sim12°$,如图 2-5-1(a)所示。

2. 台阶孔车刀

台阶孔车刀的切削部分基本上与外偏刀相似,它的主偏角应大于 $90°$,一般为 $93°$ 左右,副偏角为 $3°\sim6°$,后角为 $8°\sim12°$,如图 2-5-1(b)所示。

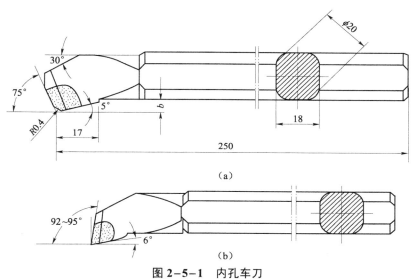

图 2-5-1　内孔车刀

(a)直孔车刀; (b)台阶孔车刀

3. 内孔车刀卷屑槽方向的选择

当内孔车刀的主偏角 K_r 为 $45°\sim75°$ 时,在主刀刃方向磨卷屑槽,能使其刀刃锋利、切削轻快,在切削深度较大的情况下,仍能保持它的切削稳定性,适用于粗车。如果在副刀刃方向磨卷屑槽[见图 2-5-2 (a)],在切削深度较小的情况下,能达到较好的表面质量。

当内孔车刀的主偏角 K_r 大于 $90°$ 时,在主刀刃方向磨卷屑槽[见图 2-5-2(b)],它适宜于纵向切削,但切削深度不能太大,否则切削稳定性不好,刀尖容易损坏。如果在副刀刃方向磨卷屑槽[见图 2-5-2(c)],它适宜于横向切削。

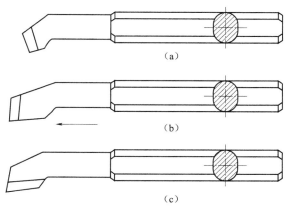

图 2-5-2　内孔车刀卷屑槽的方向

(a)在副刀刃方向($K_r=45°\sim75°$); (b)在主刀刃方向($K_r>90°$); (c)在副刀刃方向($K_r>90°$)

三、实训图样

实训图样如图 2-5-3 所示。

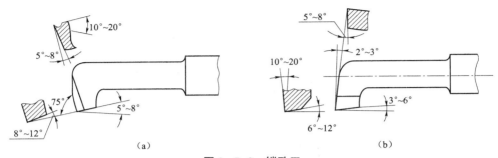

图 2-5-3 镗孔刀

（a）75°镗孔刀；（b）精镗孔刀

四、实训步骤

（1）粗磨前面。
（2）粗磨主后面。
（3）粗磨副后面。
（4）粗、精磨前角。
（5）精磨主后面、副后面。
（6）修磨刀尖圆弧。

五、容易产生的问题和注意事项

（1）刃磨卷屑槽前，应先修整砂轮边缘处使之成为小圆角。
（2）卷屑槽不能磨得太宽，以防车孔时排屑困难。
（3）先磨练习刀。

2.5.2 钻孔

一、实习教学要求

（1）了解钻头的装拆方法和钻孔方法；
（2）懂得切削用量的选择和切削液的使用；
（3）了解钻孔时容易产生废品的原因及防止方法；
（4）钻孔精度要求达到 IT12 级，径向跳动在 0.3 mm 之内。

二、实训内容

1. 麻花钻的选用

对于精度要求不高的内孔，可以选用钻头直接钻出，不再加工。而对于精度要求较高的内孔，还需通过车削等加工才能完成。这时在选用钻头时，应根据下一道工序的要求，留出加工余量。

　　选择麻花钻的长度，一般应使钻头螺旋部分略长于孔深。钻头过长，刚性差；钻头过短，排屑困难。

　　2．钻头的装夹

　　直柄麻花钻用钻头装夹，再将钻头的锥柄插入尾座锥孔中。锥柄麻花钻可直接或用莫氏变径套过渡插入尾座锥孔。

　　3．钻孔方法

　　（1）钻孔前先把工件平面车平，中心处不许有凸头，以利于钻头正确定心。

　　（2）找正尾座，使钻头中心对准工件旋转中心，否则可能会扩大钻孔直径和折断钻头。

　　（3）用细长麻花钻钻孔时，为了防止钻头产生晃动，可以在刀架上夹一挡铁（见图 2-5-4），以支撑钻头头部，帮助钻头定心。其办法是：先用钻头钻入工件平面，然后摇动中滑板移动挡铁支顶，当钻头逐渐不晃动时，继续钻削即可。但挡铁不能把钻头支过中心，否则容易折断钻头。当钻头已正确定心时，挡铁即可退出。

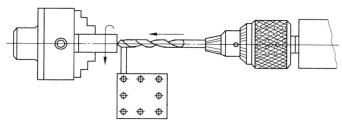

图 2-5-4　细长麻花钻钻孔

　　（4）用小麻花钻钻孔时，一般先用中心钻定心，再用钻头钻孔，这样钻孔同轴度较好。

　　（5）钻孔后要铰孔的工件，由于余量较少，因此当钻头钻进 1～2 mm 后，应把钻头退出，停车测量孔径，以防孔径扩大、没有铰削余量而报废。

三、实训图样

实训图样如图 2-5-5 所示。

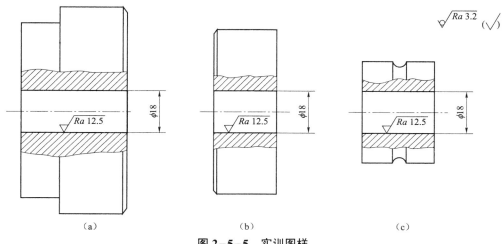

（a）　　　　　　　　　　　（b）　　　　　　　　　　　（c）

图 2-5-5　实训图样

四、实训步骤

（1）夹住工件外圆找正、夹紧。

（2）在尾座套筒内装夹 ϕ 18 mm 钻头。

五、容易产生的问题和注意事项

（1）起钻时进给量要小，待钻头头部进入工件后才可正常钻削。

（2）钻钢件时，应加切削液，以防钻头发热退火。

（3）当钻头将要钻穿工件时，由于钻头横刃首先穿出，因此轴向阻力大减，所以这时进给速度必须减慢。否则钻头容易被工件卡死，造成锥柄在尾座套筒内打滑而损坏锥柄和锥孔。

（4）钻小孔或钻较深的孔时，由于切屑不易排出，故必须经常退出钻头排屑，否则容易因切屑堵塞而使钻头"咬死"或折断。

（5）钻小孔时，转速应选得快一些，否则钻削时抵抗力大，容易产生孔尾偏斜和钻头折断。

2.5.3　车直孔

一、实习教学要求

（1）懂得内孔车刀的正确装夹和粗、精车切削用量的选择。

（2）掌握内孔的加工方法和测量方法，要求在本部分结束时达到如下要求：

① 用内卡钳在实样孔上取尺寸，对比测量工件，达到图样要求。

② 内卡钳在千分尺上取尺寸测量孔径，达到图样要求。

③ 用塞规测量，达到图样要求。

④ 在本部分结束时，要求车削 5 刀左右把孔车至尺寸。

⑤ 能正确使用切削液。

二、实训内容

1. 内孔车刀的装夹

（1）内孔车刀装夹时，刀尖应对准工件中心。刀杆与轴心线基本平行，否则车到一定深度后刀杆可能会与孔壁相碰。为了确保安全，通常在车孔前先把内孔车刀在孔内试走一遍，保证车孔顺利进行。

（2）为了增加内孔车刀的刚性，防止产生振动，刀杆的伸出长度尽可能短些，一般比被加工孔长 5~10 mm。

2. 车孔方法

直孔车削基本上与车外圆相同，只是进刀和退刀方向相反。粗车和精车内孔时也要进行试切和试测，其试切方法与试切外圆相同，即根据径向余量的一半横向进给，当车刀纵向切削至 2 mm 左右时纵向快速退出车刀然后停车试测。反复进行，直至符合孔径精度要求为止。

3. 孔径测量

测量孔径尺寸，通常用塞规和千分尺测量，它对于粗车和试切削的尺寸都能迅速地反应过来。目前对于精度较高的孔径都用内径表测量。

用塞规测量：塞规由过端 1、止端 2 和柄 3 组成，如图 2-5-6 所示。过端按孔的最小极限尺寸制成，测量时应塞入孔内。止端按孔的最大极限尺寸制成，测量时不允许插入孔内。当过端塞入孔内，而止端插不进去时，就说明此孔尺寸在最小极限尺寸与最大极限尺寸之间，是合格的。

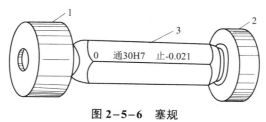

图 2-5-6　塞规
1—过端；2—止端；3—柄

三、实训图样

实训图样如图 2-5-7 所示。

四、实训步骤

（1）夹住外圆找正。

（2）车平面。

（3）钻孔 ϕ20 mm。

（4）粗、精车孔至尺寸要求（孔径中间可练习 ϕ22 mm 尺寸）。

（5）检查后取下工件。

五、容易产生的问题和注意事项

（1）注意中滑板进、退刀方向与车外圆相反。

（2）用内卡钳测量时，两角连线应与孔径轴心线垂直，并在自然状态下摆动，否则其摆动量不正确，会出现测量误差。

（3）用塞规测量孔径时，应保持孔壁清洁，否则会影响塞规测量。

（4）当孔径温度较高时，不能用塞规立即测量，以防工件冷缩把塞规"咬住"在孔内。

（5）用塞规检查孔径时，塞规不能倾斜，以防造成孔小的错觉，把孔径车大。相反，在孔径小的时候，不能用塞规硬塞，更不能用力敲击。

（6）在孔内取出塞规时，应注意安全，防止与内孔刀碰撞。

（7）车削铸铁内孔至接近孔径尺寸时，不要用手去抚摸，以防增加车削难度。

（8）精车内孔时，应保持刀刃锋利，否则容易产生让刀，把孔车成锥形。

（9）车小孔时，应注意排屑问题，否则由于内孔铁屑阻塞，会造成内孔刀严重扎刀而把内孔车废。

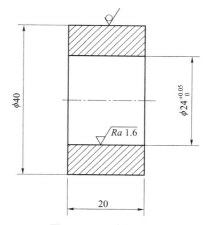

图 2-5-7　实训图样

2.5.4　车台阶孔

一、实习教学要求

（1）了解台阶孔的作用和技术要求；
（2）掌握车台阶孔的步骤和方法；
（3）能使用塞规或内径百分表测量孔径；
（4）能分析车孔时产生废品的原因及防止方法。

二、实训内容

1. 内孔刀的装夹

车台阶孔时，内孔刀的装夹除了刀尖应对准工件中心和刀杆尽可能伸出短些外，内偏刀

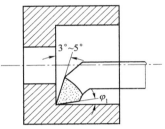

图 2-5-8　内孔刀的装夹

的主刀刃应和平面成 3°～5° 的夹角，如图 2-5-8 所示，并且在车削内平面时，要求横向有足够的退刀余地。

2. 车台阶孔的方法

（1）车直径较小的台阶孔时，由于直接观察困难，尺寸精度不易掌握，所以通常采用先粗、精车小孔，再粗、精车大孔的方法。

（2）车大的台阶孔时，在视线不受影响的情况下，通常采用先粗车大孔和小孔，再精车大孔和小孔的方法。

（3）车孔径大、小相差悬殊的台阶孔时，最好采用主偏角小于 90°（一般选为 85°～88°）的车刀先进行粗车，然后用内偏刀精车至尺寸要求。因为直接用内偏刀车削，吃刀量不可太大，否则刀尖容易损坏。其原因是刀尖处于刀刃的最前列，切削时刀尖先切入工件，因此其承受力最大，加上刀尖本身强度差，所以容易碎裂。其次由于刀杆细长，在轴向抗力的作用下，吃刀量大容易产生振动和扎刀。

控制车孔长度的方法，粗车时通常采用刀杆上的刻线痕迹做记号，如图 2-5-9（a）所示，或安放限位铜片，如图 2-5-9（b）所示，以及用床鞍刻度盘的刻线来控制等。精车时还需要用钢尺、游标卡尺等量具复量车准。

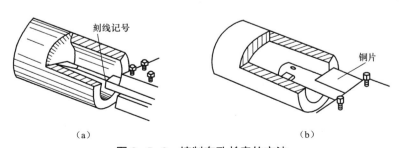

（a）　　　　　　　　　　（b）

图 2-5-9　控制车孔长度的方法

（a）采用刻线痕迹做记号；　（b）安放限位铜片

3. 内径百分表的测量方法

内径百分表是用对比法测量孔径，因此使用时应先根据被测量工件的内孔直径，用千分尺将内径表对准"零"位后，方可进行测量。其测量方法如图 2–5–10 所示，取最小值为孔径的实际尺寸。

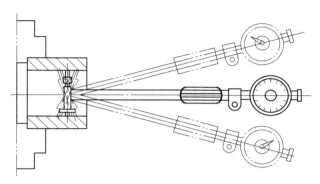

图 2–5–10　内径百分表的测量方法

三、实训图样

实训图样如图 2–5–11 所示。

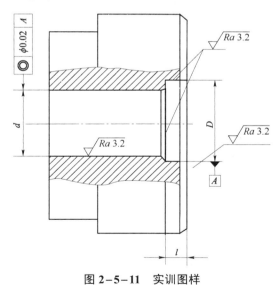

图 2–5–11　实训图样

四、实训步骤

（1）夹住外圆、找正、夹紧。

（2）车平面（车出即可）。

（3）两孔粗车成形（孔径留 0.5 mm 以内的余量，孔深基本车准）。

（4）精车小孔和大孔以及孔深至尺寸要求，并倒角 C0.5。

五、容易产生的问题和注意事项

（1）要求内平面平直，孔壁与内平面相交处清角，并防止出现凹坑和小台阶。

（2）孔径应防止喇叭口和出现试刀痕迹。

（3）用内径百分表测量前，应首先检查整个测量装置是否正常，如固定测量头有无松动、百分表是否灵活、指针转动后是否能回到原来位置、指针对准的"零位"是否走动等。

（4）用内径百分表测量时，不能超过其弹性极限，强迫把表放入较小的内径中，在旁侧的压力下，容易损坏机件。

（5）用内径表测量时，要注意百分表的读法。

① 长指针和短指针应结合观察，以防止指针多转一圈。

② 短指针位置基本符合，长指针转动至"零"位线附近时，应防止"+、−"数值搞错。长指针过"零"位线则孔小。反之，则孔大。

2.5.5　车 V 带轮

一、实习教学要求

（1）了解 V 带轮的用途和技术要求；

（2）掌握车 V 带轮的步骤和方法；

（3）懂得测量梯形槽的方法。

二、实训内容

1. V 带轮的种类和角度

V 带轮是通过 V 带传递动力的，其摩擦系数大，是目前皮带传动中使用最广泛的一种。V 带有七种规格：O 型、A 型、B 型、C 型、D 型、E 型和 F 型。机床上常用的为 O 型、A 型、B 型和 C 型四种。V 带在自由状态下，其断面形状为 40° 梯形。但在工作状态下，V 带与带轮接触的部分，带外圆受拉伸力，宽度变窄；内圆受压缩力，宽度变宽。这样，带两侧的夹角变小。所以在同一根 V 带传动下，由于带轮直径不同，在带轮上标注的梯形槽角度也不相同。

2. V 带轮的技术要求

（1）梯形外沟槽应与孔径同心，否则带轮传动时，V 带必然产生时松时紧的现象，会产生噪声和造成动力传递不均匀等现象。

（2）相同的几条梯形沟槽要求宽度一致。否则在 V 带传动时，会出现一条带松、一条带紧的现象，容易损坏 V 带和造成传递动力不足。

（3）沟槽的夹角应垂直于轴心线。

3. V 带轮的车削方法

（1）粗车成形，即外圆、内孔和平面先粗车，留一定的精车余量，然后在外圆表面上刻线痕控制槽距位置。

（2）车削梯形槽，通常有两种车削方法。

① 较大的梯形沟槽，一般先车直槽，如图 2-5-12（a）所示。

② 较小的梯形沟槽，一般用成形刀一次车削成形。用这种方法加工的沟槽，切削力较大，最好用回转顶尖支顶后进行，否则工件容易移位。因此，精加工时，一般应先车沟槽，然后再精车其余各部分。否则可能会影响工件的同轴度，如图 2-5-12（b）所示。

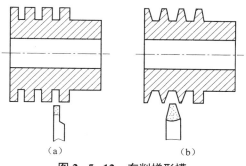

图 2-5-12　车削梯形槽
（a）较大的梯形沟槽；（b）较小的梯形沟槽

4. 测量 V 带轮的沟槽方法

（1）用样板进行透光测量，如图 2-5-13（a）所示。

（2）用量角器检查测量带轮沟槽的半角，如图 2-5-13（b）所示。

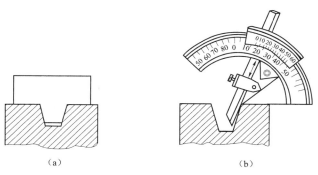

图 2-5-13　测量 V 带轮的沟槽方法
（a）用样板测量；（b）用量角器测量

三、实训图样

实训图样如图 2-5-14 所示。

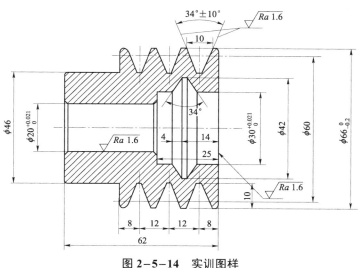

图 2-5-14　实训图样

四、实训步骤

（1）夹住外圆，长 30 mm 左右，找正，夹紧。

（2）粗车平面及外圆ϕ46 mm、长 22 mm 至ϕ47 mm、长 22 mm。

（3）调头，夹住外圆ϕ47 mm 处找正、夹紧。

（4）粗车平面，保持台阶长 41 mm，总长 63 mm。

（5）粗车外圆ϕ66 mm，上偏差 +0.1 mm，下偏差 0。

（6）钻通孔ϕ18 mm，扩孔ϕ29 mm，长 24 mm。

（7）在ϕ66 mm 外圆上涂色划线痕，控制槽距。

（8）用车槽刀和成形刀车梯形沟槽至图样要求（3 条）。

（9）精车平面及外圆ϕ66 mm，上偏差 0，下偏差 −0.2 mm。

（10）粗车内孔ϕ20 mm，上偏差 +0.021 mm，下偏差 0，及内孔ϕ30 mm，上偏差 +0.021 mm，下偏差 0，长 25 mm，至尺寸要求。车内梯形槽及内、外圆倒角 $C1$。

（11）调头，垫铜皮夹住外圆ϕ66 mm 处，精车ϕ46 mm 外圆，并控制左端台阶长 40 mm。

（12）精车平面至总长 62 mm。

（13）内、外圆倒角 $C1$。

五、容易产生的问题和注意事项

（1）左右借刀车沟槽时，应注意槽距的位置偏差。

（2）装夹梯形沟槽车刀时，刀尖角应垂直于轴心线。

（3）用样板测量梯形时必须通过工件中心。

（4）外梯形沟槽应保持与孔径同轴。

2.5.6 套类工件的车削工艺分析及车削质量分析

一、实习教学要求

（1）套类工件的车削工艺分析；

（2）套类工件车削工艺分析示例；

（3）套类工件的车削质量分析。

二、实训内容

套类工件一般由外圆、内孔、台阶和内沟槽等结构要素组成。其主要特点是内、外圆柱面与相关的形状精度和位置精度要求较高。

1. 套类工件的车削工艺分析

车削各种轴承套、齿轮和带轮等套类工件，虽然工艺方案各异，但也有一些共性可供遵循，现简要说明如下。

（1）在车削短而小的套类工件时，为了保证内、外圆的同轴度，最好在一次装夹中把内孔、 外圆都加工完毕。

（2）内沟槽应在半精车之后、精车之前加工，还应注意内孔精车余量对槽深的影响。

（3）车削精度要求较高的孔可考虑以下两种方案：

① 粗车—钻孔—粗车孔—半精车孔—精车—铰孔；

② 粗车—钻孔—粗车孔—半精车孔—精车—磨孔。

（4）加工平底孔时，先用麻花钻钻孔，再用平底钻锪平，最后用盲孔车刀精车孔。

（5）如果工件以内孔定位车外圆，在内孔精车后，对应外圆也进行一次精车，以保证与内孔的垂直度要求。

　2. 套类工件车削工艺分析示例

　　如图 2-5-15 所示的滑动轴承套，每批数量为 180 件，尺寸精度和几何公差要求较高，工件数量较多，因此，进行滑动轴承套车削工艺分析时应引起注意。

　1）滑动轴承套车削工艺分析

　（1）滑动轴承套的车削工艺方案较多，可以是单件加工，也可以是多件加工。如果采用单件加工，生产率低，原材料浪费较多，每件都有装夹的余料。因此，采用多件加工的车削工艺较合理。

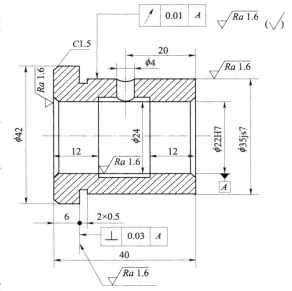

图 2-5-15　滑动轴承套

　（2）滑动轴承套的材料为 ZCuSn5Pb5Zn5，因两处外圆直径相差不大，故毛坯选用铜棒料，采用 6～8 件同时加工较合适。

　（3）为保证内孔 ϕ22H7 的加工质量，提高生产率，内孔精加工以铰削最为合适。

　（4）外圆对内孔轴线的径向圆跳动为 0.01 mm，用软卡爪无法保证。此外，ϕ42 mm 的右端面对内孔轴线的垂直度允差为 0.03 mm。因此，精车外圆以及车 ϕ42 mm 的右端面时，应以内孔为定位基准将工件套在小锥度心轴上，用两顶尖装夹以保证这两项的位置精度。

　（5）内沟槽应在 ϕ22H7 的孔精加工之前完成，外沟槽应在 ϕ35js7 的外圆柱面精车之前完成。这都是为了保证这些精加工表面的精度。

　2）滑动轴承套机械加工工艺卡（见表 2-5-1）

表 2-5-1　滑动轴承套机械加工工艺卡

××厂	机械加工工艺		产品名称			图号				
			零件名称	轴承套		共一页　　第一页				
材料种类			材料牌号	ZCuSn5Pb5Zn5		毛坯尺寸	ϕ46 mm×46 mm			
工序	工种	工步	工　序　内　容		车间	设备	工艺装备			
							夹具	刀具	量具	
1	车		按工艺草图车至要求的尺寸，7件同时加工，尺寸均相同		2	C6132				

工序	工种	工步	工 序 内 容	车间	设备	工艺装备		
						夹具	刃具	量具
2	车		逐个用软卡爪夹住φ2 mm 外圆，找正夹紧，钻孔φ20.5 mm，车成单件	2	C6132			
3	车	(1) (2) (3) (4) (5)	用软卡爪夹住φ35 mm 外圆，找正夹紧 车φ42 mm 左端面，保证总长 40 mm，表面粗糙度 3.2μm，倒角 C1.5 车内孔 φ22 mm 至尺寸 车内槽 φ24 mm 至尺寸 前后两端倒角 C1 铰孔至 φ22H7	2	C6132		φ22H7 铰刀	φ22 H7 塞规
4	车	(1) (2) (3) (4) (5)	工件套在心轴上，装夹于两顶尖之间 车外圆至φ35js7，表面粗糙度 1.6 μm 车φ42 mm 右端面，保证厚度 6 mm，表面粗糙度 1.6 μm 车槽，宽 2 mm，深 0.5 mm 倒角 检查 （以下略）	2	C6132	心轴		

3. 套类工件的车削质量分析

车削套类工件时可能产生废品的原因及预防方法见表 2-5-2。

表 2-5-2　车削套类工件时可能产生废品的原因及预防方法

废品种类	产 生 原 因	预 防 方 法
孔的尺寸大	(1) 车孔时，没有仔细测量。 (2) 铰孔时，主轴转速太高，铰刀温度上升，切削液供应不足。 (3) 铰孔时，铰刀尺寸大于要求，尾座偏移	(1) 仔细测量和进行试车削。 (2) 降低主轴转速，加注充足的切削液。 (3) 检查铰刀尺寸，校正尾座轴线，采用浮动套筒
孔的圆柱度超差	(1) 车孔时，刀柄过细，刀刃不锋利，造成让刀现象，使孔径外大内小。 (2) 车孔时，主轴中心线与导轨不平行。 (3) 铰孔时，由于尾座偏移等原因使孔口扩大	(1) 增加刀柄刚度，保证车刀锋利。 (2) 调整主轴轴线与导轨的平行度。 (3) 校正尾座，或采用浮动套筒
孔的表面粗糙度大	(1) 车孔与车轴类工件表面粗糙度达不到要求的原因相同，其中内孔车刀磨损和刀柄产生振动尤其突出。 (2) 铰孔时，铰刀磨损或切削刃上有崩口、毛刺。 (3) 铰孔时，切削液和切削速度选择不当，产生积屑瘤。 (4) 铰孔余量不均匀和铰孔余量过大或过小	(1) 关键要保持内孔车刀的锋利和采用刚度较高的刀柄。 (2) 修磨铰刀，刃磨后保管好，防止碰毛。 (3) 铰孔时，采用 5 m/min 以下的切削速度，并正确选用和加注切削液。 (4) 正确选择铰孔余量
同轴度和垂直度超差	(1) 用一次装夹的方法车削时，工件移位或机床精度不高。 (2) 用软卡爪装夹时，软卡爪没有车好。 (3) 用心轴装夹时，心轴中心孔碰毛，或心轴本身同轴度超差	(1) 工件装夹牢固，减小切削用量，调整车床精度。 (2) 软卡爪应在本车床上车出，直径与工件装夹尺寸基本相同。 (3) 心轴中心孔应保护好，如碰毛可研修中心孔，如心轴弯曲可校直或更换

2.6 车 圆 锥

2.6.1 转动小滑板车圆锥体

一、实习教学要求

（1）掌握转动小滑板车圆锥体的方法。

（2）根据工件的锥度，计算小滑板的转动角度。

（3）掌握锥度检查的方法。

① 使用游标角度尺测量锥体的方法。

② 使用套规检查锥体的方法，要求用套规涂色检查时接触面在 50% 以上。

二、实训内容

车削圆锥时，要同时保证尺寸精度和圆锥角度。一般先保证圆锥角度，然后精车至尺寸。圆锥面的车削方法主要有转动小滑板法、偏移尾座法、仿形法、宽刃刀车削法、铰内圆锥法以及在数控车床上车圆锥等。本部分只介绍用转动小滑板车圆锥体的方法。

当车较短的圆锥体时，可以用转动小滑板的方法。小滑板的转动角度也就是小滑板导轨与车床主轴线相交的一个角度，它的大小应等于所加工零件的圆锥半角（$\alpha/2$）值，如图 2-6-1 所示。小滑板往什么方向转动角度，决定于工件在车床的加工位置。

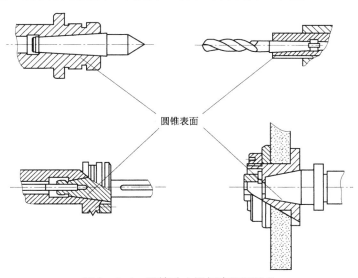

图 2-6-1 用转动小滑板车短圆锥体

1. 转动小滑板车圆锥体的特点

（1）能车圆锥角较大的工件。

（2）能车出整锥体和圆锥孔，并且操作简单。

（3）只能手动进给，若用此法成批生产，劳动强度大，工件表面粗糙度较难控制。

（4）因受小滑板行程的限制，只能加工锥面不长的工件。

2．小滑板转动角度的计算

根据被加工零件给定的已知条件可应用下面公式计算圆锥半角。

$$\tan \alpha/2 = C/2 = (D-d)/2L$$

式中：$\alpha/2$——圆角，（°）；

C——锥度，$C=(D-d)/L$；

D——最小圆锥半径，mm；

d——最小圆锥直径，mm；

L——最大圆锥直径与最小圆锥直径之间的轴向距离，mm。

应用上面公式计算出$\alpha/2$，因查三角函数表较麻烦，所以如果$\alpha/2$较小（1°～13°），可以用乘上一个常数的近似方法来计算，即：

$$\alpha/2 = 常数 \times (D-d)/L$$

小滑板转动角度（1°～13°）近似公式常数可从表2-6-1中查得。

表2-6-1　近似公式常数

（D-d）/L 或 K	常　　数	备　　注
0.10～0.20	28.6°	
0.20～0.20	28.5°	
0.29～0.36	28.4°	本表适用α在6°～13°，6°以下常数值为28.7°
0.36～0.40	28.3°	
0.40～0.45	28.2°	

车常用锥度和标准锥度时小滑板转动角度见表2-6-2。

表2-6-2　小滑板转动角度

名　　称		锥度	小滑板转动角度	名　　称		锥度	小滑板转动角度
莫氏	0	1:19.212	1°29′27″	标准锥度	0°17′1″	1:200	0°08′36″
	1	1:20.047	1°25′43″		0°34′23″	1:100	0°17′11″
	2	1:20.020	1°25′50″		1°8′45″	1:50	0°34′23″
	3	1:10.922	1°26′16″		1°54′35″	1:30	0°57′17″
	4	1:19.254	1°29′15″		2°51′51″	1:20	1°25′56″
	5	1:19.002	1°30′26″		3°40′6″	1:15	1°54′38″
	6	1:19.180	1°29′36″		4°46′19″	1:12	2°23′09″
标准锥度	30°	1:1.866	15°		5°43′20″	1:10	2°51′45″
	45°	1:1.207	22°30′		7°9′10″	1:8	3°34′35″
	60°	1:0.866	30°		8°10′16″	1:7	4°05′08″
	75°	1:0.652	37°30′		11°25′16″	1:5	5°42′38″
	90°	1:0.5	45°		18°55′29″	1:3	9°27′44″
	120°	1:0.280	60°		16°35′32″	7:24	8°17′46″

3. 转动小滑板的方法

将小滑板下面转盘上的螺母松开，把转盘转至所需要的圆锥半角（$\alpha/2$）的刻度上与基准线对齐，然后固定转盘上的螺母。如角度不是整数，例如 $\alpha/2=5°42'$ 可在 $5.5°\sim6°$ 估计，试切后逐步找正。

4. 车削前调整好小滑板镶条的松紧

如果调得过紧，手动进给时费力，移动不均匀；调得过轻，造成小滑板间隙太大。两者均会使车出的锥面表面粗糙度较大且工件母线不平直。

5. 检查锥度方法

1）用游标角度尺检查锥度

对于角度或精度不高的圆锥表面，可用圆形游标角度尺检查。如图 2-6-2 所示，把角度尺调整到要测的角度，角度尺的角尺面与工件平面（通过中心）靠平，直尺与工件斜面接触，通过透光的大小来找正小滑板的角度，反复多次直至达到要求为止。

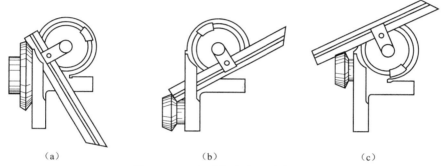

| (a) | (b) | (c) |

图 2-6-2　用游标角度尺检查锥度

2）用锥形套规来检查锥度

（1）可通过感觉来判断套规与工件大小端直径的配合间隙，调整小滑板角度。

（2）在工件表面上顺着母线，相隔约 120° 薄而均匀地涂上显示剂。

（3）把套规轻轻套在工件上转动半圈之内。

（4）取下套规观察工件锥面上的显示剂擦去情况，鉴别小滑板应转动方向以找正角度。

锥形套规是检验锥体工件的综合量具，既可以检查工件锥度的准确性，又可以检查锥体工件的大小端直径及长度尺寸。如要求套规与圆锥接触面在 50% 以上，一般经过试切和反复调整，所以锥体的检查在试切时就应该进行。

6. 车锥体尺寸的控制方法

（1）用卡钳和千分尺测量。测量时必须注意卡钳脚和工件的轴线垂直，测量位置必须在锥体的最大端或最小端直径处。

（2）用界限套规控制尺寸。当锥度已找正，而大端或小端尺寸还未能达到要求时，须再车削。可以用以下方法来解决其切削深度。

① 计算法。根据套规台阶中心到工件小端面的距离，可以用公式来计算切削深度，如图 2-6-3 所示。

$$a_p=a\tan\alpha/2 \text{ 或 } a_p=aC/2$$

式中：a_p——当界限量规刻线或台阶中心离开工件平面 a 时的切削深度，mm；

$\alpha/2$——圆锥半角，（°）；

C——锥度。

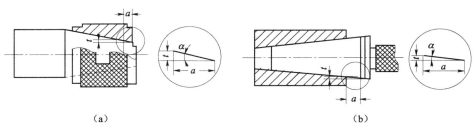

（a）   （b）

图 2-6-3　用界限套规控制尺寸

② 移动床鞍法。根据测量处长度使车刀轻轻接触工件小端表面，接着移动小滑板，使车刀离开工件平面一个 a 的距离，然后移动床鞍使车刀同工件平面接触，这时虽然没有移动中滑板，但车刀已切入一个需要的深度。

三、实训图样

实训图样如图 2-6-4 所示。

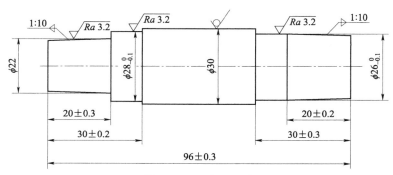

图 2-6-4　实训图样

四、实训步骤

（1）夹住毛坯 ϕ30 mm 外圆，夹持长度在 20 mm 以上并校正加紧。

（2）粗、精车零件图右端平面，粗车外圆至 ϕ26 mm，长（30±0.3）mm。

（3）小滑板转过半角（$\alpha/2$），粗、精车圆锥体 1:10 至尺寸要求，并保证（20±0.2）mm。

（4）用角度尺检查后卸件。

（5）调头夹住毛坯 ϕ30 mm 外圆，夹持长度在 20 mm 以上并校正加紧。

（6）粗、精车工件端面，同时保证总长（96±0.3）mm。

（7）粗、精车外圆 ϕ28 mm 至尺寸要求，长（30±0.2）mm。

（8）小滑板转过半角（$\alpha/2$），粗、精车圆锥体 1:10 至尺寸要求，并保证（30±0.3）mm。

（9）用角度尺检查后卸件。

五、容易产生的问题和注意事项

（1）车刀必须对准工件旋转的中心，表面产生双曲线（母线不直）误差。

（2）车圆锥体前对圆柱直径的要求：一般应按圆锥体大端直径放余量 1 mm 左右。

（3）车刀刀刃要始终保持锋利，工件表面应一刀车出。

（4）应两手握小滑板手柄，均匀移动小滑板。

（5）粗车时，进刀量不宜过大，应先找正锥度，以防工件车小而报废。一般留精车余量 0.5 mm。

（6）用量角器检查锥度时，测量边应通过工件中心。用套规检查时，工件表面粗糙度要小，涂色要均匀，转动量一般在半圈之内，多则易造成误判。

（7）在转动小滑板时，应稍大于圆锥半角（$\alpha/2$），然后逐步找正。当小滑板调整到相差不多时，只需把紧固螺母稍松一些，用左手拇指紧贴在小滑板转盘与中滑板底盘上，用铜棒轻轻敲小滑板所需找正的方向，凭手指的感觉微调量，可较快地找正角度。注意要消除中滑板间隙。

（8）小滑板不宜过松，以防工件表面车削痕迹粗细不一。

（9）当车刀在中途刃磨后装夹时，必须重新调整，使刀尖严格对准工件中心。

（10）防止扳手在扳小滑板紧固螺帽时打滑而撞伤手。

2.6.2　车锥齿轮坯

一、实习教学要求

（1）了解锥齿轮的用途和技术要求。

（2）掌握车锥齿轮坯的方法。

（3）掌握万能角度尺寸的测量方法。

二、实训内容

1. 锥齿轮的用途和技术要求

锥齿轮用于两相交轴的变速或变向传动。它是一种比较典型的圆锥工件，一般车锥齿轮坯时，要达到如下技术要求。

（1）锥齿轮内孔尺寸精度，一般要达到 IT7 级。

（2）锥齿轮内孔和基准平面应保证较高的垂直度。

（3）圆锥面对内孔轴线的圆跳动量要在较小的范围之内。

2. 车锥齿轮坯的方法

（1）先半精车锥齿轮的轴颈，并钻好孔。

（2）车圆锥齿轮外径，应是大端的直径。

（3）转动小滑板车削加工锥齿轮坯一般要转 3 个角度，如图 2-6-5 所示。由于圆锥的角度标准方法不同，小滑板不能直接按图样上所标注的角度去转动，必须经过换算。换算原则是通过图样上所标注的角度换算。换算出圆锥母线与车床主轴轴线的夹角 $\alpha/2$，也就是小滑板应该转过的角度。

（4）车齿面角。

① 小滑板应逆时针方向旋转 45°17′50″，车至圆锥面的长度，如图 2-6-5（a）所示。

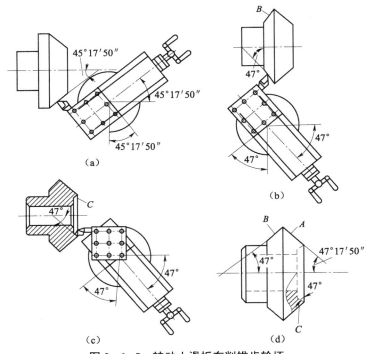

（a）

（b）

（c）

（d）

图 2-6-5　转动小滑板车削锥齿轮坯

（a）车齿面角；　（b）车削齿背角；　（c）车内斜面；　（d）锥齿轮坯成形

② 用万能角度尺或样板测量，如图 2-6-6 所示。此角在锥齿轮坯中是重要的一个半角，一定要测量正确，否则会影响锥齿轮的精度。

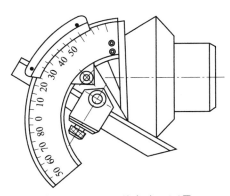

图 2-6-6　万能角度尺测量

（5）车削齿背角。

① 小滑板应顺时针方向转过 47° 车削，如图 2-6-5（b）所示。注意车到与齿轮锥面交

点的外径上约留 0.1 mm 宽度。如果图样上不注明齿背角度数，其数值为 90° 减节锥半角，即小滑板顺时针方向要转的角度，如图 2-6-7（a）所示。

② 用万能角度尺或样板测量，如图 2-6-7（b）所示。

$$180° - 45°17'50'' - 47° = 87°42'10''$$

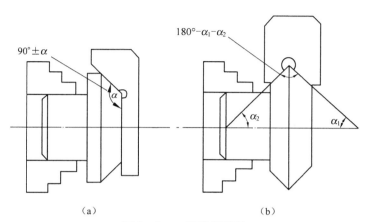

图 2-6-7　用样板测量

（6）车内斜面。小滑板顺时针方向转 47°，注意车刀位置，如图 2-6-5（c）所示。

（7）用辅助刻线。当齿轮的圆锥半角大于小滑板转盘上的刻度值时（一般小滑板转盘刻度自 0 位起左右刻 50°），如加工一圆锥半角为 70° 的工件，而刻度只有 50°，这时可以用划辅助刻线的方法，就是先把小滑板转过 50°，然后在小滑板转盘对准中滑板零位线划一条辅助刻线，根据这条辅助刻线，小滑板再转过 20°，这样小滑板就转过 70° 了，如图 2-6-8 所示。

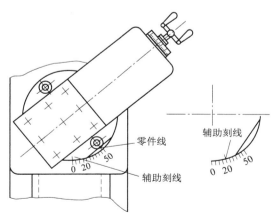

图 2-6-8　用辅助刻线

（8）车内孔应达到图样要求。

（9）单件生产时，把工件全部精车好切割下来（要求反平面平直、光洁）。数量较多或成批生产时，用心轴车反平面及精车轴颈，并去毛刺倒角。

三、实训图样

实训图样如图 2-6-9 所示。

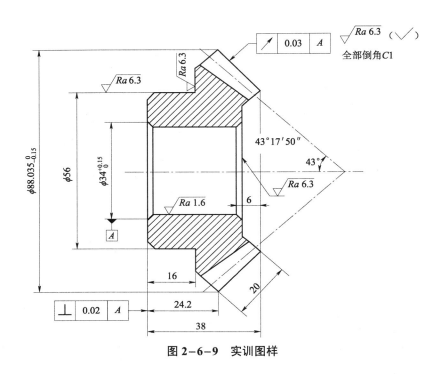

图 2-6-9　实训图样

四、实训步骤

（1）夹住打外圆处，找正夹紧。

（2）调头夹住 ϕ56 mm，长 16 mm，倒角 C1。

（3）调头夹住 ϕ56 mm 外圆，长 12 mm 左右，找正反平面夹紧。

（4）粗、精车总长至 38 mm 及外圆 ϕ88.035 mm（上偏差为 0，下偏差为 -0.15 mm）。

（5）逆时针方向旋转小滑板 45°17′50″，车削尺面角，并控制斜面长。

（6）小滑板复位后再顺时针方向旋转 47° 车齿背角及内斜面，深 6 mm。

（7）粗、精车内孔至尺寸 ϕ34 mm，上偏差为 +0.15 mm，下偏差为 0。

（8）检查。

五、容易产生的问题和注意事项

（1）车齿面角和齿背角时，注意小滑板转动角度的方向。

（2）车齿面角和齿背角时，注意车刀主、副偏角的选择和车刀刀架装夹位置的确定。

（3）车齿面时，注意小滑板行程位置是否合理、安全。

（4）车锥齿轮坯的过程中应用万能角度尺或角度样板检查和找正，否则容易造成工件报废。

2.6.3　车变径套

一、实习教学要求

（1）掌握车变径的方法。
（2）巩固、熟练提高车内外锥体的技能。
（3）能运用车内外锥体的技能技巧，解决本练习中出现的具体问题。
（4）根据量规伸出长度来控制进刀深度。

二、实训内容

1. 变径套的用途和技术要求

变径套常用在主轴孔或尾座套筒孔中，做顶尖、专用刀的套接工具，并能传递一定的扭矩。
变径套的一般技术要求：
（1）内、外锥度要符合要求。
（2）锥度符合标准要求；涂色检查接触面在 80% 以上。
（3）由于经常装拆，要求具有较小的表面粗糙度和一定的硬度，所以变径套一般要经过车削、热处理、磨削等工序才能完成。

2. 车变径套的方法一般有两种

（1）先粗车外圆，钻孔后按转动小滑板方法车内锥体并留 0.2～0.3 mm 的磨削余量，再以锥孔定位，装于心轴，利用偏移尾座法车外锥体，留 0.3～0.4 mm 磨削余量。

（2）先粗、精车外锥体，精加工内锥体，再以外锥体主轴内孔定位，按转动小滑板法车内锥体，同样放磨削余量。适用于单件或小批生产。

3. 用标准量规检查内、外锥体

车变径套需留磨削余量，检查锥孔时，莫氏塞规上的界限线应在工件平面外 9～13 mm；检查外锥体时，工件离开莫氏套规台阶中心 11～15 mm。

三、实训图样

实训图样如图 2-6-10 所示。

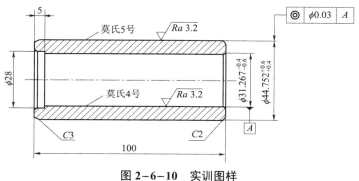

图 2-6-10　实训图样

四、实训步骤

（1）夹住毛坯外圆长 30 mm，车平面外圆 ϕ45 mm，长 60 mm。

（2）钻通孔 ϕ25 mm。

（3）车内孔 ϕ28 mm，长 5 mm。

（4）调头夹住外圆 ϕ45 mm，小滑板转动 1°29′15″，粗、精车平面总长及内锥体 4 号莫氏至尺寸。接触面在 50%左右，表面粗糙度达到图样要求，并倒内圆角。

（5）工件装夹在预制好的二顶尖心轴上，偏移尾座后或转动小滑板，粗、精车外圆锥 5 号莫氏至图样尺寸要求。

（6）倒角 C2 及 C3。

（7）检查。

五、容易产生的问题和注意事项

（1）应检查心轴的同轴度。

（2）心轴和工件锥孔要清洁，以保证内、外锥体的同轴度。

2.6.4 车变径套圆锥面的车削质量分析

由于车削内、外圆锥面对操作者的技能要求较高，在生产实践中，往往会因种种原因而产生很多缺陷。车圆锥时产生废品的原因及预防措施见表 2-6-3。

表 2-6-3 车圆锥时产生废品的原因及预防措施

废品种类		产 生 原 因	预 防 措 施
角度、锥度不正确	用转动小滑板法车削	（1）小滑板转动的角度计算错误或小滑板角度调整不当； （2）车刀没有装夹牢固； （3）小滑板移动时松紧不均匀	（1）仔细计算小滑板应转动的角度和方向，反复试车找正； （2）紧固车刀； （3）调整小滑板的镶条间隙，使小滑板移动均匀
	用偏移尾座法车削	（1）尾座偏移位置不正确； （2）工件长度不一致	（1）重新计算和调整尾座偏移量； （2）若工件数量较多，其长度必须一致，且两端中心孔深度一致
	用仿形法车削	（1）靠模角度调整不正确； （2）滑块与靠模板配合不良	（1）重新调整靠模板角度； （2）调整滑块和靠模板之间的间隙
	用宽刃刀法车削	（1）装刀不正确； （2）切削刃不直； （3）刃倾角不为 0	（1）调整切削刃的角度和对准工件轴线； （2）修磨切削刃，保证其直线度； （3）重磨刃倾角，使其为 0
	铰内圆锥	（1）铰刀的角度不正确； （2）铰刀轴线与主轴轴线不重合	（1）更换、修磨铰刀； （2）用百分表和试棒调整尾座套筒轴线，使其与主轴轴线重合
最大和最小圆锥直径不正确		（1）未经常测量最大和最小圆锥直径； （2）未控制车刀的背吃刀量	（1）经常测量最大和最小圆锥直径； （2）及时测量，用计算法或移动床鞍法控制背吃刀量
双曲线误差		车刀刀尖未严格对准工件轴线	车刀刀尖必须严格对准工件轴线

废品种类	产 生 原 因	预 防 措 施
表面粗糙度达不到要求	（1）与车轴类工件时表面粗糙度达不到要求的原因相同； （2）小滑板镶条间隙不当； （3）未留足精车或铰削余量； （4）手动进给忽快忽慢	（1）增加车床刚度和工件的安装刚度，避免振动，选择合理的车刀几何参数以及合理的切削用量等； （2）调整小滑板镶条间隙； （3）要留有适当的精车或铰削余量； （4）手动进给要均匀，快慢一定

车圆锥时，虽多次调整小滑板或靠模板的角度，但仍不能找正；用圆锥套规检验外圆锥时，发现两端的显示剂被擦去，中间不接触；用圆锥塞规检验内圆锥时，发现中间显示剂被擦去，两端没有擦去。出现以上情况是由于车刀刀尖没有严格对准工件轴线而造成的双曲线误差，如图 2-6-11 所示。

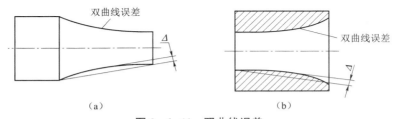

图 2-6-11　双曲线误差

（a）外圆锥；（b）内圆锥

因此，车圆锥表面时，一定要使车刀刀尖严格对准工件轴线。当车刀中途刃磨后再装刀时，必须重新调整垫片的厚度，使车刀刀尖严格对准工件轴线。

2.7　车内、外三角形螺纹

2.7.1　内、外三角形螺纹车刀的刃磨

一、实习教学要求

（1）了解三角形螺纹车刀的几何形状和角度要求；
（2）掌握三角形螺纹车刀的刃磨方法和刃磨要求；
（3）掌握用样板检查、修正刀尖的方法。

二、实训内容

要车好螺纹，必须正确刃磨螺纹车刀。螺纹车刀按加工性质属于成形刀具，其切削部分的形状应当和螺纹牙型的轴向抛面形状相符合，机车刀的刀尖角应该等于牙型角。

1. 三角螺纹车刀的几何角度
（1）刀尖角应等于牙型角。车普通螺纹时为 60°，车英制螺纹时为 55°。

（2）前角一般为0°～15°，因为螺纹车刀的纵向前角对牙型角有很大影响，所以精车或车精度要求高的螺纹时，径向前角应取得小些，为0°～5°。

（3）后角一般为5°～10°，因受螺纹升角的影响，进刀方向一面的后角应磨得稍大些。但大直径、小螺距的三角螺纹，这种影响可忽略不计。

2. 三角形螺纹车刀的刃磨

1）刃磨要求

（1）根据粗、精车的要求，刃磨出合理的前、后角。粗车刀前、后角小，精车刀则相反。

（2）车刀的左右刀刃必须是直线，无崩刃。

（3）刀头不歪斜，牙型半角相等。

（4）内螺纹车刀刀尖角平分线必须与刀杆垂直。

（5）内螺纹车刀后角应适当大些，一般磨有两个后角。

2）刀尖角的刃磨和检查

由于螺纹车刀刀尖要求高、刀头体积又小，因此刃磨起来比一般车刀困难。在刃磨高速钢螺纹车刀时，若感到发热烫手，必须及时用水冷却，否则容易引起刀尖退火；刃磨硬质合金螺纹车刀时，应注意刃磨顺序，一般是先将刀头后面适当粗磨，随后再刃磨两侧面，以免产生刃尖爆裂。在精磨时，应注意防止压力过大而振碎刀片，同时要防止刀具在刃磨时因骤冷骤热而损坏。

为了保证刃磨出准确的刀尖角，在车刀刃磨时可用螺纹角度样板测量刀尖角，如图2-7-1所示。测量时样板应与车刀底面平行，用透光法检查，这样量出的角度近似等于牙型角。

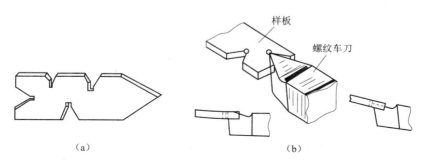

（a）　　　　　　　　（b）

图2-7-1　用螺纹角度样板测量刀尖角

三、实训图样

实训图样如图2-7-2所示。

四、实训步骤

（1）粗磨主、副后面。

（2）粗磨前面或前角。

（3）精磨主副后面，刀尖角用样板检查修正。

（4）车刀刀尖倒角宽度一般为0.1×螺距。

（5）用油石研磨。

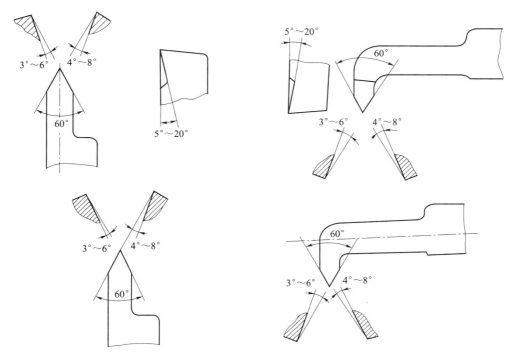

图 2-7-2　实训图样

五、容易产生的问题和注意事项

（1）磨刀时，人的站立位置要正确，特别是在刃磨整体式内螺纹车刀内侧刀刃时，不小心就会使刀尖角磨歪。

（2）刃磨高速钢车刀时，宜选用 80 号氧化铝砂轮，磨刀时压力应小于一般车刀，并及时用水冷却，以免过热而失去刀刃硬度。

（3）粗磨时也要用样板检查刀尖角，若磨有纵向前角的螺纹车刀，粗磨后的刀尖角略大于牙型角，待磨好前角后再修正刀尖角。

（4）刃磨螺纹车刀的刀刃时，要稍带移动，这样容易使刀刃平直。

（5）车刀刃磨时应注意安全。

2.7.2　车三角形外螺纹

一、实习教学要求

（1）了解三角形螺纹的用途和特点。

（2）能根据工件螺距，查车床进给箱的铭牌表及调整手柄位置和挂轮。

（3）能根据螺纹样板正确夹车刀。

（4）掌握车三角形螺纹的基本动作和方法。

（5）掌握直进法车三角形螺纹的方法，要求末端退刀长不超过 2/3 圈，切槽一端要及时退刀。

（6）初步掌握中途对刀方法。

（7）熟记第一系列 M6～M24 三角螺纹的螺距。

二、实训内容

在机器制造业中，三角形螺纹应用很广泛，常用于连接和紧固；在工具和仪器中还往往用于调节。

三角形螺纹的特点：螺距小，一般螺纹长度较短。其基本要求：螺纹轴向剖面牙型角必须正确，两侧面表面粗糙度小；中径尺寸符合精度要求；螺纹与工件轴向保持同轴。

1. 螺纹车刀的夹装

（1）装夹车刀时，刀尖位置一般应对准工件中心。

（2）车刀刀尖的对称中心线必须与工件轴线垂直，装刀时可以用样板来对刀，如图 2-7-3（a）所示。如果把车刀装歪，就会产生如图 2-7-3（b）所示的牙型歪斜。

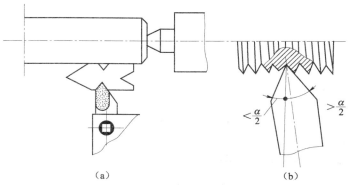

（a）　　　　　　　　　　　　　　　（b）

图 2-7-3　螺纹车刀的装夹

（a）用样板对刀；　（b）车刀装歪

（3）刀头伸出不要过长，一般为 20～25 mm（约为刀杆厚度的 1.5 倍）。

2. 车螺纹时车床的调整

（1）变换手柄位置。一般按工件螺距在进给箱铭牌上找到交换齿轮的齿数和手柄位置，并把手柄拨到所需的位置上。

（2）调整交换齿轮。某些车床按铭牌表根据所具备的齿轮，需重新调整交换齿轮。其方法如下：

① 切断机床电源，将车床变速手柄放在中间空挡位置。

② 识别有关齿轮，齿数，上、中、下轴。

③ 了解齿轮装拆的程序及单式和复式交换齿轮的组装方法。

在调整交换齿轮时，必须先把齿轮套筒和小轴擦干净，并使其相互间隙要稍大些，并涂上润滑油（有油杯的，应装满黄油，定期用手旋紧）。套筒的长度要小于小轴台阶的长度，否则螺母压紧套筒后，中间就不能转动，开车时会损坏齿轮或扇形板。

交换齿轮啮合间隙的调整式变动齿轮在交换齿轮架上的位置及交换齿轮架本身的位置，使各齿轮的啮合间隙保持在 0.10～0.15 mm；如果太紧，齿轮在转动时会产生很大的噪声并损坏齿轮。

（3）调整滑板间隙。调整中、小滑板镶条时，不能太紧，也不能太松。太紧了，摇动滑

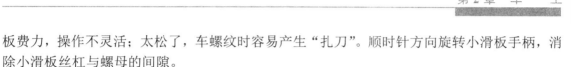

板费力,操作不灵活;太松了,车螺纹时容易产生"扎刀"。顺时针方向旋转小滑板手柄,消除小滑板丝杠与螺母的间隙。

3. 车螺纹时动作练习

(1)选择主轴转速为 200 r/min 左右,开动车床,将主轴倒、顺转数次,然后合上开合螺母,检查丝杠与开合螺母的工作情况是否正常,若有跳动和自动抬闸现象,必须消除。

(2)空刀练习车螺纹的动作,选螺距 2 mm,长度为 25 mm,转速 165～200 r/min。开车练习开合螺母的分合动作,先退刀、后提开合螺母(间隔瞬时),动作协调。

(3)试切螺纹,在外圆上根据螺纹长度,用刀尖对准,开车并径向进给,使车刀与工件轻微接触,车出一条刻线作为螺纹终止退刀标记,如图 2-7-4 所示,并记住中滑板刻度盘读数,退刀。将床鞍摇至离工件端面 8～10 牙处,径向进给 0.05 mm 左右,调整刻度盘"0"位(以便车螺纹时掌握切削深度),合下开合螺纹,在工件表面上车出一条油痕螺纹线,到螺纹终止线时迅速退刀,提起开合螺纹(注意螺纹收尾在 2/3 圈之内),用钢直尺或螺距规检查螺距(见图 2-7-5)。

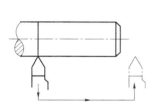

图 2-7-4　螺纹终止退刀标记

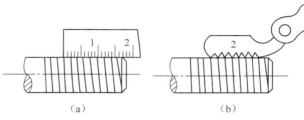

(a)　　　　　　　　　(b)

图 2-7-5　检查螺距

(a)钢直尺;　(b)螺距规

4. 车无退刀槽的钢件螺纹

无退刀槽的钢件螺纹如图 2-7-6 所示。

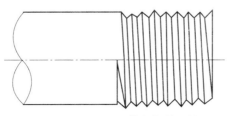

图 2-7-6　无退刀槽的钢件螺纹

(1)车钢件螺纹的螺纹车刀,一般选用高速钢螺纹车刀。为了排屑顺利,磨有纵向前角。具有纵向前角的刀尖角数值可参阅表 2-7-1。

表 2-7-1　刀尖角数值

牙型角 前面上的刀尖角 纵向前角	60°	55°	40°	30°	29°
0°	60°	55°	40°	30°	29°

牙型角 前面上的刀尖角 纵向前角	60°	55°	40°	30°	29°
5°	59°48′	54°48′	39°51′	29°53′	28°53′
10°	59°14′	54°16′	39°26′	29°33′	28°34′
15°	58°18′	53°23′	38°44′	29°1′	28°3′
20°	56°57′	52°8′	37°45′	28°16′	29°19′

（2）车削方法。采用左右切削法或斜进法车螺纹时，除了用中滑板刻度控制车刀的径向进给外，同时使用小滑板的刻度，使车刀左、右微量进给［见图2-7-7（a）］。采用左右切削法时，要合理分配切削余量，粗车时亦可采用斜进法［见图2-7-7（b）］，顺走刀一个方向偏移，一般每边留精车余量0.2～0.3 mm。精车时，为了使螺纹两侧面都比较光洁，当一面车光以后，再将车刀偏移另一侧面车削，两侧面均车光后，再将车刀移到中间，把牙底部车光或用直进法，以保证牙底清晰。精车时采用低的切削速度和浅的切刀深度。粗车时 $v_c=10.2\sim15$ m/min，$a_p=0.15\sim0.30$ mm。

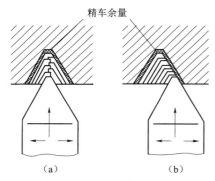

图 2-7-7　螺纹车削方法

（a）左右切削法；（b）斜进法

这种切法操作比较复杂，偏移的赶刀量要适当，否则会将螺纹车乱或牙顶车尖。它适用于低速切削螺距大于2 mm的塑性材料。由于车刀用单面切削，所以不容易产生卡刀现象。在车削过程中亦可用观察法控制左右微进给量。当排出的切屑很薄时，车出的表面粗糙度小。

（3）乱牙及其避免方法。在第一次进刀完毕以后，第二刀按下开合螺母时，车刀刀尖不在第一刀的螺旋槽里，而是偏左或偏右，结果把螺纹车乱而报废，这就叫乱牙。因此在加工前，应首先确定被加工螺纹的螺距是否乱牙，如果是乱牙的，采用倒顺车法，即每车一刀后，立即将车刀径向退出，不提起开合螺母，开倒车使车刀纵向退出第一刀开始切刀的位置，然后中滑板进给，再顺车走第二刀，这样反复来回，直到把螺纹车好为止。

（4）切削液。车削时必须加切削液。粗车用切削油或机油，精车用乳化液。

5. 车有退刀槽的螺纹

有很多螺纹，由于技术和工艺上的要求，须切退刀槽。退刀槽直径应小于螺纹小径，槽宽等于2～3个螺距。螺纹车刀移至退刀槽中即退刀，并起开合螺母或开倒车。

6. 低速车螺纹时切削用量的选择

低速车螺纹时，要合理选择粗、精车切削用量，并要在一定的走刀次数内完成车削。低速车螺纹时，实际操作中一般都采用弹性刀杆。这种刀杆的特点是，当切削力超过一定值时，车刀能自动让刀，使切屑保持适当的厚度，避免扎孔现象。

7. 螺纹的测量和检查

（1）大径的测量。螺纹大径的公差较大，一般可用游标卡尺或千分尺测量。

（2）螺距的测量。螺距一般可用钢直尺测量。因为普通螺纹的螺距一般较小，在测量时，最好量 10 个螺距的长度，然后把长度除以 10，就得出一个螺距的尺寸。如果螺距较大，那么可以量 2～4 个螺距的长度。细牙螺纹的螺距较小，用钢直尺测量比较困难，这时可用螺距规来测量，如图 2-7-5（b）所示。测量时把钢片平行于轴线方向嵌入牙型中，如果完全符合，则说明被测的螺距是正确的。

（3）中径的测量。精度较高的三角形螺纹，可用螺纹千分尺测量，所测得的千分尺读数就是螺纹的中径实际尺寸。

（4）综合测量。用螺纹环规（见图 2-7-8）综合检查三角螺纹。首先对螺纹的直径、螺距、牙型和粗糙度进行检查，然后再用螺纹环规测量外螺纹的尺寸精度。如果此规正好拧不进，说明螺纹精度符合要求。对精度要求不高的螺纹也可用标准螺母检查，以拧上工件时是否顺利及松动的感觉来确定。检查有退刀槽的螺纹时，环规应通过退刀槽与台阶平面靠平。

图 2-7-8　螺纹环规

三、实训图样

实训图样如图 2-7-9 所示。

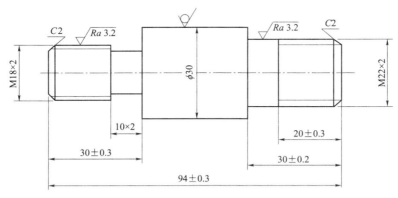

图 2-7-9　车螺纹

四、实训步骤

1. 练习图 2-7-9 左端的加工步骤

（1）夹持毛坯外圆 ϕ30 mm，工件伸出 40 mm 左右，找正夹紧。

（2）粗、精车外圆 ϕ18 mm，上偏差 -0.15 mm，下偏差 -0.25 mm，长（30±0.3）mm，

至尺寸要求。

（3）倒角 *C*2。

（4）切槽 10 mm×2 mm。

（5）粗、精车三角螺纹 M18 mm×2，长 20 mm，至尺寸要求。

（6）检查。

2. 练习图 2-7-9 右端的加工步骤

（1）夹持毛坯外圆 ϕ30 mm，工件伸出 40 mm 左右，找正夹紧。

（2）粗、精车外圆 ϕ22 mm，上偏差 −0.15 mm，下偏差 −0.25 mm，长（30±0.2）mm，至尺寸要求。

（3）倒角 *C*2。

（4）粗、精车三角螺纹 M22 mm×2，长（20±0.3）mm，至尺寸要求。

（5）检查。

五、容易产生的问题和注意事项

（1）车螺纹前要检查组装交换齿轮的间隙是否适当，把主轴变速手柄放在空挡位置，用手旋转主轴，是否有过重或空转量过大的情况。

（2）由于初学车螺纹，操作不熟练，一般宜采用较低的切削速度，并特别注意在练习操作过程中思想要集中。

（3）车螺纹时，开合螺母必须闸到位，如感到未闸好，应立即起闸，重新进行。

（4）车铸铁螺纹时，径向进刀不宜太大，否则会使螺纹牙尖爆裂，造成废品。在最后几刀车削时，可用趟刀方法把螺纹车光。

（5）车无退刀槽的螺纹时，特别注意螺纹的收尾在 1/2 圈左右，要达到这个要求，必须先退刀，后起开合螺母。且每次退刀要均匀一致，否则会撞掉刀尖。

（6）车螺纹应始终保持刀刃锋利，如中途换刀或磨刀后，必须对刀以防破牙，并重新调整中滑板刻度。

（7）粗车螺纹时，要留适当的精车余量。

（8）车削时应防止螺纹小径不清，侧面不光，牙型线不直等不良现象的出现。

（9）车削塑性材料时产生扎刀的原因。

① 车刀装夹低于工件轴线或车刀伸长太长。

② 车刀前角或前角太大，产生径向切削力把车刀拉向切削表面，造成扎刀。

③ 采用直进法时进给量较大，使刀具接触面积大，排屑困难而造成扎刀。

④ 精车时由于采用润滑较差的乳化液，刀尖磨损严重，产生扎刀。

⑤ 主轴轴承及滑板和床鞍的间隙太大。

⑥ 开合螺母间隙太大或丝杠轴向窜动。

（10）使用环规检查时，不能用力过大或扳手强拧，以免环规严重磨损或使工件发生移位。

（11）车螺纹时应注意的安全技术问题。

① 调整交换齿轮时，必须切断电源，停车后进行。交换齿轮装好后要装上防护罩。

② 车螺纹时按螺距纵向进给，因此进给速度快，退刀和起开合螺母必须及时、动作协调，否则会使车刀与工件台阶或卡盘撞击而产生事故。

③ 倒顺车换向不能过快，否则机床将受到瞬时冲击，容易损坏机件，在卡盘与主轴连接处必须装保险装置，以防卡盘在反转时从主轴上脱落。

④ 车螺纹进刀时，必须注意中滑板手柄不要多摇一圈，否则会造成刀尖崩刃或工件损坏。

⑤ 开车时，不能用棉纱擦工件，否则会使棉纱卷入工件，甚至把手指也一起卷入。

2.7.3　在车床上套螺纹

一、实习教学要求

（1）掌握套螺纹的方法；

（2）合理选择套螺纹时的切削速度及切削液的使用；

（3）能分析套螺纹时生产废品的原因及防止方法。

二、实训内容

一般直径不大于 M16 或螺距小于 2 mm 的螺纹可用板牙直接套出来；直径 M16 的螺纹可粗车螺纹后再套螺纹。其切削效果以 M18～M12 为最好。由于板牙是一种成形、多刃的刀具，所以操作简单，生产效率高。

1. 圆板牙（见图 2-7-10）

板牙大多用高速钢制成。其两端的锥角是切削部分，因此正反都可使用。中间具有完整齿身的一段是校准部分，也是套螺纹的导向部分。

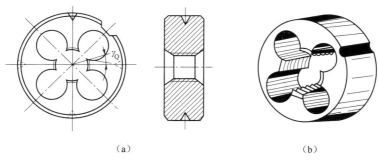

（a）　　　　　　　　　　　　　　（b）

图 2-7-10　圆板牙

2. 用板牙套螺纹的方法

1）套螺纹前的工艺要求

（1）先把工件外圆车至比螺纹大径的基本尺寸小些；按工件螺距和材料塑性大小决定，可在有关手册中查取。

（2）外圆车好后，工件的平面必须倒角。倒角要小于或等于 45°，倒角后的平面直径要小于螺纹小径，使板牙容易切入工件。

（3）套螺纹前必须找正。尾座轴线与车床主轴线重合，水平方向的偏移量不大于 0.05 mm。

（4）板牙装入套螺纹工具或尾座三爪自定心卡盘时，必须使其平面与主轴轴线垂直。

2）套螺纹的方法

（1）用套螺纹工具进行套螺纹，把套螺纹工具体的锥柄部分装在尾座套锥孔内，圆板牙

装入滑动套筒内，使螺钉对正板牙上的锥坑后拧紧。将尾座移动一定距离处（约 20 mm）固紧，转动尾座手轮，使圆板牙靠近工件平面，然后开动车床和冷却泵或加切削液。转动尾座手轮使圆板牙切入工件，这时停止手轮转动，由滑动套筒在工具内自动轴向进给。当板牙进到所需要的距离时，立即停车，然后开倒车，使工件反转，退出板牙。销钉用来防止滑动套筒在切削时转动。

（2）在尾座上用 100 mm 以下的三爪自定心卡盘装夹板牙，套螺纹方法与上相同。但不能固定尾座，要调好尾座与床鞍的距离，使其大于工件螺纹长度。小于 M6 的螺纹不宜用此法，因为尾座的质量会使螺纹烂牙。

3. 套螺纹时切削速度的选择

钢件：3～4 m/min；铸铁：2.5 m/min；黄铜：6～9 m/min。

4. 切削液的使用

切削钢件一般用硫化切削油或机油和乳化液。切削低碳钢、40Cr 钢等韧性较大的材料可用工业植物油。切削铸铁可加煤油或不加。

三、实训图样

实训图样如图 2-7-11 所示。

四、加工步骤

（1）夹住滚花处外圆 25 mm 长。

（2）粗、精车外圆 $\phi 10$ mm，上偏差 0，下偏差 -0.018 mm，长 26 mm；或 $\phi 8$ mm，上偏差 0，下偏差 -0.15 mm，长 36 mm，倒角 $C1$。

（3）用 M10 或 M8 板牙套螺纹。

（4）检查。

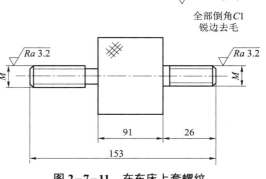

图 2-7-11　在车床上套螺纹

五、容易产生的问题和注意事项

（1）检查板牙的牙型是否损坏。

（2）装夹板牙不能歪斜。

（3）塑性材料套螺纹时应加充分切削液。

（4）套螺纹的工件直径应偏小些，否则容易产生烂牙。

（5）用小三爪自定心卡盘装夹圆板牙时，夹紧力不能过大，以防板牙碎裂。

（6）套 M12 以上的螺纹时应把工件夹紧，套螺纹工具在尾座里装紧，以防套螺纹的切削力大引起工件移动，或套螺纹工具在尾座内打转。

2.7.4　车三角形内螺纹

一、实习教学要求

（1）掌握内螺纹车刀的选择和装夹；

（2）掌握三角形内螺纹孔径的计算方法；

（3）熟悉车通孔内螺纹、车盲孔或台阶孔内螺纹的方法；

（4）掌握三角形内螺纹车刀的刃磨方法；

（5）合理选用切削用量和切削液。

二、实训内容

三角形内螺纹工件形状常见的有三种，即通孔、不通孔和台阶孔。其中通孔内螺纹容易加工。在加工内螺纹时，由于车削的方法和工件形状的不同，因此所选用的螺纹刀也不同。最常见的内螺纹车刀如图 2-7-12 所示。

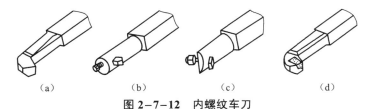

（a）　　　　　（b）　　　　　（c）　　　　　（d）

图 2-7-12　内螺纹车刀

1. 内螺纹车刀的选择和装夹

（1）内螺纹车刀的选择。内螺纹车刀是根据它的车削方法和工件材料及形状来选择的。它的尺寸大小受到螺纹孔径尺寸限制。一般内螺纹车刀的刀头径向长度应比孔径小 3～5 mm。否则退刀时要碰伤牙顶，甚至不能车削。刀杆的大小在保证排屑的前提下，要粗壮些。

（2）车刀的刃磨和装夹。内螺纹车刀的刃磨方法与外螺纹车刀基本相同。但是刃磨刀尖角时，要特别注意它的平分线必须与刀杆垂直，否则车内螺纹时会出现刀杆碰伤工件内孔的现象，如图 2-7-13 所示。刀尖宽度应符合要求，一般为 0.1×螺距。

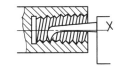

图 2-7-13　车刀尖角与刀杆位置关系

在装车刀时，必须严格按样板找正刀尖角，否则车削后会出现倒牙现象。刀装好后，应在孔内摇动床鞍至终点检查是否碰撞。

2. 三角形内螺纹孔径的确定

在车内螺纹时，首先要钻孔扩大或扩孔，孔径尺寸一般可采用下面公式计算：

$$D_孔 = d - 1.05p$$

其尺寸公差可查普通螺纹有关公差表。

例：车 M45×2 的内螺纹，求孔径尺寸及查内螺纹小径公差表。

解：$D_孔 = d - 1.05p \approx 42.9$ mm，上偏差 +0.375，下偏差 0。

3. 通孔内螺纹的方法

（1）车内螺纹前，先把工件的内孔、平面及倒角等车好。

（2）开车在孔道内练习进刀、退刀动作。车内螺纹时的进刀和退刀方向与车外螺纹相反，如图 2-7-14

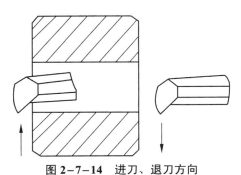

图 2-7-14　进刀、退刀方向

所示。练习时，需在中滑板刻度圈上做好退刀和进刀记号。

（3）进刀切削方式与外螺纹相同。螺距小于 1.5 mm 或铸铁螺纹采用直进法；螺距大于 2 mm 采用左右切削法。为了改善刀杆受切削力的变形，它的大部分切削余量应先在尾座方向切削掉，后车另一面，最后车螺纹大径。车内螺纹时，目测困难，一般根据观察排屑情况进行左、右刀切削，并判断螺纹的表面粗糙度。

4. 车盲孔或台阶孔内螺纹

（1）车退刀槽，它的直径应大于内螺纹大径，槽宽为 2～3 个螺距，并与台阶平面切平。

（2）选择如图 2-7-12（c）所示形状的车刀。

（3）根据螺纹长度加上 1/2 槽宽在刀杆上做好记号，为退刀、开合螺母抬闸做标记。

（4）车削时，中滑扳手柄的退刀和开合螺母起闸的动作要迅速、准确、协调，保证刀尖到槽中退刀。

5. 切削用量和切削液选择与车三角形外螺纹相同

三、实训图样

实训图样如图 2-7-15 和图 2-7-16 所示。

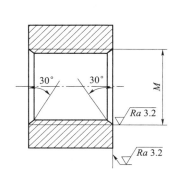

图 2-7-15　车铸铁三角形内螺纹

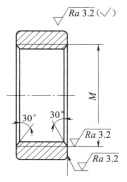

图 2-7-16　车内螺纹

四、实训步骤

1. 练习图 2-7-15 所示螺纹的加工步骤

（1）夹住外圆，找正平面。

（2）粗、精车内孔 ϕ42.83 mm，上偏差 +0.375 mm，下偏差 0。

（3）两端孔口倒角 30°，宽 1 mm。

（4）粗、精车 M45×2 内螺纹，达到图样要求。

（5）以后每次练习，计算孔径方法同上。

2. 练习如图 2-7-16 所示螺纹的加工步骤

（1）夹住外圆，找正平面。

（2）粗、精车内孔 ϕ17.3 mm，上偏差 +0.45 mm，下偏差 0，或 ϕ24.83 mm，上偏差 + 0.375 mm，下偏差 0。

（3）两端口倒角 30°，宽 1 mm。

（4）粗、精车内螺纹 M20、M24 或 M27，长 20 mm，达到图样要求。

（5）检查。

五、容易生产的问题和注意事项

（1）内螺纹车刀的两刀刃要刃磨平直，否则会使车出的螺纹牙型侧面相应不直，影响螺纹精度。

（2）车刀的刀头不能太窄，否则螺纹已车到规定深度，可中径尚未达到要求尺寸。

（3）由于车刀刃磨不正确或由于装刀歪斜，会使车出的内螺纹一面正好用塞规拧进，另一面则拧不进或配合过松。

（4）车刀刀尖要对准工件中心。如车刀装得高，车削时引起振动，使工件表面产生鱼鳞斑现象。如车刀装得低，刀头下部会与工件发生摩擦，车刀切不进去。

（5）内螺纹车刀刀杆不能选得太细，否则由于切削力的作用，引起振颤和变形，出现"扎刀""啃刀""让刀"和发生不正常声音及振纹等现象。

（6）小滑板宜调整得紧一些，以防车削时车刀移位产生乱扣。

（7）加工盲孔内螺纹，可以在刀杆上做记号或用薄铁皮做标记，也可用床鞍刻度盘的线等来控制退刀，避免车刀碰撞工件而报废。

（8）赶刀量不宜过多，以防精车时没有余量。

（9）车内螺纹时，如发现车刀有碰撞现象，应及时对刀，以防车刀移位而损坏牙型。

（10）精车螺纹刀要保持锋利，否则容易产生"让刀"。

（11）因"让刀"现象产生的螺纹锥形误差，不能盲目地加大切削深度，这时必须采用赶刀的方法，使车刀在原来的切削位置，反复车削，直至全部拧进。

（12）用螺纹塞规检查，过端应全部拧进，感觉松紧适当；止端拧不进，检查不通孔螺纹，过端拧进的长度应达到图样要求的长度。

（13）车内螺纹过程中，当工件在旋转时，不可用手摸，更不可用棉布去擦，以免造成事故。

2.8　车梯形螺纹

2.8.1　内、外梯形螺纹车刀的刃磨

一、实习教学要求

（1）了解梯形螺纹车刀的几何形状和角度要求。

（2）掌握梯形螺纹车刀的刃磨要求和刃磨方法。

（3）掌握用角度样板检查车刀角度、修整刀尖的方法。

二、实训内容

1. 梯形螺纹车刀的几何角度和刃磨要求

梯形螺纹车刀有米制和英制两类，米制牙型角为 30°，英制为 29°，一般常用的是米制梯形螺纹。梯形螺纹车刀分粗车刀和精车刀两种。

1）梯形螺纹刀的角度（见图 2-8-1）

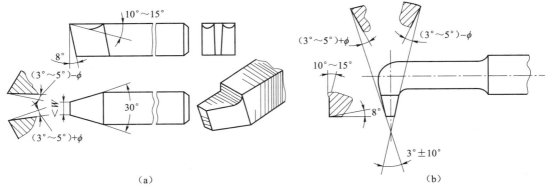

（a）   （b）

图 2-8-1　梯形螺纹车刀

（1）两刃夹角。粗车刀应小于螺纹牙型角，精车刀应等于螺纹牙型角。

（2）刀头宽度。粗车刀的刀头宽度应为 1/3 螺距宽，精车刀的刀头宽度应等于牙底槽宽减 0.05 mm。

（3）纵向前角。粗车刀一般为 15° 左右，精车刀为了保证牙型角正确，前角应等于 0°，但实际生产时取 5°～10°。

（4）纵向后角。一般为 6°～8°。

（5）两侧刀刃后角。与矩形螺纹车刀相同。

2）梯形螺纹车刀的刃磨要求

（1）用角度样板（如图 2-8-2 所示）校对刃磨两刀刃夹角。

（2）用油石研磨掉各刀刃的毛刺。

图 2-8-2　角度样板

（3）有纵向前角的两刃夹角应进行修整。

（4）车刀刃口要光滑、平直、无爆口，两侧副刀刃必须对称，刀刃不歪斜。

2. 梯形螺纹车刀的刃磨步骤

（1）粗磨主、副后面。

（2）粗、精磨前面或前角。

（3）精磨主、副后面，刀尖角用样板检查修正。

三、容易产生的问题和注意事项

（1）因矩形螺纹车刀的宽度直接决定着螺纹槽宽尺寸，所以精磨矩形螺纹车刀时，要特别注意防止刀头宽度磨窄。刃磨过程中，应不断测量，并保留 0.05～0.10 mm 的研磨余量。

（2）刃磨两侧副后角时，要考虑螺纹的左、右旋向和螺纹升角的大小，然后确定两侧副后角的增减。

（3）内螺纹车刀的刀尖角的角平分线应和刀杆垂直。

（4）刃磨高速钢车刀，应随时放入水中冷却，以防退火失去车刀硬度。

2.8.2　车梯形螺纹

一、实习教学要求

（1）了解梯形螺纹的用途和技术要求。

（2）掌握梯形螺纹的车削方法。

（3）掌握梯形螺纹的测量、检查方法。

二、实训内容

1. 梯形螺纹的用途和分类

梯形螺纹是应用广泛的传动螺纹，如车床丝杠、中小滑板传动丝杠等。一般情况下，梯形螺纹传动工作长度较长，精度要求较高。

梯形螺纹分米制梯形螺纹和英制梯形螺纹两种，这里仅介绍米制梯形螺纹（简称梯形螺纹）的加工。

2. 梯形螺纹代号及计算

梯形螺纹特征代号为 Tr，在图样中的标注方式与三角螺纹类似。

梯形螺纹相关计算公式见表 2-8-1。

表 2-8-1　梯形螺纹各部分名称、代号及计算公式

名称	代号	计　算　公　式		
牙顶间隙	a_c	P	1.5~5	6~12	14~44
		a_c	0.25	0.5	1
大径	d, D_4	$D=$公称直径，$D_4=d+a$		
中径	d_2, D_2	$d_2=d-0.5P$，$D_2=d_2$		
小径	d_3, D_1	$d_3=d-2h_3$，$D_1=d-P$		
牙高	h_3, H_4	$h_3=0.5P+a_c$，$H_4=h_3$		
牙顶宽	f, f'	$f=f'=0.366P$		
牙槽底宽	W, W'	$W=W'=0.366P-0.536a_c$		

3. 梯形螺纹的一般技术要求

（1）螺纹中径必须与基准轴径同轴，其大径尺寸应小于基本尺寸。

（2）车梯形螺纹必须保证中径尺寸公差。

（3）螺纹的牙型角要正确。

（4）螺纹两侧面表面粗糙度要求较高。

4. 梯形螺纹车刀与工件的装夹与三角螺纹类似，参见三角螺纹车削

5. 车床的选择和调整

（1）挑选精度较高、磨损较少的机床。

（2）正确调整机床各处间隙，对床鞍，中、小滑板的配合部分进行检查和调整，注意控制机床主轴的轴向窜动、径向圆跳动以及丝杠轴向窜动。

（3）选用磨损较少的交换齿轮。

6. 梯形螺纹的车削方法

梯形螺纹的车削方法分低速车削和高速车削两种（见表2−8−2）。

表2−8−2　梯形螺纹的车削方法

车削方法	进刀方法	图　示	车削方法说明	使用场合
低速车削	左右车削法		在每次横向进给时，都必须把车刀向左或向右做微量移动，很不方便。但是可防止因三个切削刃同时参加切削而产生的振动和扎刀现象	车削 $P<8$ mm 的梯形螺纹
	车直槽法		可先用主切削刃宽度等于牙槽底宽 W 的矩形螺纹车刀车出螺旋直槽，使槽底直径等于梯形螺纹的小径，然后用梯形螺纹精车刀精车牙型两侧	粗车 $P<8$ mm 的梯形螺纹
	车阶梯槽法		可用主切削刃宽小于 $P/2$ 的矩形螺纹车刀，用车直槽法车至接近螺纹中径处，再用主切削刃宽度等于牙槽底宽 W 的矩形螺纹车刀把槽车至接近螺纹牙高 h_3，这样就车出了一个阶梯槽。然后用梯形螺纹精车刀精车牙型两侧	精车 $P>8$ mm 的梯形螺纹
高速车削	直进法		可用双圆弧硬质合金车刀粗车，再用硬质合金车刀精车	车削 $P\leqslant6$ mm 的梯形螺纹

续表

车削方法	进刀方法	图　　示	车削方法说明	使用场合
高速车削	车直槽法和车阶梯槽法	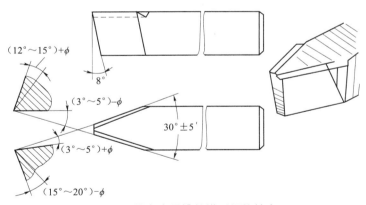	为了防止振动，可用硬质合金车槽刀，采用车直槽法和车阶梯槽法进行粗车，然后用硬质合金梯形车刀精车	车削 $P>8$ mm 的梯形螺纹

（1）螺距小于 4 mm 和精度要求不高的工件，可用一把梯形螺纹车刀，并用少量的左右进给法车削成形。

（2）粗车螺距大于 4 mm 的梯形螺纹，一般采用左右车削法或车直槽法。

左右车削法或车直槽法：先用车槽刀采用直进法车出螺旋直槽，再采用梯形螺纹车刀车削螺纹两侧面。

（3）粗车螺距大于 8 mm 的梯形螺纹，可采用车阶梯槽法。

车阶梯槽法：先用刀头宽度小于 $P/2$ 的车槽刀，用车直槽的方法车至近中径处，再用刀头宽度小于牙槽底宽的车刀车至近螺纹小径处，然后用梯形螺纹刀粗车两侧面。

以上方法粗车结束后，应采用带有卷屑槽的梯形螺纹精车刀（见图 2-8-3）精车成形。

图 2-8-3　带有卷屑槽的梯形螺纹精车刀

7. 梯形螺纹的测量方法

梯形螺纹的测量方法与三角螺纹的测量方法类似，可参见三角螺纹测量和轴类零件检测。

1）综合测量法

利用梯形螺纹量规（梯形螺纹塞规、梯形螺纹套规）对螺纹的各基本要素进行综合性检验。

2）单项测量

利用钢直尺、游标卡尺、螺纹样板等对螺纹各尺寸进行单独测量。测量项目有：

（1）螺距的测量；

（2）大、小径的测量；

（3）中径的测量。

中径的测量可用如下三种形式：螺纹千分尺测量，三针法测量（见图 2-8-4，计算公式为 $M=d_2+4.864d_0-1.866P$），单针法测量。

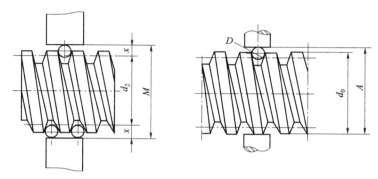

图 2-8-4　三针法测量梯形螺纹中径

三、实训图样

实训图样如图 2-8-5 和图 2-8-6 所示。

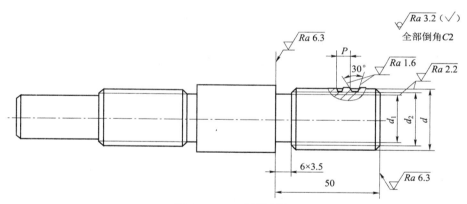

图 2-8-5　实训图样

四、加工步骤

1. 图 2-8-5 所示零件的加工步骤

（1）切断。

（2）工件伸出 60 mm 左右，找正夹紧。

（3）粗、精车外圆 ϕ32 mm，上偏差 0，下偏差 -0.375 mm，长 50 mm。

（4）车槽 6×3.5。

（5）两端倒角 ϕ75×15°，粗车 Tr×6 梯形螺纹。

（6）精车梯形螺纹至尺寸要求。

（7）第二次练习方法同上。

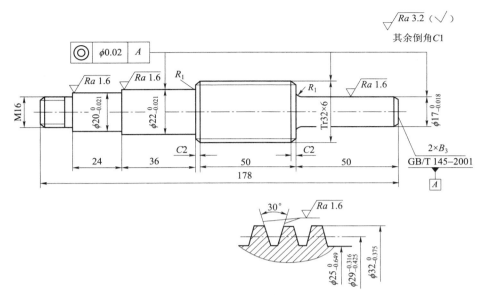

图 2-8-6 实训图样

2. 图 2-8-6 所示零件的加工步骤

（1）车准总长，钻两端中心孔。

（2）两顶尖装夹，粗车外圆 ϕ23 mm，长 76 mm。

（3）调头粗车外圆 ϕ18 mm，长 50 mm，及外圆 ϕ32 mm，上偏差 +0.50 mm，下偏差 0。

（4）ϕ32 mm，外圆两端倒角 C2。

（5）粗车 Tr32×6 梯形螺纹。

（6）精车梯形螺纹外圆至 ϕ32 mm，上偏差 0，下偏差 -0.375 mm。

（7）精车梯形螺纹至尺寸要求。

（8）精车外圆 ϕ17 mm，上偏差 0，下偏差 -0.018 mm，长 50 mm。

（9）调头粗、精车外圆 ϕ22 mm，上偏差 0，下偏差 -0.021 mm，长 36 mm，和 ϕ20 mm，上偏差 0，下偏差 -0.02 mm，长 24 mm，以及 M16 螺纹至图样要求。

（10）检查。

五、容易产生的问题和注意事项

（1）梯形螺纹车两侧副刀刃应平直，否则工件牙型角不正；精车时刀刃应保持锋利，要求螺纹两侧面表面粗糙度小。

（2）调整小滑板的松紧，以防车削时车刀移位。

（3）鸡心夹头或对分夹头应夹紧工件，否则车梯形螺纹时工件容易产生移位而损坏。

（4）车梯形螺纹中途复装工件时，应注意保持拔杆原位，以防乱牙。

（5）工件在精车前，最好重新修正定尖尖，以保证同轴度。

（6）在外圆上去毛刺时，最好把砂布垫在锉刀下面进行。

（7）不准在开车时用棉纱擦工件，以防出危险。

（8）车削时，为了防止因溜板箱手轮回转时的不平衡，使床鞍移动时产生窜动，可在手轮上装平衡块，最好采用手轮脱离装置。

（9）车梯形螺纹时以防"扎刀"，建议采用弹性刀杆。

2.9　车偏心工件

2.9.1　在三爪自定心卡盘上车偏心工件

一、实习教学要求

（1）掌握偏心相关工艺知识。
（2）掌握在三爪自定心卡盘上垫垫片车偏心工件的计算。
（3）掌握偏心距的检查方法。

二、实训内容

1. 偏心工件的概念

在机械传动中，把回转运动变为往复直线运动或把直线运动变为回转运动，一般都是用偏心轴或曲轴来完成的。例如车床主轴变速箱中用偏心轴带动的润滑油泵，汽车发动机中的曲轴等。

偏心工件是指外圆和外圆的轴线或内孔与外圆的轴线平行但不重合（彼此偏离一定距离）的工件，偏心工件两平行轴线之间的垂直距离即为偏心距 e。

偏心工件有：偏心轴［见图2-9-1（a）］，外圆与外圆偏心的工件；偏心套［见图2-9-1（b）］，内孔与外圆偏心的工件。偏心轴和偏心套一般都在车床上加工。其加工原理基本相同，都要采取适当的安装方法，将需要加工偏心圆部分的轴线校正到与车床主轴轴线重合的位置后，再进行车削。加工偏心零件时的精度除尺寸要求外，还应注意控制轴线间的平行度和偏心距 e 的精度。

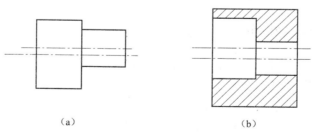

（a）　　　　　　　　　　　　　　（b）

图2-9-1　偏心轴与偏心套

（a）偏心轴；（b）偏心套

2. 三爪自定心卡盘车削偏心工件的原理

对于长度较短、形状比较简单且加工数量较多的偏心工件，可以在三爪自定心卡盘上进行车削。其方法是在三爪中的任意一个卡爪与工件接触面之间，垫上一块预先选好的垫片（见图 2-9-2）或预先加持偏心套（见图 2-9-3），使工件轴线相对车床主轴轴线产生位移，并使位移距离等于工件的偏心距。

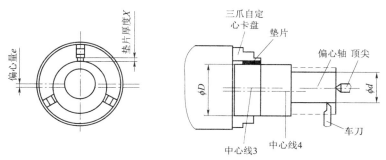

图 2-9-2　三爪卡盘垫夹车削偏心轴

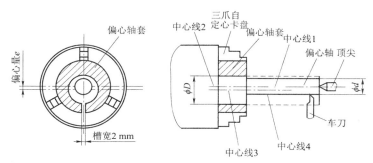

图 2-9-3　三爪卡盘装夹偏心套车削偏心轴

3. 垫片厚度的计算

垫片厚度 X 可按下列公式计算：

$$X=1.5e\pm K \qquad K\approx 1.5\Delta e$$

式中：X——垫片厚度，mm；

　　　e——偏心距，mm；

　　　K——偏心距修正值，正负值可按实测结果确定，mm（实测偏心距比工件要求的大，则垫片厚度的正确值应减去修正值；如果实测偏心距比工件要求的小，则垫片厚度的正确值应加上修正值）；

　　　Δe——试切后的实测偏心距误差，mm。

例如：在三爪自定心卡盘加垫片的方法车削偏心距 $e=4$ mm 的偏心工件，试切后测得偏心距为 3.06 mm，计算垫片厚度 X。

解：先暂时不考虑修正值，初步计算垫片的厚度：

$$X=1.5e=1.5\times 3=4.5（\text{mm}）$$

垫入 4.5 mm 厚的垫片进行试切削，然后检查其实际偏心距是 3.06 mm，那么其偏心距误差为：

$$\Delta e=3.06-3=0.06（\text{mm}）$$
$$K\approx 1.5\Delta e=1.5\times 0.06=0.09（\text{mm}）$$

由于实测偏心距比工件要求的大，则垫片厚度的正确值应减去修正值，即：

$$X=1.5e-K=1.5×3-0.09=4.41（mm）$$

4. 偏心工件的车削

偏心工件的车削方法一般分如下几步：

（1）先把偏心工件中不是偏心的部分外圆车好。

（2）根据外圆 D 和偏心距计算预垫片厚度。

（3）将试车后的工件缓慢转动，用百分表在工件上测量其径向跳动量，跳动量的一半就是偏心距，也可试车偏心，注意在试车偏心时，只要车削到能在工件上测出偏心距误差即可。

（4）测出偏心距误差。

（5）修正垫片厚度，直至合格。

5. 偏心工件测量

1）直接测量

两端有中心孔的偏心轴，如果偏心距较小（$e<5$ mm），可在两顶尖间直接测量偏心距。测量时，把工件装夹在两顶尖之间，百分表的侧头与偏心轴接触，用手转动偏心轴，百分表上指示出最大值和最小值之差的一半即为偏心距。

偏心套的偏心距也可用类似的方法来测量，但必须将偏心套套在心轴上，再在两顶尖之间测量。

2）间接测量

偏心距较大的工件（$e\geqslant5$ mm）受到百分表测量范围的限制或无中心孔时，可利用 V 形架间接测量偏心距的方法（见图 2-9-4）。此时必须把基准直径和偏心轴直径用千分尺测量出正确的实际值，否则计算时会产生测量误差。计算公式为：$e=(D-d)/2-a$。

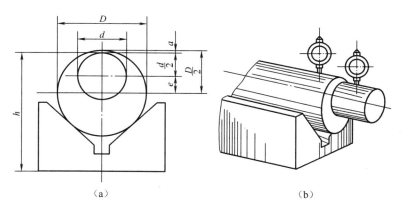

（a）　　　　　　　　　　　　（b）

图 2-9-4　V 形架间接测量偏心距

三、实训图样

实训图样如图 2-9-5 所示。

四、加工步骤

1. 偏心轴图样分析

（1）该工件为一偏心轴，其基准外圆为 $\phi45^{0}_{-0.125}$ mm，偏心外圆为 $\phi33^{0}_{-0.021}$ mm；

（2）工件总长 70 mm，偏心距（3±0.2）mm，偏心外圆长 $30^{+0.21}_{0}$ mm；

（3）表面粗糙度值为 $Ra3.2\mu m$，倒角为 $C1$。

2. 车削步骤

（1）装夹毛坯外圆，校正后，车外圆至 $\phi 50$ mm；

（2）工件调头夹 $\phi 50$ mm，校正夹紧；

（3）粗车外圆至 $\phi 40$ mm，长 $30^{+0.21}_{0}$ mm；

（4）粗、精车外圆至 $\phi 45^{0}_{-0.125}$ mm，并倒角 $C1$；

（5）切断工件，保证工件总长 70 mm；

（6）夹工件外圆 $\phi 45^{0}_{-0.125}$ mm，长 30 mm 左右，垫垫片使偏心距 $e=$（3±0.2）mm，车偏心外圆为 $\phi 33^{0}_{-0.021}$ mm，长 $30^{+0.21}_{0}$ mm，并倒角 $C1$。

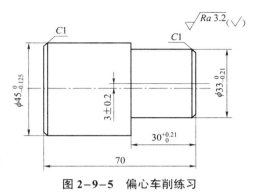

图 2-9-5　偏心车削练习

五、容易产生的问题和注意事项

（1）选择垫片的材料应有一定的硬度，以防止装夹时发生变形。

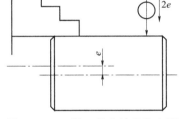

图 2-9-6　用百分表校验偏心距

（2）为了防止硬质合金刀头碎裂，车刀应有一定的刃倾角，切削深度深一些，进给量小一些。

（3）由于工件偏心，在开车前车刀不能靠近工件，以防工件碰击车刀。

（4）车偏心工件时，建议采用高速钢车刀车削。

（5）为了保证偏心轴两轴线的平行度，装夹时应用百分表校正工件外圆，使外圆侧母线与车床主轴轴线平行。

（6）装夹后为了校验偏心距，可用百分表在圆周上测量，缓慢转动，观察其跳动量是否是 8 mm，如图 2-9-6 所示。

2.9.2　在四爪单动卡盘上车偏心工件

一、实习教学要求

（1）掌握在四爪单动卡盘上车偏心件的方法；

（2）掌握偏心工件的划线方法和步骤；

（3）掌握在四爪单动卡盘上偏心距的找正和检查方法。

二、实训内容

对长度短、外形复杂、加工数量较少且不便于在两顶尖间装夹的偏心工件，可装夹在四爪单动卡盘上车削。

在四爪单动卡盘上车削偏心工件时，必须将已划好的偏心轴线和侧母线找正。先使偏心轴线与车床主轴轴线重合，再找正侧母线，工件装夹后即可车削。

划线举例：

图 2-9-7 所示的是偏心轴，它的划线以及操作步骤如下。

（1）把工件毛坯车成圆轴。使它的直径等于 D，长度等于 L。在轴的两端面和外圆上涂色，然后把它放在 V 形架上进行划线，用划针在端面上和外圆上划一组与工件中心线等高的水平线，如图 2-9-8 所示。

（2）把工件转动 90°，用 90° 角尺对齐已划好的端面线，再在端面上和外圆上划另一组水平线，如图 2-9-8 所示。

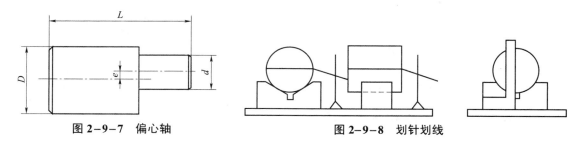

图 2-9-7　偏心轴　　　　　　图 2-9-8　划针划线

（3）用两脚规以偏心距 e 为半径，在工件的端面上取偏心距 e 值，作出偏心点。以偏心点为圆心作圆，并用样冲在所划出的线上打好样冲眼，这些样冲眼应打在线上（如图 2-9-9 所示），不能歪斜，否则会产生偏心距误差。

（4）把划好线的工件装在四爪单动卡盘上。在装夹时，先调节夹盘的两爪，使其呈不对称位置，另外两爪呈对称位置，工件偏心圆线在夹盘中央（如图 2-9-10 所示）。

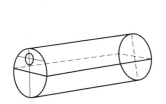
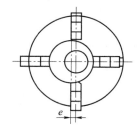

图 2-9-9　打样冲眼　　　　　图 2-9-10　用四爪单动卡盘装夹

（5）在床面上放好小平板和划线盘，针尖对准偏心圆线，找正偏心圆，然后把针尖对准外圆水平线，如图 2-9-11 所示。

（6）工件找正后，把四爪再拧紧一遍，即可进行切削（如图 2-9-12 所示）。

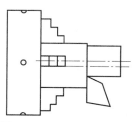
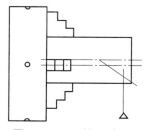

图 2-9-11　找正偏心圆　　　　图 2-9-12　找正后切削

三、实训图样

实训图样如图 2-9-13 所示。

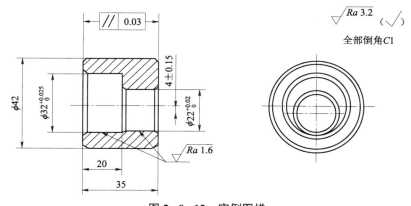

图 2-9-13　实例图样

四、实训步骤

（1）夹住外圆找正。

（2）粗车端面及外圆 $\phi 42$ mm，长 36 mm，留精车余量 0.8 mm。钻 $\phi 30$ mm，长 20 mm 孔。

（3）粗、精车内孔 $\phi 32$ mm，上偏差 +0.025 mm，下偏差 0，长 20 mm，至尺寸要求。

（4）精车端面及外圆 $\phi 42$ mm，长 36 mm，至尺寸要求。

（5）外圆、孔口倒角 $C1$。

（6）切断工件长 36 mm。

（7）调头夹住 $\phi 42$ mm 外圆并找正，车准总长 35 mm 及倒角 $C1$。

（8）在工件上划线，并在线上打样冲眼。

（9）按划线要求，在四爪单动卡盘上进行找正。

（10）钻 $\phi 20$ mm 孔，粗、精镗内孔至尺寸 $\phi 22$ mm，上偏差 +0.02 mm，下偏差 0。

（11）孔口两端倒角 $C1$。

（12）检查。

五、容易产生的问题和注意事项

（1）在划线上打样冲眼时，必须打在线上或交点上，一般打四个样冲眼即可。操作时要认真、仔细、准确，否则容易造成偏心距误差。

（2）平板、划线盘底面要平整、清洁，否则容易产生划线误差。

（3）划针要经过热处理，使针头部的硬度达到要求，尖端磨成 15°～20° 的锥角，头部要保持尖锐，使划出的线条清晰、准确。

（4）工件装夹后，为了检查划线误差，可用百分表在外圆上测量。缓慢转动工件，观察其跳动量是否为 8 mm。

2.10 车成形面和表面修饰

2.10.1 滚花及滚花前的车削尺寸

一、实习教学要求

（1）了解滚花的种类及作用。
（2）掌握滚花前的车削尺寸。
（3）掌握滚花刀在工件上的挤压方法及挤压要求。
（4）能分析滚花时的乱纹原因及其防止方法。

二、实训内容

某些工具和机床零件的捏手位置，为了增加摩擦力和使零件表面美观，往往在零件表面上滚出各种不同的花纹，例如车床的刻度盘，千分尺的微分筒以及铰、攻扳手等。如图 2-10-1 所示，这些花纹一般是在车床上用滚花刀滚压而成的。

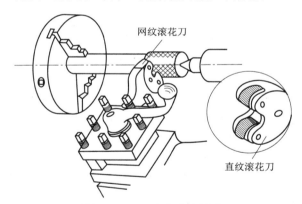

图 2-10-1 在车床上滚花

1. 花纹的种类与规格
滚花的花纹按形状一般有直花纹、斜花纹和网花纹三种，如图 2-10-2 所示。

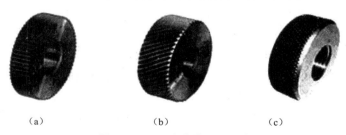

（a）　　　　　　　（b）　　　　　　　（c）

图 2-10-2 滚花花纹的种类
（a）直花纹；（b）斜花纹；（c）网花纹

滚花花纹按纹理粗细有粗纹、中纹和细纹之分。花纹的粗细取决于模数 m，模数和节距 P 的关系是 $P=\pi m$（标准见表 2-10-1）。

表 2-10-1 滚花标准（GB/T 6403.3—2008）

种类	模数 m	滚花深度 h	滚花齿顶圆弧 r	节距 p
细纹	0.2	0.132	0.06	0.628
中纹	0.3	0.198	0.09	0.942
粗纹	0.4	0.264	0.12	1.257
	0.5	0.326	0.16	1.571

滚花花纹各部分尺寸如图 2-10-3 所示，其中 $2h$ 为花纹高度，且 $h=0.785\,m-0.414r$。

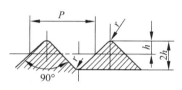

图 2-10-3 滚花花纹各部分尺寸

2. 滚花刀

滚花刀一般有单轮［见图 2-10-4（a）］、双轮［见图 2-10-4（b）］和六轮［见图 2-10-4（c）］三种，单轮滚花刀通常用于压直花纹和斜花纹，双轮滚花刀和六轮滚花刀用于滚压网花纹，它是由节距相同的一个左旋和一个右旋滚花刀组成的一组双轮花刀，六轮滚花刀根据节距大小分三组，安装在同一个特制的刀杆上，分粗、中、细三种，供操作者选用。

（a）　　　　　　　　　　　（b）　　　　　　　　　　　（c）

图 2-10-4 滚花刀

（a）单轮滚花刀；（b）双轮滚花刀；（c）六轮滚花刀

3. 滚花前的车削尺寸

由于滚花时工件表面产生的塑性变形，所以在车削滚花时，应根据工件材料的性质和滚花节距的大小，将滚花部位的外圆车小于 $(0.2\sim0.5)P$ 或 $(0.6\sim1.5)m$，其中 P 为节距，m 为模数。

4. 滚花方法

滚花刀在装夹时，滚花刀的装刀中心应与工件轴线等高。在开始滚压时，为了减少开始时的径向压力，滚轮外圆应与工件外圆安装平行，利用滚花刀宽度的二分之一或三分之一进行挤压；或把滚花刀尾部装得略向左偏一些，顺时针旋转与工件外圆成 $0°\sim3°$ 的夹角，如图 2-10-5 所示，从而便于切入工件表面，使工件于圆周上一开始就形成较深的花纹，这样就不容易产生乱纹（俗称破头）。

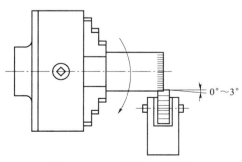

图 2-10-5 滚花刀的安装

破头后，停车检查花纹滚压情况，符合要求后即可纵向机动进给，滚压 1~2 次直至花纹

清晰饱满，即可完成加工。

　　滚花时，应取较慢的切削速度，一般为 7～15 m/min。为防止滚轮发热损坏，滚花时应充分浇注冷却液，同时及时清除滚花刀上的铁屑沫，以保证滚花质量。

　　由于滚花时径向压力较大，所以工件装夹必须牢靠，尽管如此，滚花时出现工件移位现象仍然是难免的，因此在车削带有滚花的工件时，通常采用先滚花，再车工件，然后再精车的方法进行。

三、实训图样（见图 2-10-6）

实训图样如图 2-10-6 所示。

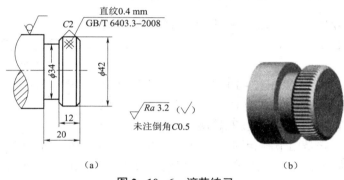

图 2-10-6　滚花练习
（a）零件图；（b）实物图

四、加工步骤

图 2-10-6 所示图样的加工步骤如下：

（1）工件伸出卡爪 30 mm 左右，矫正夹紧；

（2）车端面；粗、精车 ϕ42 mm×20 mm 外圆；

（3）切 ϕ34 mm 沟槽，同时保证长度为 12 mm；

（4）倒角两处 C2，去毛刺；

（5）直纹滚花为 0.4 mm（转速＜80 r/min）；

（6）加工完毕后根据图纸要求仔细检查各部分尺寸；

（7）卸件，完成加工。

五、容易产生的问题和注意事项

（1）滚花时产生乱纹的原因。

① 滚花开始时，滚花刀与工件接触面太大，使单位面积压力变小，易形成花纹微浅，出现乱纹。

② 滚花刀转动不灵活，或滚刀槽中有细屑阻塞，有碍滚花刀压入工件。

③ 转速过高，滚花刀与工件容易产生滑动。

④ 滚轮间隙太大，产生径向跳动与轴向窜动等。

（2）滚直花纹时，滚花刀的齿纹必须与工件轴心平行。否则挤压的花纹不直。

（3）在滚花过程中，不能用手成棉纱去接触工件滚花表面，以防伤人。

（4）细长工件滚花时，要防止顶弯工件，薄臂工件要防止变形。

（5）压力过大，进给量过慢，压花表面往往会滚出台阶形凹坑。

2.10.2　车成形面和表面修光

一、实习教学要求

（1）了解圆球的作用和加工球面时的长度计算。

（2）掌握车外圆的步骤和方法。

（3）根据图样要求，用千分尺、半径规、样板和套环等对圆球进行测量检查。

（4）掌握简单的表面修光方法。

二、实训内容

在机器中，有些零件表面的轴向剖面呈曲线形，如手柄、圆球等，具有这些特征的表面叫成形面。在加工成形面时，应根据工件的特点、精度要求以及批量大小等情况，采用不同的车削方法，常见的车削方法有成形法、仿形法、双手控制法以及专用车床车成形面等方法，本节着重介绍双手控制法的加工要点。

1．成形面零件的加工方法

1）用成形法车成形面

所谓成形法，是指用成形刀具车削成形面。切削部分的形状刃磨得和工件加工部分的形状相同，这样的刀具就叫成形刀。

成形刀可按加工要求做成各种样式，如图 2-10-7 所示，其加工精度主要靠刀具保证。由于切削时接触面较大，因此切削抗力也大。容易出现振动和工件移位。为此切削速度应取小些，工件装夹必须牢靠。

图 2-10-7　内外弧成形刀

2）用仿形法车成形面

在车床上用仿形法车成形面的方法很多，如图 2-10-8 所示，其车削原理基本上和仿形法车圆锥面的方法相似，只需要事先做一个与工件形状相同的曲面仿形即可。当然也可用其他专用夹具，如用螺杆副传动车圆弧工具和旋风切削法车圆球等。

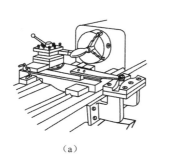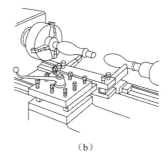

（a）　　　　　　　　　　　　（b）

图 2-10-8　仿形法车成形面

3）双手控制法车成形面

在单工件加工时，通常采用双手控制法车成形面（见图2-10-9），即用双手摇动小滑板手柄和中滑板手柄，并通过双手协调的动作，使刀尖走过的轨迹与所要求的成形面曲线相仿，这样就能车出需要的成形面，当然也可采用摇动床鞍手柄和中滑板手柄的协调动作来进行加工，双手控制车成形面的特点是：灵活、方便。不需要其他辅助工具，但需要较高的技术水平。

2. 双手控制法车单球手柄的方法

（1）圆球的长度 L（见图2-10-10）的计算公式如下：

$$L = D/2 + \frac{1}{2}\sqrt{D^2 - d^2}$$

式中：L——圆球部分的长度，mm；

　　　D——圆球的直径，mm；

　　　d——柄部直径，mm。

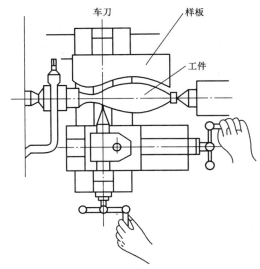

图2-10-9　双手控制法车削手柄

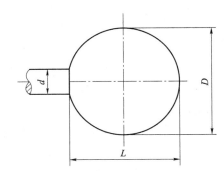

图2-10-10　圆球的长 L 的计算

（2）车球面时纵、横向进给的移动速度对比分析如图2-10-11所示。当车刀从 a 点出发，经过 b 点至 c 点，纵向进给的速度是快→中→慢，横向进给的速度是慢→中→中→快。即纵向进给是减速度，横向进给是加速度。

（3）车单球手柄时，一般先车圆球直径 D 和柄部直径 d 以及 L 长度（留精车余量0.15 mm左右），如图2-10-12所示。然后用 $R2$ 左右的小圆头车刀从 a 点向左右方向（b 点和 c 点）逐步把余量车去（见图2-10-13），并在 c 点处用切断刀修清角。

（4）修整。由于手进给车削，工件表面往往留下高低不平的痕迹，因此必须用锉刀、砂布进行表面抛光。

3. 球面的测量和检查

为了保证球面的外形正确，通过采用样板、套环、千分尺等进行检查。用样板检查应对准工件中心，并观察样板与工件之间的间隙大小修整球面，如图 2-10-14（a）所示。用套环检查时可观察其间隙的透光情况并进行修整，如图 2-10-14（b）所示。用千分尺检查球面时通过工件中心，并多次变换测量方向，使其测量精度在图样要求范围内，如图 2-10-14（c）所示。

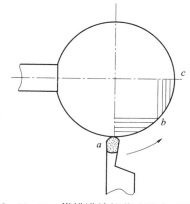

图 2-10-11　纵横进给的移动速度对比

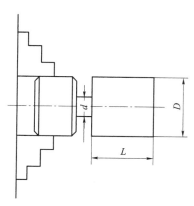

图 2-10-12　车单球手柄

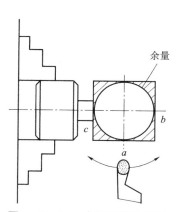

图 2-10-13　车削步骤示意图

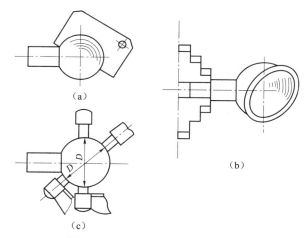

图 2-10-14　球面的测量和检查
（a）用样板；（b）用套环；（c）用千分尺

4. 表面修光

经过精车以后的工件表面，如果还不够光洁，可以用锉刀、砂布进行修整抛光。

1）锉刀修光

在车床上用锉刀修光外圆时通常选用细纹板锉和特细纹板锉进行。其锉削余量一般在 0.03 mm 左右，这样才容易使工件锉扁。在锉削时，为了保证安全，最好用左手握柄，右手扶住锉刀前端锉削，如图 2-10-15 所示，避免勾衣伤人。

在车床上锉削时，推锉速度要慢，压力均匀，缓慢移动前进，否则会把工件锉扁或成节状。锉削时最好在锉齿面上涂一层粉笔末，以防锉屑堵塞在锉齿缝里，并要经常用铜丝清理齿缝，这样才能锉削出较好的工件表面。

锉削时的转速要选择得合理。转速太高，容易磨钝锉齿；转速

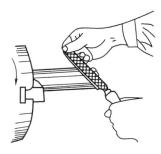

图 2-10-15　锉刀修光

太低，容易把工件锉扁。

2）砂布抛光

工件经锉削以后。其表面仍有细纹痕迹，这时可用砂布抛光。

（1）砂布的型号和抛光方法。在车床上抛光用的砂布，一般用金刚砂制成。常用的型号有：零零号、零号、一号、一号半和二号等。其号数越小，砂布越细，抛光后的表面粗糙度越低。

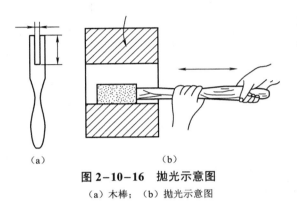

图 2–10–16　抛光示意图

（a）木棒；（b）抛光示意图

使用砂布抛光工件时，移动速度要均匀，转速应取高些。抛光的方法一般是将砂布垫在锉刀下面进行。这样做比较安全，而且抛光的工件质量也比较好。也可用手直接捏住砂布垫在抛光夹的圆弧中，再用手捏住抛光。

（2）用砂布抛光内孔的方法。经过精车后的内孔表面，如果不够光洁或孔径偏小，可用砂布抛光或修整，其方法是：选取一根比孔径小的木棒，一端开槽，见图 2–10–16（a）。并把撕成的条状砂布一头插进槽内，以顺时针方向把砂布绕在木棒上，然后放进孔内进行抛光［见图 2–10–16（b）］。其抛光方法与外圆相同。孔径大的工件也可用手捏住砂布抛光。小孔绝不能把砂布绕在手指上抛光，以防发生事故。

三、实训图样

实训图样如图 2–10–17 所示。

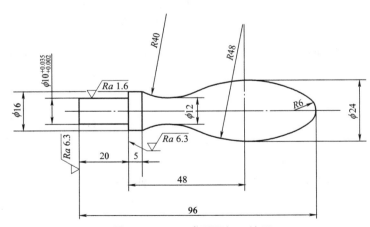

图 2–10–17　成形面加工练习

四、加工步骤

图 2–10–17 所示图样的加工步骤：

（1）夹住外圆车平面和钻中心孔。

（2）工件伸长约 110 mm，一夹一顶，粗车外圆 ϕ24 mm，长 100 mm，ϕ16 mm，长 45 mm，ϕ10 mm，长 20 mm，如图 2-10-18 所示。

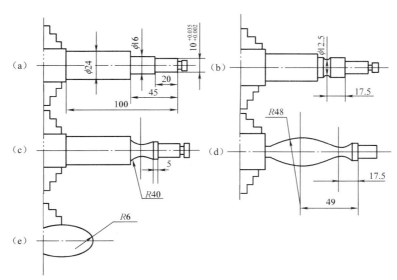

图 2-10-18　工艺简图

（3）从 ϕ16 mm 外圆的平面量起，长 17.5 mm 为中心线，用小圆头车刀车削 ϕ12.5 mm 的定位槽。

（4）从 6 mm 外圆的平面量起，长大于 5 mm 开始切削，向 ϕ12.5 mm 定位槽处移动车 R40 mm 圆弧面。

（5）从 ϕ16 mm 外圆的平面量起，长 49 mm 处为中心线，在 ϕ24 mm 外圆上向左、右方向车 R48 mm 圆弧面。

（6）精车 ϕ10 mm，上偏差 +0.035 mm，下偏差 +0.002 mm，长 20 mm 至尺寸要求，并包括 ϕ16 mm 外圆。

（7）用锉刀、纱布修整抛光。

（8）松去顶尖，用圆头车刀车 R6 mm，并切下工件。

（9）调头垫铜皮，夹住 ϕ24 mm 外圆找正，用车刀或锉刀修整 R6 mm 圆弧，并用砂布抛光。

五、容易产生的问题和注意事项

（1）要培养目测球形的能力和协调双手控制进给动作的技能。否则容易把球面车成橄榄形或算盘珠形。

（2）用锉刀锉弧形工件时，锉刀的运行要绕弧面进行，如图 2-10-19 所示。

（3）锉削时，为了防止锉屑散落床面，影响床身导轨精度，应垫护床板或护板纸。

（4）锉削时，车工宜用左手捏锉刀柄进行锉削，这样比较安全。

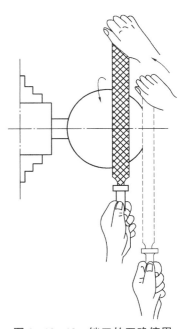

图 2-10-19　锉刀的正确使用

2.11　车蜗杆和多线螺纹

2.11.1　车蜗杆

一、实习教学要求

（1）了解蜗杆的一般技术要求。
（2）掌握蜗杆有关车削的计算方法和齿厚测量法。
（3）掌握蜗杆车刀的刃磨和装夹方法。
（4）掌握蜗杆的车削方法。

二、实训内容

1. 蜗杆的一般技术要求

蜗杆的齿形与梯形螺纹相似，通常情况下与蜗轮配合使用来传递动力，蜗轮蜗杆啮合原理如图 2-11-1 所示。蜗杆一般分米制蜗杆（齿形角为 20°）和英制蜗杆（齿形角为 20°）两种。我国常用米制蜗杆。由于蜗杆的导程大，齿形较深，切削面积较大，因此车削时比一般梯形螺纹要困难些。

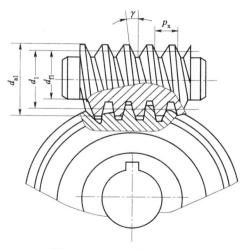

图 2-11-1　蜗轮蜗杆啮合

车削蜗杆时，一般有如下要求：
（1）蜗杆的周节必须等于蜗轮周节。
（2）蜗杆分度圆上的法向齿厚公差或轴向齿厚公差要符合标准要求。
（3）蜗杆分度圆上径向跳动量不得大于允许范围。

2. 米制蜗杆车削时的有关尺寸计算（见表 2-11-1）

表 2-11-1 米制蜗杆的工作图及各部分尺寸计算

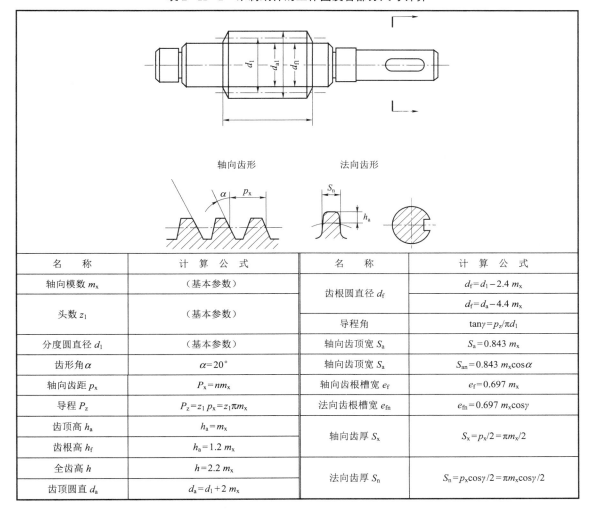

名　称	计　算　公　式	名　称	计　算　公　式
轴向模数 m_x	（基本参数）	齿根圆直径 d_f	$d_f = d_1 - 2.4\,m_x$
头数 z_1	（基本参数）		$d_f = d_a - 4.4\,m_x$
		导程角	$\tan\gamma = p_z / \pi d_1$
分度圆直径 d_1	（基本参数）	轴向齿顶宽 S_a	$S_a = 0.843\,m_x$
齿形角 α	$\alpha = 20°$	轴向齿顶宽 S_a	$S_{an} = 0.843\,m_x \cos\alpha$
轴向齿距 p_x	$P_x = nm_x$	轴向齿根槽宽 e_f	$e_f = 0.697\,m_x$
导程 P_z	$P_z = z_1 p_x = z_1 \pi m_x$	法向齿根槽宽 e_{fn}	$e_{fn} = 0.697\,m_x \cos\gamma$
齿顶高 h_a	$h_a = m_x$	轴向齿厚 S_x	$S_x = p_x/2 = \pi m_x/2$
齿根高 h_f	$h_a = 1.2\,m_x$		
全齿高 h	$h = 2.2\,m_x$	法向齿厚 S_n	$S_n = p_x \cos\gamma/2 = \pi m_x \cos\gamma/2$
齿顶圆直 d_a	$d_a = d_1 + 2\,m_x$		

3. 蜗杆车刀

蜗杆车刀与梯形螺纹车刀相似，但蜗杆车刀两侧切削刃之间的夹角应磨成两倍齿形角。

蜗杆车刀一般选用高速钢材料车刀，在刃磨时，其纵向进给方向一侧的后角必须相应加上螺纹升角。由于蜗杆的导程角较大，车削时会产生一定的困难，为此常采用可按导程调节的刀柄（见图 2-11-2）进行车削，由于具有弹性，不易产生扎刀现象。

图 2-11-2　可调节刀柄

1）蜗杆粗车刀（见图 2-11-3）

粗车刀的要求是：

（1）为给精车留有加工余量，刀头宽度应小于齿根槽宽。

（2）车刀左右两侧切削刃之间的夹角要小于两倍齿

形角。

（3）纵向前角 $\gamma_p = 10° \sim 15°$。

（4）$\alpha_p = 6° \sim 8°$。

（5）左后角 $\alpha_{fL} = (3° \sim 5°) + \gamma$；右后角 $\alpha_{fR} = (3° \sim 5°) - \gamma$。

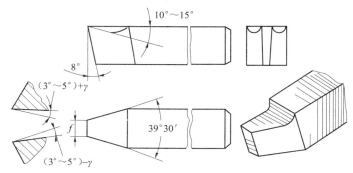

图 2−11−3　蜗杆粗车刀

2）蜗杆精车刀（见图 2−11−4）

精车刀的要求是：

（1）切削刃直线度好，刀面光洁。

（2）车刀左右两侧切削刃之间的夹角要等于两倍齿形角。

（3）磨较大前角 $\gamma_0 = 15° \sim 20°$ 的卷屑槽。

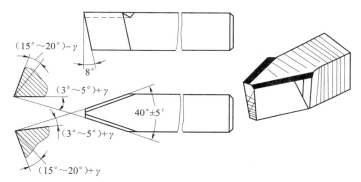

图 2−11−4　蜗杆精车刀

4．车刀的装夹

蜗杆的齿形分轴向直廓和法向直廓两种，在装夹蜗杆车刀时，必须根据不同的齿形采用不同的装刀方法。

1）水平装刀法

精车轴向直廓蜗杆时，为了保持牙型正确，装刀时，将车刀的两侧刀刃组成平面放在水平位置上，并且与蜗杆轴线在同一水平面内。通常采用样板找正装夹，装夹模数较大的蜗杆车刀时可采用万能量角器找正刀尖角位置（见图 2−11−5）。

2）垂直装刀法

车削法向直廓蜗杆，装刀时，必须使车刀两侧面刀刃组成的平面与蜗杆齿面垂直。同时，

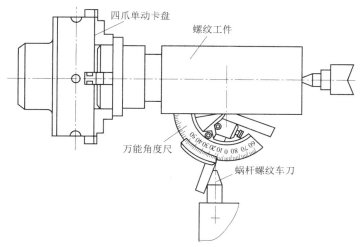

图 2-11-5　使用万能量角器找正刀尖角

在粗车轴向直廓蜗杆时，为使切削顺利，也常采用垂直装刀法，刀头应倾斜装夹。

5. 蜗杆的车削方法

蜗杆的车削方法与车削梯形螺纹相似。由于蜗杆的导程较大，一般采用左右切入法、车槽法和分层切削法等，分粗车和精车两个阶段低速车削。

6. 蜗杆的测量方法

蜗杆的主要测量参数有齿距、齿顶圆直径、分度圆直径和法向齿厚。其中齿距、齿顶圆直径、分度圆直径的测量方法与螺纹测量类似，法向齿厚用齿轮游标卡尺测量（见图 2-11-6）。

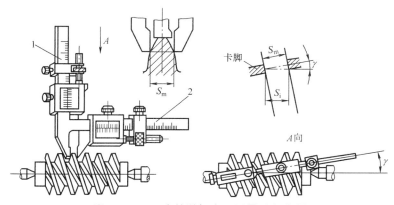

图 2-11-6　齿轮游标卡尺测量法向齿厚

三、实训图样与加工步骤

图 2-11-7 所示图样的加工步骤：

（1）来料一切二段。

（2）车平面及总长，钻两端中心孔。

（3）两顶尖或一顶一夹装夹，粗车外圆 $\phi 16$ mm，长 15 mm，或 $\phi 18$ mm，长 25 mm。

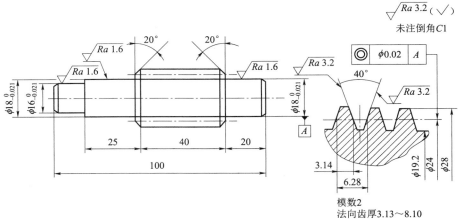

图 2-11-7 蜗杆车削练习

（4）调头尖装夹，粗车外圆 $\phi 18$ mm、长 20 mm 和外圆 $\phi 28$ mm，留余量 0.2 mm，并粗车蜗杆螺纹。

（5）两顶尖装夹，径车蜗杆外径 $\phi 28$ mm 及两端倒角 $\phi 19$ mm×20°。

（6）精车蜗杆螺纹至尺寸要求。

（7）精车 $\phi 18$ mm、上偏差 0、下偏差 -0.021 mm、长 20 mm 及倒角 $C1$。

（8）调头两顶尖装夹，精车 $\phi 18$ mm、上偏差 0、下偏差 -0.021 mm、长 25 mm 和 $\phi 16$ mm、上偏差 0、下偏差 -0.021 mm、长 15 mm 至尺寸要求。

（9）倒角 $C1$。

（10）检查。

四、容易产生的问题和注意事项

（1）车单线蜗杆时，应先验证周节。

（2）由于蜗杆的螺纹升角较大，车倒的两侧副后角应适当增减；精车倒的刃磨要求是：两侧刀刃平直、表面粗糙度小。

（3）对分夹头应夹紧工件，否则车螺纹时容易移位，损坏工件。

（4）粗车时应调整床鞍同床身导轨之间的配合间隙，使其紧一些，以增大移动时的摩擦力，减少床鞍窜动的可能性。但这个间隙也不能调得太紧，以用手能平稳摇动床鞍为宜。

2.11.2 车多线螺纹

一、实习教学要求

（1）了解多线螺纹的技术要求。

（2）掌握多线螺纹的分线方法和车削方法。

（3）能分析废品产生的原因以及防范方法。

二、实训内容

1. 多线螺纹的概念

沿两条或两条以上的螺旋线所形成的螺纹，该螺旋线在轴向等距分成，称为多线螺纹（见图 2-11-8）。同一条螺旋线上的相邻两牙在中径线上对应两点间的轴向距离称为导程。单线螺纹的导程与螺距相等，多线螺纹的导程等于其螺距与线数的乘积。

$$P_h = nP$$

式中：P_h——螺纹导程，mm；

　　　n——螺纹线数；

　　　P——螺距，mm。

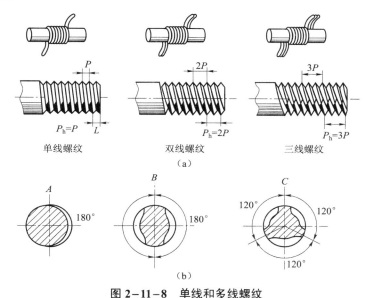

单线螺纹　　　双线螺纹　　　三线螺纹

（a）

（b）

图 2-11-8　单线和多线螺纹

（a）从螺纹尾部判定；（b）从螺纹端部判定

2. 车削多线螺纹的分线方法

多线螺纹的各螺旋槽在轴向和圆周上都是等距分布的。解决等距分布的问题叫作分线。车削多线螺纹时主要解决螺纹分线方法和车削步骤的协调问题。根据各螺旋线在轴向等距或圆周上等角度分布的特点，分线方法有轴向分线法和圆周分线法。

轴向分线法是当车好一条螺旋槽后，把车刀沿工件轴向移动一个螺距，再车削另一条螺旋槽的分线法称为轴向分线法。这种方法只要精确地控制车刀移动的距离，就能完成分线工作。

1）用小滑板刻度分线法

在车好一条螺旋槽后，利用小滑板刻度使车刀移动一个螺距的距离，再车出另一条螺旋槽，从而达到分线的目的。这种方法一般适用于粗车。

2）用百分表和量块分线法

对于精度要求较高的多线螺纹分线，可利用百分表和量块控制小滑板的移动距离（见图 2-11-9）。方法是：把百分表固定在刀架上，并在床鞍上装置一个固定挡块，在车第一条

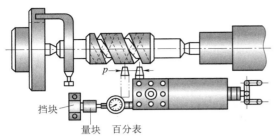

挡块
量块　百分表

图2-11-9　百分表量块分线法

螺旋槽前，移动小滑板，使百分表触头与挡块接触，并把百分表调整至零位。当车好第一条螺旋槽后，移动小滑板，百分表指示的读数就是被车螺纹的螺距。根据百分表上的读数值来确定小滑板的移动量，这种方法既简单又精确，但分线齿距受到百分表量程的限制。此法适用于分线精度要求较高的单件生产。对于螺距较大的多线螺纹进行分线时，可在百分表与挡块之间垫一量块，量块的厚度等于工件的螺距。

3）利用开合螺母分线法

在车削较大螺距的多线螺纹时，当多线螺纹的导程为车床丝杠螺距的整数倍并等于线数时，可在车好第一条螺旋槽后，在车刀返回到车削的开始位置时，停止工件旋转，并提起开合螺母，用床鞍刻度盘控制车床床鞍纵向移动一个车床丝杠螺距，然后再合上开合螺母，车出另外一条螺旋槽。

3. 车削多线螺纹的方法

采用直进法或左、右切入切削法车削多线螺纹时，决不能将一条螺旋槽车好后，再车另外一条螺旋槽。应按以下步骤进行：

（1）粗车第一条螺旋槽。记住中、小滑板刻度值。

（2）进行分线。粗车第二、第三条螺旋槽。如用圆周分线法时，中、小滑板的刻度应跟车第一条螺旋槽相同。如用轴向分线法，中滑板刻度与车第一条螺旋槽时相同，小滑板按刻度精确纵向移动一个螺距。

（3）按上述方法精确车削各螺旋槽。采用左、右切入切削法车削多线螺纹时，为了保证多线螺纹的螺距精度，车削每一条螺旋槽时的车刀轴向移动量（借刀量）必须相等。

三、实训图样与加工步骤

实训图样如图2-11-10所示。

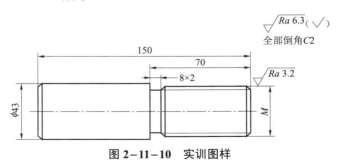

图2-11-10　实训图样

加工步骤如下：

（1）工件伸出90 mm左右，找正夹紧。

（2）粗、精车平面、外圆ϕ43 mm×85 mm至尺寸要求，并倒角C2。

（3）调头，工件伸出80 mm左右，找正夹紧。

（4）粗、精车平面，取总长150 mm。

（5）粗、精车外圆 ϕ 44 mm×70 mm。

（6）车槽 8 mm×2 mm。

（7）粗、精车 M44×4（2P）螺纹至尺寸要求。

（8）检查。

（9）以后各次练习方法同上。

四、容易产生的问题和注意事项

（1）多线螺纹导程大，走刀速度快，车削时要避免车刀、刀架、滑板碰撞卡盘和尾座。

（2）由于多线螺纹升角较大，车刀的两侧后角要相应增减。

（3）用百分表读数分线时，百分表的测量杆应平行于工件轴线，否则也会产生误差，加工中如有冲击和碰撞现象，都会影响分线精度。

（4）精车时要多次循环分线，第二次或第三次循环分线时，只能在牙型面上单面车削，以矫正赶刀或粗车时所产生的误差。

第3章 铣 工

实训目标

（1）掌握铣削加工的工艺范围、工艺特点以及铣削加工的工艺过程。

（2）了解常用铣床的组成及各部分的名称及功用，掌握铣床的操作方法。

（3）熟悉铣刀的安装调整和一般工件的装夹及加工方法。

（4）掌握万能分度头的使用。

（5）能根据设备及实际生产状况完成一定的生产任务。

3.1 入 门 知 识

一、概述

在现代工业生产中，无论是机床、飞机、汽轮机，还是农业机械、化工设备以及电子工业设备等，它们都是由机器制造厂生产的。

在机器制造厂里的金属切削加工中，铣床的加工范围很广，内容也很多，所以铣工是机械制造业中的重要工种之一。

铣削加工，就是利用铣刀在铣床上切去金属毛坯余量，获得一定尺寸精度、表面形状和位置精度、表面粗糙度要求的零件的加工。铣削加工具有加工范围广、生产效率高、加工精度较高等特点。

二、铣工安全技术操作规程

（1）开动机床前，检查各个手柄的原始位置是否正常。

（2）检查手摇进给手柄，确认各进给方向是否正常。

（3）检查各进给方向自动进给停止挡铁是否在限位柱范围内，并确认是否牢固。

（4）主轴和进给变速检查，使主轴和工作台进给由低速到高速运动，检查主轴和进给系统工作是否正常。

（5）开动机床使主轴旋转，检查齿轮是否甩油。

（6）以上工作进行完毕后若无异常，对机器各部位注入油润滑。

（7）不允许戴手套操作机床，测量工件要换刀具、擦拭机床。

（8）装卸工件、铣刀，变换转速和进给量，搭配配换齿轮必须在停车时进行。

（9）实训操作时严禁离开工作岗位，严禁做与操作内容无关的其他事情。

（10）工作台自动进给时，手动进给离合器应脱开，以防止手柄随轴旋转伤人。

（11）严禁两个进给方向同时开动自动进给，自动进给时严禁突然变换进给速度。

（12）走刀过程中不允许测量工件，不允许用手抚摸工件加工表面。自动走刀完毕应先停止进给，再停止铣刀旋转。

（13）装卸机床附件时必须有他人的帮助，装卸时应擦净工作台面和附件基准面。

（14）爱护机床工作台面和导轨面。毛坯件、手锤、扳手等不允许直接放在导轨面和工作台上。

（15）高速铣削或磨刀时应戴防护眼镜。

（16）实训操作中出现异常现象应及时停车检查，出现事故应立即切断电源报告教师。

（17）机床不使用时，各手柄应放置在空挡位置，各进给紧固手柄应松开，工作台应处于中间位置，导轨面适当涂润滑油。

三、铣削加工工艺范围

金属的铣削加工是机械制造工业中最常用的方法之一，是利用铣刀在铣床上切去金属毛坯余量以获得一定的尺寸精度、表面形状、位置精度和表面粗糙度要求的零件的加工。铣削加工中有加工范围广、生产效率高、加工精度较高等特点，在机器制造工业中占有主要的地位，加工的基本内容或工艺范围有：

（1）铣平面（斜平面）；

（2）铣阶台；

（3）铣槽类零件（直角沟槽、键槽、V 形槽、T 形槽、燕尾槽等）；

（4）切断和铣窄槽；

（5）铣四方、六方；

（6）刻线；

（7）铣花键轴；

（8）铣特形面、球面；

（9）铣齿轮类零件；

（10）刀具开齿；

（11）钻孔、镗孔；

（12）铣麻花钻、蜗轮、蜗杆；

（13）铣齿式离合器等。

铣削加工的基本内容如图 3-1-1 所示。

　　　（a）　　　　　　（b）　　　　　　（c）　　　　　　（d）

图 3-1-1　铣削加工基本内容

（a）圆柱铣刀铣平面；（b）端面铣刀铣平面；（c）铣阶台；（d）铣直角通槽；

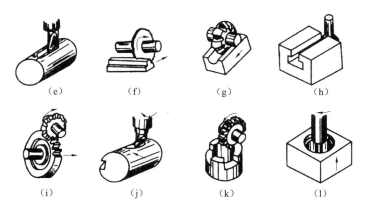

图 3-1-1　铣削加工基本内容（续）

（e）铣键槽；（f）切断；（g）铣特形面；（h）铣 T 形槽；（i）铣齿轮；

（j）铣螺旋槽；（k）铣离合器；（l）镗孔

3.2　铣床基本知识及操作练习

一、实训要求

（1）了解铣床主要部件的名称和功用；

（2）正确掌握铣床的操作方法；

（3）了解铣床操作练习时的注意事项。

二、实训内容

1. 铣床主要部件、名称和功用

X62W（或 X6132）是目前应用最广泛的一种卧式万能升降台式铣床。其主要特点是：转速高、功率大、刚性好、操作方便、灵活、通用性好。它可以安装万能立铣头，使铣刀回转任意角度，完成立式铣床的工作。机床本身有良好的安全装置，手动和机动进给有互锁机构，主轴能有效地制动。X62W 型万能升降台铣床能完成各种铣削工作，如铣平面、沟槽、特形面、各种齿轮和螺旋槽等。本机床为了缩短辅助时间和便于操作，设下列装置：

（1）机床的前面和左面，各有一组按钮和手柄的复式操纵装置，便于操作者在不同位置上操作。

（2）主轴的启动、停止和快速行程，均由按钮控制。

（3）工作台的进给由手柄来操纵，手柄所指的方向，就是工作台进给的方向，不易产生错误。

（4）采用速度预选机构来改变主轴转速和工作台进给量。

（5）用转速控制继电器的反接作用（或直流能耗制动）来进行有效的制动。

X62W（或 X6132）机床的主要技术规格如表 3-2-1 所示。

表 3-2-1　X62W（或 X6132）机床的主要技术规格

工作台工作面积	320 mm×1 250 mm
工作台最大行程	
纵向（手动/机动）	700 mm/680 mm
横向（手动/机动）	260 mm/240 mm
纵向（垂直）（手动/机动）	320 mm/300 mm
工作台最大回转角度	±45°
主轴锥孔锥度	7:24
主轴中心线至工作台面间的距离	
最大	350 mm
最小	30 mm
主轴中心线至横梁间的距离	155 mm
床身垂直导轨线至工作台中心的距离	
最大	470 mm
最小	215 mm
主轴转速 18 级	30～1 500 r/min
工作台纵向、横向进给量 18 级	23.5～1 180 mm/min
工作台升降进给量 18 级	8～400 mm/min
工作台纵向、横向快速移动速度	2 300 mm/min
工作台升降快速移动速度	770 mm/min
主轴电动机功率×转速	7 kW×1 450 r/min
进给电动机功率×转速	1.5 kW×1 410 r/min
最大载重量	500 kg
机床工作精度	
加工表面不平度	0.02/150 mm
加工表面不平行度	0.02/150 mm
加工表面不垂直度	0.02/150 mm

1）X62W（或 X6132）型铣床各字母的含义

（1）1957 年的型号编制为 X62W。

X—铣床；6—卧铣；2—2 号工作台（工作台台面宽 320 mm）；W—万能升降台式铣床。

（2）1976 年后 X62W 新编制为 X6132。

X—铣床；6—卧铣；1—万能升降台式铣床；32—工作台参数（工作台台面宽 320 mm）。

2）X6132 型铣床主要部件及功用

（1）床身——铣床的主体，用来固定和支撑其他部件（包括安装主轴、支撑工作台、连

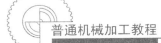
接其他附件等），如图 3-2-1 所示。

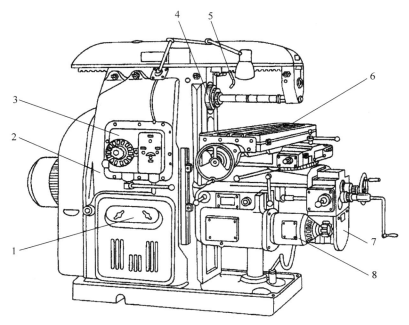

图 3-2-1 X6132 型铣床外形及各部分名称

1—机床电器部分；2—床身部分；3—变速操纵部分；4—主轴及传动部分；5—冷却部分；

6—工作台部分；7—升降台部分；8—进给变速部分

（2）横梁——用来安装挂架，和挂件一起支持铣刀长刀轴外端。

（3）主轴——空心轴，前端有 7:24 的圆锥孔，用来安装刀轴和铣刀，带动铣刀旋转切削工件。

（4）纵向工作台——用来带动工件做纵向运动。工作台上表面有三条 T 形槽：中央 T 形槽，是安装夹具、附件或工件的基准，工作台前面有一条 T 形槽，用来安装固定自动进给停止挡铁。

（5）横向工作台——用来带动纵向工作台做横向进给运动，通过回转盘与纵向工作台连接、转动回转盘，可使工作台左右回转 45°。回转台的作用是用来铣削斜面和螺旋线零件。

（6）升降台——用来支撑工作台，带动工作台做垂直进给运动。升降台的后部有燕尾形导轨，与床身垂直导轨相连，升降台的顶部有矩形导轨，与鞍座导轨相连。

（7）主轴变速机构——用来调整和变换主轴转速，可使主轴获得 30～1 500 r/min 的 18 种不同转速。

（8）进给变速机构——用来调整和变换工作台的进给速度，可使工作台获得 235～1 180 mm/min 的 18 种不同进给速度。

（9）底座——用来支撑床身，承受铣床全部质量，盛放切削液。

2. 铣床的手动进给操作练习

1）工作台纵、横、垂直方向的手动进给操作将手柄分别接通其手动进给离合器，摇动各手柄、带动工作台做各进给方向的手动进给运动。顺时针方向摇动各手柄，工作台前进（或上升）；逆时针方向摇动各手柄，工作台后退（或下降），进给速度应均匀适当，工作台在某一方向按要求的距离移动时，若手柄摇过头，不能直接退回到要求的初始刻度线处，应将手柄退回一转后，再重新摇到要求的初始数值。

常见铣床刻度数值见表 3-2-2。

表 3-2-2　各类铣床刻度数值表

铣床型号	纵向每转/mm	横向每转/mm	升降每转/mm	每格纵向/mm	每格横向/mm	每格升降/mm
X62W	6	6	2	0.05	0.05	0.05
X62	6	6	2	0.05	0.05	0.05
X61W	6	6	3	0.05	0.05	0.025
X61	6	6	3	0.05	0.05	0.025
X51	6	6	3	0.05	0.05	0.025
X52K	4	4	2	0.05	0.05	0.05

2）主轴变速操作

X51，X61W：共 16 种，最低 65 r/min，最高 1 800 r/min；

X52，X62W：共 18 种，最低 30 r/min，最高 1 500 r/min。

3）进给变速操作

X51，X61W：共 16 种，最低 35 mm/min，最高 980 mm/min；

X52，X62W：共 18 种，最低 23.5 mm/min，最高 1 180 mm/min。

4）工作台纵向、横向、垂直方向机动进给操作（X62W）

纵向机动进给操作手柄有三个位置："向右进给""向左进给"和"停止"。扳动手柄，手柄的指向就是工作台的机动进给方向。

横向和垂直方向的机动进给由同一对手柄操作，手柄有五个位置，"向里进给""向外进给""向上进给""向下进给"和"停止"，扳动手柄，手柄的指向就是工作台的进给方向。因此操作时只能一个方向机动进给，不能同时两个方向机动进给。

5）X62W 铣床的润滑

主轴变速箱、进给变速箱采用自动润滑，机床开动后，由指示器显示润滑情况；纵向工作台丝杠和螺母、导轨面、横向导轨等采用手拉（压）油泵注油润滑；纵向工作台丝杠和两端轴承垂直导轨、挂架轴承采用油轮注油润滑。

三、操作练习

1）手动练习

（1）在教师指导下检查机床。

（2）对铣床注油润滑。

（3）做手动进给练习。

（4）做机动进给练习，使工作台在纵向、横向、垂直方向分别移动。

（5）学会消除工作台丝杠和螺纹间的传动间隙和对移动尺寸的影响。

（6）每分钟均匀地手动进给 30 mm、60 mm、95 mm。

2）铣床的主轴空运转练习

（1）将电源开关转至"开"。

（2）练习变换主轴转速 1～3 次（控制在低速）。

（3）按"启动"按钮，使主轴旋转 1 min。

（4）检查油泵是否甩油。

（5）停止主轴旋转，重复练习。

3）工作台机动进给操作练习

（1）检查各进给方向紧固手柄是否松开。

（2）检查各进给方向机动进给停止挡板是否在限位柱范围内。

（3）使工作台在各进给方向处于中间位置。

（4）变换进给速度（控制在低速）。

四、注意事项

（1）严格遵守安全操作规程。

（2）不允许做与以上练习无关的其他操作。

（3）操作时按步骤进行，不允许两人同时操作铣床。

（4）不允许两个进给方向同时机动进给，机动进给停止时自动手柄回零。

（5）机动进给时，各进给方向紧固手柄应松开。

（6）各进给方向的机动进给停止挡板应在限位柱范围，绝对不允许超越极限。

练习完毕后认真擦拭机床，并使工作台在各进给方向处于中间位置，各手柄恢复原位。

3.3　铣　平　面

3.3.1　铣削水平面

一、实训要求

（1）了解铣平面所选用的刀具及切削用量；

（2）掌握顺铣和逆铣的区别；

（3）掌握水平面的铣削加工。

二、实训内容

平面，就是各个方向都成直线的面。铣平面是铣工常见的工作内容之一，加工平面时，可在卧式铣床用圆柱铣刀铣削；也可在卧式铣床安装端铣刀，用其铣削；还可在立式铣床安装端铣刀铣削，如图 3-3-1 所示。

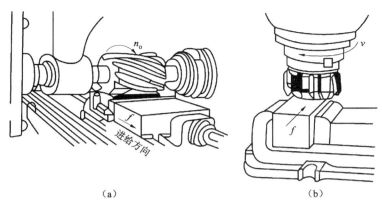

（a）　　　　　　　　　　　　（b）

图 3-3-1　铣削平面

（a）卧式铣床上用圆柱铣刀铣削平面；（b）立式铣床上用端铣刀铣削平面

1. 铣刀的选择

通常可以选择圆柱螺旋铣刀、高速钢端铣刀、锥柄立铣刀，最常用的是高速钢端铣刀。

2. 平口钳的安装与校正有两种方法

（1）直接安装：前提是平口钳下面的定位键必须安装好，松开上部的压紧螺帽，对正上下零线，再旋紧压紧螺帽即可。

（2）用平面百分表校正钳口：方法是将百分表吸在机床的立导轨上，表头触在平口钳的固定钳口上，纵向或者横向移动，使钳口平行或者垂直于某个方向。

3. 顺铣和逆铣的比较（见图 3-3-2）

铣削加工前我们首先要了解顺铣和逆铣的区别，以防止加工过程中出现不必要的问题。根据铣刀在切削时对工件作用力的方向与工件移动方向的区别分顺铣和逆铣。

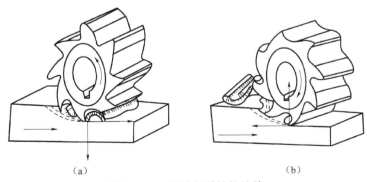

（a）　　　　　　　　　　　　（b）

图 3-3-2　顺铣和逆铣的比较

（a）顺铣；（b）逆铣

（1）顺铣。铣刀旋转方向与工件送进方向相同时的铣削，即铣刀刀齿作用在工件上的力，这个作用力在进给方向上的分力，与工件的进给方向相同时称为顺铣，如图 3-3-2（a）所示，由于丝杠螺母间隙，在顺铣时的铣削力与工作台运动方向一致，所以会拉动工作台，拉动的距离等于丝杠与螺母之间的间隙。当工件在进给方向上突然增加这个移动量后，使铣刀后一个刀齿的切削量突然增加，一般要比原来的进给量增加几倍甚至几十倍。这样往往由于刀齿的切削量过多而使刀齿折断、刀轴弯曲，甚至使工件和夹具产生位移，进而使工件、夹具以致机床遭到损坏。所以在没有消除丝杠与螺母之间的间隙之前，不能用顺铣进行加工。

（2）逆铣。铣刀旋转方向与工件送进方向相反时的铣削，即铣刀刀齿作用在工件上的力，这个作用力在进给方向上的分力，与工件的进给方向相反时称为逆铣，如图 3-3-2（b）所示。由于在逆铣时的铣削力与工作台运动方向相反，所以不会拉动工作台。那么顺铣时的不利现象就不会出现。所以在铣床上通常都采用逆铣来进行加工。

顺铣与逆铣的比较：虽然顺铣由于工作台传动丝杠与螺母之间存在间隙，在实际使用中受到限制。但是若把间隙减小到极小，如不超过 0.03 mm 时，还是可以采用顺铣来进行铣削的。因为顺铣也有许多优点：

（1）逆铣时，铣削力作用在工件上的垂直分力是向上的，尤其在刚切到工件时更为显著，这个力有可能把工件从夹具中挑出来。顺铣时，这个垂直分力是向下的，有压住工件的作用，因而这个力是有利的，尤其在加工不易夹紧的工件和长而薄的工件时，顺铣的这个优点就更加显著。

（2）逆铣时，切屑由薄到厚，刀刃开始切到工件时的铣削厚度接近于零，所以切不进去，需滑动一小段距离后才切入工件，刀刃容易磨损。顺铣时，刀刃一开始就切入工件，切屑由厚到薄，故刀刃比较逆铣时磨损小，铣刀耐用度高。

（3）逆铣时，刀刃在开始滑动阶段，工件对铣刀的作用力是向上的。刀刃切入工件后，工件对铣刀的作用力是向下的。由于作用力在方向上的变化，铣刀往往产生较大的周期性振动，影响加工表面的表面粗糙度。另外加工表面由于受到刀刃在滑动时的冷挤压作用，表面质量也受到影响。顺铣时就没有上述情况，只是由于切屑薄厚的变化而使铣削力在大小上有所改变，但是当同时参加切削的刀刃有两个或两个以上时，切削力的变化就很小。因此铣刀产生的振动小，加工出的表面质量也好。

（4）逆铣时，进给运动的力要克服铣削力在进给方向的分力和摩擦阻力，所以进给运动的力较大，消耗的动力也大。顺铣时进给方向的分力与进给运动方向一致，故需要的力和消耗的动力均小。

顺铣较逆铣有许多优点，不过由于顺铣时刀齿一开始就切到工件的表面，因此对表面有硬皮的毛坯工件，用顺铣不太合适。

综上所述，对不易夹牢的工件和薄而长的工件，应采用顺铣。另外，当铣削力的水平分力小于工作台的摩擦阻力时，如铣削量极小的精加工和切断薄型工件等，也可采用顺铣。

上面介绍的是用圆柱铣刀或圆盘形铣刀在铣削时的顺铣和逆铣。用端铣刀铣削时，由于铣刀与工件之间的位置不同，因而也会出现顺铣和逆铣的现象。

非对称切削在用端铣刀和立铣刀铣削时，工件偏在铣刀的一边，称为非对称切削，如图 3-3-3 所示。在做非对称切削时也有顺铣和逆铣的区别。图 3-3-3（a）所示的是铣削力在进给方向的合力，与进给方向相反，所以是逆铣。图 3-3-3（b）所示的是铣削力与进给方向相同，所以是顺铣。

在用端铣刀做逆铣时，工件并没有受到向上的垂直分力。而顺铣时，工件也并没有受到向下压的力。此外，当铣刀的直径大于工件的宽度时，刀齿也不会产生滑移的现象，所以用端铣刀做逆铣时，就没有像用圆柱铣刀进行逆铣时那样会产生各种不良现象。但是用端铣刀做顺铣时，同样会拉动工作台，而使铣刀、工件以致夹具等遭到损坏。所以用端铣刀进行铣削时，都应采用逆铣的方式。

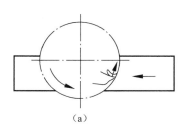 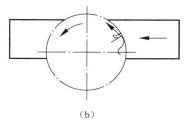

（a）　　　　　　　　　　　（b）

图 3-3-3　非对称切削

（a）逆铣；（b）顺铣

对称切削在铣削时，工件处在铣刀的中间，如图 3-3-4 所示。端铣刀在做对称切削时，刀齿对工件的作用力，在前半边时与进给方向是相反的，而在后半边时是与进给方向一致的，其平均值是垂直于工件的。对窄长的工件，在受到这个垂直力后，会产生很大的振动，甚至会使工件产生变形和弯曲。另外，由于铣削力方向不断改变，对用刀齿少的端铣刀切削时，也有可能拉动工作台。所以在用端铣刀进行铣削时，只有在工件的宽度很宽，而且接近于铣刀直径的情况下才用对称切削，否则尽量不用。

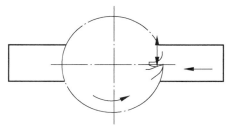

图 3-3-4　对称切削

4. 切削用量选择

用端铣刀铣平面，学生实训时，切削用量的选择如下。

1）切削钢材时

主轴转速选择

$$n=1\ 000\ v/3.14D$$

式中，v 为铣削速度，可从机械工业手册中查出；D 为铣刀铣削回转直径。

通过计算主轴转速 n，一般取 $500\sim600$ r/min，切削深度 $a_p=0.1\sim2.0$ mm。

走刀量选择

$$f=35\sim60\ \text{mm/min}$$

2）铣削铸件时

主轴转速选择 n，一般取 $30\sim400$ r/min；切削深度 $a_p=0.1\sim2.0$ mm；走刀量选择 $f=40\sim60$ mm/min。

5. 平面铣削加工过程

（1）读图分析、检查毛坯、确定加工次数（粗加工、精加工）。

（2）选刀、检查设备、调整切削用量。

（3）选择、安装、校正夹具，装刀，装工件，选择较大、较平整的面作为装夹基准面，且装夹时工件应夹紧、敲实。

对于大型工件要用压板安装工件，如图 3-3-5 所示。

（4）开车对刀：以工件最高点对刀。把主轴旋转起来，调整纵向与升降工作台，使刀尖轻轻划上工件表面，退出工件，上升工作台调整切削深度（注意：把刀具旋转起来叫开车）。

（5）启动自动走刀电动机，纵向打自动，铣完整个平面（走刀是铣削加工过程）。

（6）工作台下降，快速退回纵向工作台（退刀是刀具跟工件分离并回退）。

（7）测量：检查所剩余量，决定下一刀的吃刀深度。

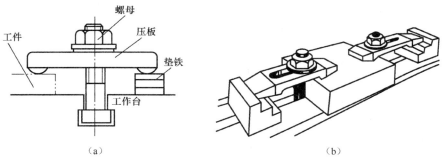

（a）   （b）

图 3-3-5　压板安装工件

（8）将所剩余量逐步加工到工艺要求的尺寸后降下工作台，退出工件。

（9）停止主轴，退工作台，卸下工件。

（10）打扫卫生：

① 用小毛刷打扫机床上各个部位的切屑；

② 用抹布擦拭机床，并加油；

③ 打扫场地卫生；

④ 在打扫完毕后通知老师检查。

三、实训图样

实训图样如图 3-3-6 所示。

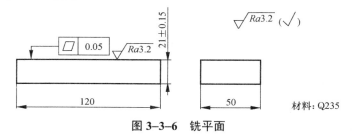

图 3-3-6　铣平面

四、实训步骤

1. 分析图纸

（1）加工精度分析：加工平面的尺寸为 120 mm×50 mm×21 mm，平面度公差为 0.05 mm。

（2）选择毛坯：毛坯是尺寸为 130 mm×60 mm×30 mm 的矩形体。

（3）工件材料：Q235 碳素结构钢。材料的切削性能好，可选用高速钢铣刀，也可以选用硬质合金铣刀。

（4）形体分析：矩形坯件，外形尺寸不大，宜采用机用平口钳装夹。

2. 铣削过程

（1）平面加工工序过程：根据图纸的精度要求，本工序拟在立式铣床上采用机夹式硬质合金端铣刀进行加工，加工过程为：坯件测量—安装机用平口钳—装夹工件—安装机夹式硬质合金端铣刀—粗铣平面—精铣平面—检验平面。

（2）选择铣床：选用 X5032 型铣床。

（3）选择工件装夹方式：选择机用平口钳装夹工件。考虑到毛坯工件比较薄，故采用平行垫铁垫高工件，保证工件高出平口钳 10 mm。

（4）选择刀具：根据图纸给定的平面宽度尺寸，选择机夹式硬质合金端铣刀，其规格外径为 80 mm，刀具直径的选择见表 3-3-1 和表 3-3-2。

注：如 a_p、a_c 不能对应表中同一 d_0，则圆柱铣刀主要根据 a_p 选择铣刀直径，端铣刀主要根据 a_c 选择铣刀直径。

表 3-3-1　圆柱、端铣刀直径的选择（参考）　　　　　　　　　　　　　　mm

名　　称	高速钢圆柱铣刀			硬质合金端铣刀					
铣削深度 a_p	≤5	5～8	8～10	≤4	4～5	5～6	6～7	7～8	8～10
铣削宽度 a_c	≤70	70～90	90～100	≤60	60～90	90～120	120～180	180～260	260～350
铣刀直径 d_0	≤50	80～100	100～125	≤80	100～125	160～200	200～250	320～400	400～500

表 3-3-2　盘形、锯片铣刀直径的选择　　　　　　　　　　　　　　mm

切削深度 a_p	≤8	8～15	15～20	20～30	30～45	45～60	60～80
铣刀直径 d_0	63	80	100	125	160	200	250

五、注意事项

（1）铣削前先检查刀盘、铣刀头、工件装夹是否牢固，铣刀头的安装位置是否正确。

（2）铣刀旋转后，应检查铣刀的装夹方向、铣刀的旋转方向是否正确。

（3）调整切削深度时应开车对刀并且刀尖应在工件正上方。

（4）进给中途，不允许停止主轴旋转和工作台自动进给，遇到问题应先降落工作台，再停止主轴旋转和工作台自动进给，或先停进给几秒钟后再停主轴。

（5）进给中途不允许测量工件和用手摸工件。

（6）不能两人同时操作铣床，切屑应飞向床身，以免烫伤人，对刀或铣削时眼睛不能平视工件。

（7）对刀、试切、调整和安装铣刀头时，注意不要损伤刀片刃口。

（8）若采用四把铣刀头，可将刀头安装成阶台状切削工件。

（9）机床上的灯在机床通电状态下应保持常开。

（10）应注意冷却液的使用。

3.3.2　铣削垂直面

一、实训要求

（1）了解垂直面的相关概念；

（2）掌握垂直面的铣削加工。

二、实训内容

1. 垂直面

垂直面和平行面是相对于某一个面讲的，要给其下定义，就要了解基准面。基准就是根据的意思。基准的种类很多，以其本身来说，有点、线、面。

基准由性质来分有设计基准、测量基准、装配基准和定位基准。对铣削工作者来说主要用到定位基准。

定位基准属于工艺基准，在加工时是根据其来确定工件位置的。所以垂直面就是要求铣出的面和基准面垂直。其他具体方法和铣平面大同小异。

2．垂直面的铣削加工

1）熟悉加工图

根据图纸可知：工件的材料是铸铁，工件的各相邻面要求垂直，而各相对的面要求互相平行，工件各相对面之间的尺寸都有公差。

2）选择基准面

基准面一般选择作为测量基准的面，或此零件在安装时与其他零件相配合的面，或者选择尺寸比较大的平面作基准面。现在选择一大面作基准面。

3）确定加工次数

从图纸上知道，每边的加工余量有几毫米。要求一次切除余量而得到表面光洁是比较困难的，所以应该分粗铣和精铣两个步骤加工。粗铣时的铣削深度为机床最大加工量。精铣时的铣削深度留 0.5 mm。

4）选择铣刀

根据粗铣的铣削深度和工件宽度选用机械夹固式高速钢端铣刀，齿数为 6。精铣时因铣削深度小，切屑薄、体积小，而且要求获得光洁的表面，所以同样选用机械夹固式高速钢端铣刀，齿数为 8。

5）确定铣削用量

粗铣进给量从表 3-3-3 中查得，f_z 取为 0.10 mm/z；精铣从表中查得，s 取为 0.6 mm/r。铣削速度 v 取 25 m/min。

由公式 $n=1\,000\,v/3.14D$，铣床上实际采用 300 r/min。

进给速度 $v_f = f_z \cdot z \cdot n$，铣床上实际采用 75 mm/min。

表 3-3-3　每齿进给量 f_z 的推荐值　　　　　　　　　mm/z

工件材料	工件硬度 HBS	硬 质 合 金		高 速 钢			
		面铣刀	三面刃盘形铣刀	圆柱铣刀	立铣刀	面铣刀	三面刃盘形铣刀
低碳钢	<150	0.20~0.40	0.15~0.30	0.12~0.20	0.04~0.20	0.15~0.30	0.12~0.20
	150~200	0.20~0.35	0.12~0.25	0.12~0.20	0.03~0.18	0.15~0.30	0.10~0.15
中、高碳钢	123~180	0.15~0.50	0.15~0.30	0.12~0.20	0.05~0.20	0.15~0.30	0.12~0.20
	180~220	0.15~0.40	0.12~0.25	0.12~0.20	0.04~0.20	0.15~0.25	0.07~0.15
	220~300	0.12~0.25	0.07~0.20	0.07~0.15	0.03~0.15	0.10~0.20	0.05~0.12
灰铸铁	150~180	0.20~0.50	0.12~0.30	0.20~0.30	0.07~0.18	0.20~0.35	0.15~0.25
	180~220	0.20~0.40	0.12~0.25	0.15~0.25	0.05~0.15	0.15~0.30	0.12~0.20
	220~300	0.15~0.30	0.10~0.30	0.10~0.20	0.03~0.10	0.10~0.15	0.07~012

续表

工件材料	工件硬度 HBS	硬 质 合 金		高 速 钢			
		面铣刀	三面刃盘形铣刀	圆柱铣刀	立铣刀	面铣刀	三面刃盘形铣刀
可锻铸铁	110～160	0.20～0.50	0.10～0.30	0.20～0.35	0.08～0.20	0.20～0.40	0.12～0.25
	160～200	0.20～0.40	0.05～0.25	020～0.30	0.07～0.20	0.20～0.35	0.15～0.20
	200～240	0.15～0.30	0.10～0.20	0.12～0.25	0.05～0.15	0.15～0.30	0.10～0.20
	240～280	0.10～0.30	0.10～0.15	0.10～0.20	0.02～0.08	0.10～0.20	0.07～0.12
含碳量 <0.3% 的合金钢	125～170	0.15～0.50	0.12～0.30	0.12～0.20	0.05～0.20	0.15～0.30	0.12～0.20
	170～220	0.15～0.40	0.12～0.25	0.10～0.20	0.05～0.10	0.15～0.25	0.07～0.15
	220～280	0.10～0.30	0.08～0.20	0.07～0.12	0.03～0.08	0.12～0.20	0.07～0.12
	280～300	0.08～0.20	0.05～015	0.05～0.10	0.002 5～0.05	0.07～0.12	0.05～0.10
含碳量 >0.3% 的合金钢	170～220	0.125～0.40	0.12～0.30	0.12～0.20	0.12～0.20	0.15～0.25	0.07～0.15
	220～280	0.10～0.30	0.08～0.20	0.07～0.15	0.07～0.15	0.12～0.20	0.07～0.20
	280～320	0.08～0.20	0.05～0.15	0.05～0.12	0.15～0.12	0.07～0.12	0.05～0.10
	320～380	0.06～0.15	0.05～0.12	0.05～0.10	0.05～0.10	0.05～0.10	0.05～0.10
工具钢	退火状态	0.15～0.50	0.12～0.30				
	36HRC	0.12～0.25	0.08～0.15	0.07～0.15	0.05～0.10	0.12～0.20	0.07～0.15
	46HRC	0.10～0.20	0.06～0.12	0.05～0.10	0.03～0.08	0.07～0.12	0.05～0.10
	56HRC	0.07～0.10	0.05～0.10				
铝镁合金	95～100	0.15～0.38	0.125～0.30	0.15～0.30	0.05～0.15	0.20～0.30	0.70～0.20
注：表中小值用精铣，大值用粗铣。							

精铣铣削速度取 $v=26$ m/min，乘修正系数 $k=14$ 后得实际铣削速度为 35 m/min。

$n=1\,000v/3.14D$，铣床上实际可采用 375 r/min，所以铣床每分钟进给量为 60 或 75 mm/min。粗铣和精铣的铣削宽度均等于被加工面的宽度，铣削深度粗铣均为最大加工量，精铣均为 0.5 mm。

7）粗铣

粗铣的主要目的是把大部分加工余量切除，使精铣时获得合理的铣削深度，同时得到比较正确的形状以及比较平整的表面，有利于精铣时的正确安装。

粗铣的顺序如图 3-3-7 所示。首先应铣出平面 1，然后以平面 1 为基准，紧贴固定钳口，铣平面 2。仍以基准面贴紧固定钳口，并使平面 2 与虎钳的导轨面紧密贴牢，铣平面 3，使铣出的平面 2 和平面 3 与平面 1 垂直。接着是铣平面 4，与基准平面 1 紧贴且平行于垫铁，使铣出的平面 4 与基准面平行，这样平面 4 也必然与平面 2 和 3 垂直。最后铣削两个端面 5 和 6，铣削时都以平面 1 为基准，使基准面与固定钳口贴牢。为了使铣得的端面 5 和 6 与平面 2 和 3 垂直，还必须把平面 2 或平面 3 用角尺校正。

8）精铣

精铣各个表面的顺序与粗铣时完全相同，只是在加工各个面时，应先把工件的一面（即基准面）全部铣好，再铣工件的第二面，依此类推，直到加工结束。这样一次调整可加工多个工件，大大节省了调整时间并可避免在调整时产生误差，这对于成批加工更为有利。

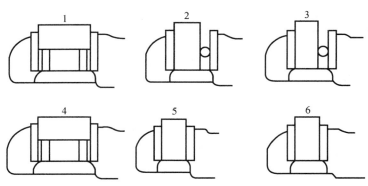

图 3-3-7　典型六面体加工

2. 垂直面的其他加工方法

有些工件，立式铣床无法加工两端面时可以在卧式铣床上用平口钳装夹铣侧面，如图 3-3-8 所示。此时只要把固定钳口校正到与纵向进给方向垂直就可以了。加工时就不需要像上面那样，每铣一个端面都要用直角尺校正。卧式万能铣床上铣平面的步骤：安装平口钳，并校正平口钳固定钳口面与纵向导轨垂直，如图 3-3-8 所示；装夹工件，使工件露出钳口端面，以防止铣伤虎钳；装夹工件时保证工件底面和工作台面平行、侧面和固定钳口面重合；对刀铣削，保证图样要求。

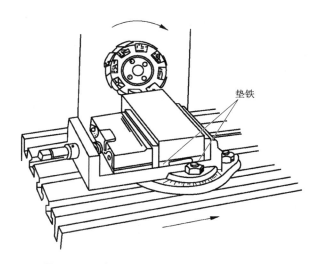

图 3-3-8　在卧式铣床上用平口钳装夹铣侧面

对于大型工件我们现有立式铣床可能无法用平口钳装夹加工，如图 3-3-9（a）所示。这时我们可以改用压板装夹的方法，如图 3-3-9（b）所示。

对垂直度要求较高的工件，对固定钳口必须按下述方法校正。

（1）对下面没有转盘的机用平口钳，利用平口钳底面上的定位键定位即可。安装时，使固定钳口与纵向进给垂直。

（2）对下面装有转盘的机用平口钳，即使底面也用定位键来确定位置，但由于转盘上刻度线是用目测对准的，所以不是很准确。同时刻度线有一定的粗细，和刻度本身有误差，所

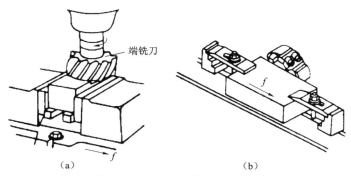

图 3-3-9　大型工件的装夹加工

（a）在立式铣床上铣平面；（b）在卧式铣床上用压板装夹铣侧面

以更不容易确认准确，因此必用百分表来做精密的校正。把百分表利用吸铁座固定在横梁上，使百分表的触头与固定钳口接触，把百分表表面上的零线转到与长指针重合。使工作台做横向运动，看百分表上长指针摆动的范围。如在钳口两端的数值相差 5 格，设钳口的长度为 200 mm，就是说钳口在 200 mm 内相差 0.05 mm，即加工出的工件在 100 mm 长度上的垂直度误差是 0.025 mm。如精度还不够，则可用铜锤轻轻敲击平口钳尾部，使钳口两端的偏差在要求范围以内。再把固定螺栓拧紧，这时必须核对钳口的垂直度是否准确。

工件长度方向的尺寸调整，可在钳口的另一端固定好一块定位铁，对两端面之间的尺寸，也只要调整第一件，以后无须每一件都进行调整，因此可大大节省校正的时间。

三、实训图样

实训图样如图 3-3-10 所示。

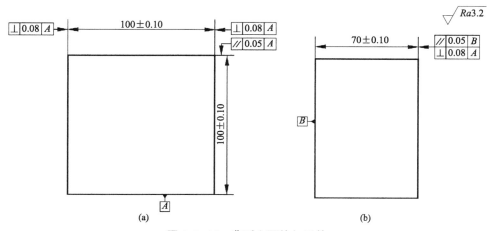

图 3-3-10　典型六面体加工件

四、实训步骤

实训步骤如图 3-3-7 所示。

1. 加工过程（图 3-3-7 中 1 面即图 3-3-10 中的基准面 *B*）

（1）铣面 1，要求平整，整个面见光即可。

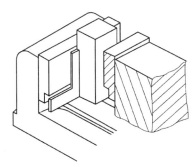

图 3-3-11　在立式铣床上用
直角尺铣面 5 和面 6

（2）用面 1 作基准，即把面 1 靠在平口钳的固定钳口面上，铣削相邻的两个垂直面面 2 和面 3。注意尺寸及相邻面的垂直、平行关系。

（3）铣削与面 1 相对的面即面 4。注意尺寸及相邻面的垂直、平行关系。

（4）用直角尺找正铣削面 5 和面 6（见图 3-3-11）。还可以在卧式万能铣床上铣面 5 和面 6（见图 3-3-7）。

（5）用锉刀修正毛刺，检验尺寸及与相邻面的垂直、平行关系。

2．工件的检验

工件全部铣完后，应做全面的检验。对第一个工件来说，每铣好一个面，就应进行检验，合格后再继续铣下面几个工件。

1）检验表面粗糙度

表面粗糙度一般都采用标准样板来比较。标准样板是按照加工方法分组的。因为切削方法不同，切出的刀纹形状也不同，所以通常采用相同刀纹的样板来比较。假如铣出的表面和用相同切制方式的样板中表面粗糙度的一块非常相似，就说明这个表面的表面粗糙度是多少。

计量室等部门也有采用光学仪器和比较显微镜以及轮廓测定仪等仪器来测定的。

2）检验平面度

对于铣工，用刀口直尺来检验平面的平面度最为普遍。检验方法如图 3-3-12 所示。

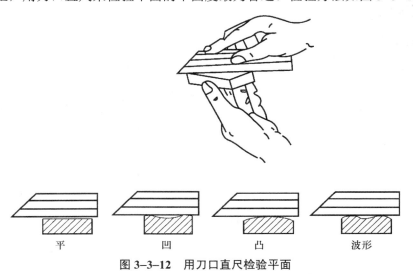

平　　　　凹　　　　凸　　　　波形

图 3-3-12　用刀口直尺检验平面

3）检验垂直度

两个平面之间的垂直度，一般都用角尺来检验，检验方法如图 3-3-13 所示，也可利用百分表和方箱在平板上检验垂直度。

五、注意事项

（1）加工完每一棱边，毛刺一定要去掉，以免划伤手或影响后续加工精度。

（2）反面加工时一定要擦干净定位面上的遗留切屑，以防工件垫起影响垂直度或平行度。

（3）在立铣或卧铣上铣两端面时注意装夹方法要正确。

（4）检验垂直度时直角尺的使用要正确，一边贴实工件，看另一边是否严实。

（5）在立铣或卧铣上铣两端面时注意铣削量不宜过大，以防工件移动影响其垂直度或平行度。

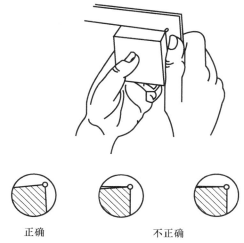

图 3-3-13　用角尺检验垂直度

3.3.3　铣削斜面

一、实训要求

（1）了解斜面的相关知识；
（2）掌握斜面的铣削加工。

二、实训内容

1. 斜面

铣斜面或者说铣角度更为确切，有很多机器零件上要加工出一个斜面，或者说加工出一个角度，这个角度都是相对零件上某一个部分而言的，比如相对某一孔、某一面，那么这个孔、这个面就是我们要确定的基准，以其为基准来确定我们所要加工的部位或方向。

在图纸上表示斜面的方法有两种：对于倾斜度大的斜面，一般都用度数表示，如斜面和基准面之间的夹角为 n 度；对于倾斜度小的斜面，往往采用比值表示，如在 100 mm 的长度上，两端尺寸相差 1 mm，就用 1:100 表示。

角度的大小在图纸上是有标注的。角度的方向在图纸上是可以看出来的，关键是加工时由于操作者概念不清，把刀具的切削部位与工件的基准位置倒置，造成角度铣反或者斜面铣反。因此，操作者头脑要清醒，如何转动刀具或工件能使刀具的某一部位与工件基准形成图纸要求的角度，这是很关键的一点。

2. 斜平面铣削

铣斜面的方法灵活多样，主要常用的方法如下。

1）划线法 ［见图 3-3-14（a）］

根据图纸确切的基准，按角度、尺寸、方向在工件上划好线，将工件夹在平口钳内或用压板压在工作台上，再将其划针盘找水平（或垂直），使所划的线条与刀具的旋向平面平行（或垂直），然后铣至线上。

2）转动平口钳法 ［见图 3-3-14（b）］

这种操作方法一般要和划线法配合使用比较安全。关键一点是转动的方向要对，也就是刀具相对工件基准要确定正确，否则会把角度铣反。

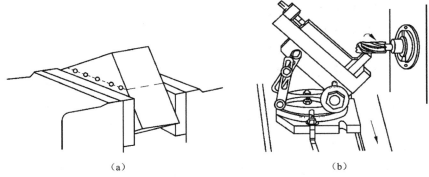

（a）   （b）

图 3-3-14　用划线法和转动平口钳法铣斜面

（a）划线法；（b）转动平口钳法

3）扳转立铣头铣削法（见图 3-3-15）

这种操作方法与转动平口钳法基本一样，所不同的是一个改变工件的角度、一个改变刀具的角度，但是要注意的一点是：要清楚是刀具的圆周刃铣削还是刀具的端面刃铣削，不然也会造成角度铣反的情况。

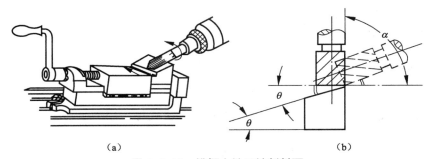

（a）   （b）

图 3-3-15　锥柄立铣刀铣削斜面

（a）实物图；（b）示意图

4）用角度铣刀铣斜面法（见图 3-3-16）

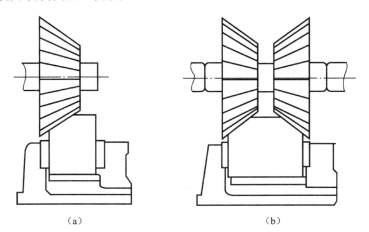

（a）   （b）

图 3-3-16　用角度铣刀铣斜面法

（a）单角度铣刀铣削斜面；（b）双角度铣刀铣削斜面

这种方法比较简单，只要根据图纸上所要求的角度去选择合适的角度铣刀，将工件夹在平口钳内或压在工作台上铣至所要的深度即可。

铣斜面除了以上四种方法外，还有其他方法，例如利用斜垫铁铣斜面，用专用夹具铣斜面等，本部分重点介绍划线法铣斜面。

3. 划线法铣斜平面

如图 3-3-14（a）所示，方法步骤如下。

（1）划线。首先以一面为基准，根据尺寸要求在该平面上确定一点，再以另一面为基准根据尺寸要求确定另一点，然后用钢板尺和划针连接两点，划线就算完成了。

（2）安装工件。将工件夹在平口钳内，用划针盘依据所划线找正工件，使所划线处于水平状态。

（3）安装刀具。卧铣选择螺旋铣刀，最好是粗齿刀，排屑槽要大，刀具要锋利。立铣选择套式端铣刀，也可选用排屑槽大的粗齿刀。

（4）调整主轴转速和调整走刀量。

① 主轴转速：150～235 r/min

② 走刀量：37.5～60 mm/min

（5）开启冷却液（需要时）。

（6）开车铣削。

注意：类似这样的斜面，余量一般都很大，铣削时吃刀深度控制在 2 mm 以内。同时机床的横向、升降要锁紧，以尽可能减少振动，提高工件表面质量。

三、实训图样

实训图样如图 3-3-17 所示。

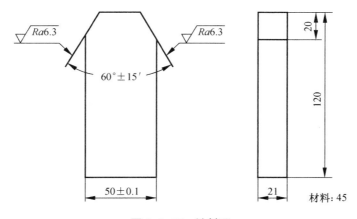

图 3-3-17　铣斜面

四、实训步骤

1. 分析图样

（1）铣削工件上的两个斜面，保证的精度是：尺寸 21 mm，夹角 60°，表面粗糙度 $Ra63\ \mu m$，

铣削加工能达到要求。

（2）工件材料为 45 钢，切削性能较好，可选用高速钢铣刀或硬质合金铣刀。

（3）预制件为 120 mm×50 mm×21 mm 的矩形工件。

2. 倾斜装夹工件铣斜面的工艺准备

（1）加工设备选 X5032 型铣床，选用高速钢面铣刀。

（2）采用机用平口钳装夹工件。工件找正定位时，以大平面为主要基准（限制 3 个自由度），侧平面为导向基准（限制 2 个自由度），上面为止推基准（限制 1 个自由度）。

（3）拟定倾斜工件铣削斜面的工步顺序：预制件检验→划线→找正平口钳→装夹、找正工件→安装铣刀→依次粗、精铣两斜面→铣削斜面工序检验。

（4）选择刀具。根据图样给定的斜面宽度尺寸选择铣刀规格，现选用外径为 $\phi 10$ mm、3 齿的立铣刀。

（5）检验测量方法。用游标万能角度尺检验斜面角度。

3. 斜面的检验

加工斜面时，除去检验斜面基本尺寸和表面粗糙度外，主要检验斜面的角度。精度要求较高、角度较小的斜面，用正弦规检验。一般要求的斜面，用万能游标量角器检验。使用万能游标量角器检测工件斜面时，通过调整和安置角尺、直尺、扇形板，可以测量大小不同的角度。检测工件时，应将万能量角器基标尺底边贴紧工件的基准面，然后调整量角器，使直尺、角尺或扇形板的测量面贴紧工件的斜面，锁紧紧块，读出数值。

五、注意事项

（1）铣削时注意铣刀的旋转方向是否正确。

（2）铣削时切削力应靠向平口钳的固定钳口。

（3）用端铣刀或立铣刀端面刃铣削时，注意顺、逆铣，注意走刀方向，以免因顺铣或走刀方向搞错而损坏铣刀。不使用的进给机构应紧固，工作完毕后应松开。

3.4 铣槽类零件、阶台和切断

3.4.1 铣直角槽、阶台

一、实训要求

（1）掌握直角沟槽、阶台的铣削方法及加工步骤；

（2）了解铣直角沟槽、阶台过程中易出现的问题。

二、实训内容

直角沟槽、阶台的铣削方法及加工步骤如下：

1. **刀具的选择**

铣削直角槽或阶台一般选择立铣刀 [见图 3–4–1（d）] 或三面刃盘形铣刀 [见图 3–4–1（a）、图 3–4–1（b）、图 3–4–1（c）和图 3–4–1（e）]。在满足切削力的需要下，立铣刀的直径或三面刃盘形铣刀的厚度应尽可能小一些。因为直径越大，扭矩越大，产生的振动越大，从而影响加工表面的表面粗糙度。刀具的厚度越宽，增加了切削长度，产生的阻力就越大，同样影响加工精度。以下步骤以三面刃盘形铣刀为例介绍。

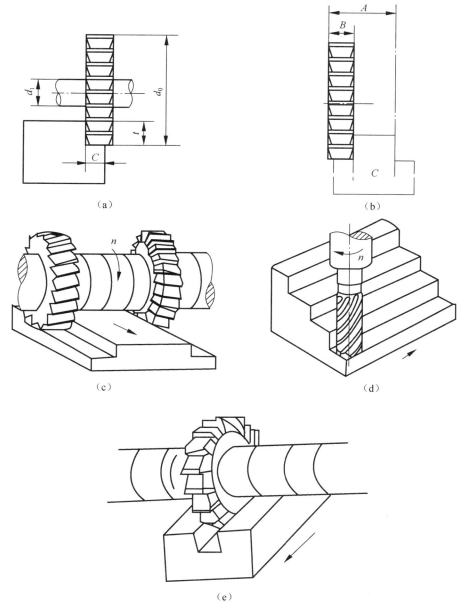

图 3–4–1　铣削直角槽成台阶
（a），（b），（c），（e）三面刃盘形铣刀铣阶台和直角槽；（d）立铣刀铣削阶台

2. 切削用量的选择

1）铸件

主轴转速：80～120 r/min；

走刀量：30～60 mm/min；

切削深度：1～3 mm。

2）钢件

主轴转速：100～160 r/min；

走刀量：20～60 mm/min；

切削深度：1～3 mm。

3）划线

划槽的位置线。

3. 安装刀具

刀具的安装位置要尽量靠近主轴，以减小振动。

4. 安装工件

工件要装夹牢固，并且敲平，即夹紧敲实。

5. 对刀试切

调整纵向、升降工作台，使刀具轻轻接触工件表面，并且刀具要调整在所划线条的中间，然后退出工件。调整切削深度，自动或手动走刀，粗铣第一刀。

6. 测量

检查所剩余量，决定下一刀的切削深度。

7. 将所剩余量进到尺寸，精铣第二刀，把槽的深度铣到尺寸

8. 调整横向工作台，铣槽的宽度

每走一刀需测量一次尺寸，直到保证槽的宽度符合图纸要求为止。

三、铣直角槽、阶台注意事项

（1）铣削时一定采用逆铣。

（2）测量时一定要等刀具停稳后方可测量。

（3）装夹时注意工件的装夹位置，以防止铣削过程中铣床走到极限。

（4）钢件一定要使用冷却液。

（5）铣削深度调整至槽深或阶台深尺寸以后，不用再调，只需水平移动铣至槽宽要求即可。

3.4.2 铣封闭式键槽

一、实训要求

（1）正确选择键槽加工刀具；

（2）熟悉封闭键槽加工的对刀方法，掌握封闭式键槽加工步骤。

二、实训内容

1. 键槽加工刀具选择

轴上安装键的槽称为键槽，键槽有敞开式、半敞开式和封闭式。

（1）敞开式键槽用盘形铣刀［见图 3-4-2（a）］和立铣刀［见图 3-4-2（b）］都可加工，盘形铣刀效率高，其铣削位置调整如图 3-4-3 所示。

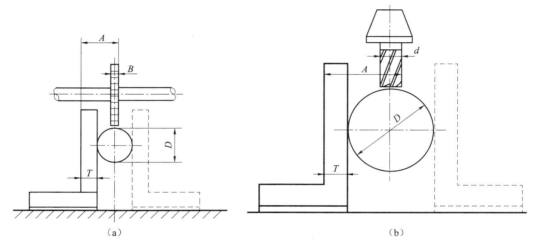

（a）   （b）

图 3-4-2　调整铣刀切削位置
（a）盘形铣刀加工；（b）立铣刀加工

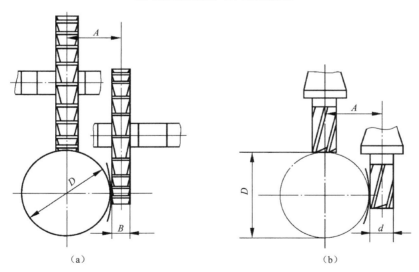

（a）   （b）

图 3-4-3　调整铣刀切削位置
（a）用盘形铣刀加工；（b）用立铣刀或键槽铣刀加工

（2）半敞开式键槽用立铣刀加工。选用刀具直径应小于或等于槽宽。铣削时因受力，立铣刀刚性较差时易偏让，受力过大可能引起铣刀折断。一般用分层铣削法铣至尺寸，在扩铣时，应在槽外升刀，不能来回吃刀，避免顺铣和啃伤工件。

（3）封闭式键槽可用立铣刀和键槽铣刀加工。铣削封闭式键槽一般选用键槽铣刀，采用

分层铣削方法。用立铣刀扩铣封闭槽时，刀具不能垂直进给铣削，应先钻孔，再用小于槽宽的立铣刀铣削，然后用等于槽宽的铣刀铣至要求宽度，扩铣时防止顺铣，随时紧固不用的方向。

铣削键槽时安装工件的夹具有虎钳、专用虎钳、V 形钳和分度头等。

2. 铣封闭式键槽加工对刀方法

常用的方法有：游标卡尺测量法、贴纸法、切痕法和刀规法，如图 3-4-4～图 3-4-6 所示。

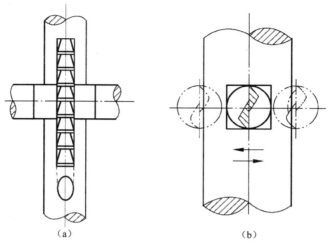

图 3-4-4　按切痕调整铣刀

（a）用盘形铣刀加工；（b）用立铣刀或键槽铣刀加工

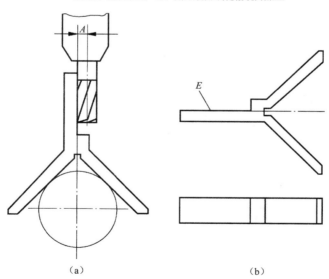

图 3-4-5　用对刀规对中心

（a）校对中心；（b）对刀规

3. 封闭式键槽加工方法及步骤

（1）安装并校正平口钳，装夹工件。

（2）选刀：选相适应的键槽铣刀（要试刀）。

（3）选主轴转数 300～500 r/min。

（4）开车对中心用切痕法，在铣键槽的位置铣出一小平面。调整横向，使主轴旋转中心对准小平面的中心。

（5）记刻度，控制键槽长度、位置、深度，分层铣削。

（6）用键槽卡板测量槽宽。

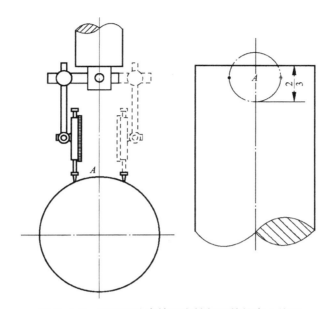

图 3-4-6　利用百分表校正主轴与工件的中心位置

三、实训图样

实训图样如图 3-4-7 所示。

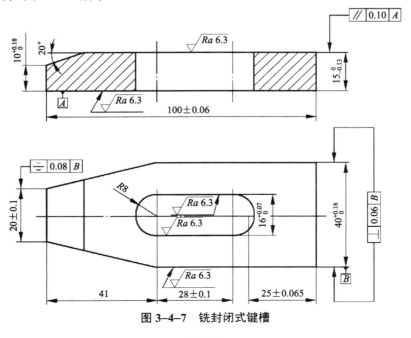

图 3-4-7　铣封闭式键槽

四、实训步骤

（1）选用立式铣床加工外形。

（2）划键槽形线，并预钻落刀孔。

（3）用平口钳装夹工件，工件轴向与机床纵向导轨平行，使工件封闭式键槽部分悬空。

（4）选择直径为 16 mm 的键槽铣刀，并装夹在立铣头上。

（5）将浸油薄纸贴在轴的侧面上，用键槽铣刀的圆周刃试切对刀，找到键槽中心。

（6）刀具退出工件，开动机床，手动纵向进给分层进行铣削，深 15 mm。

（7）铣削过程要验证对称度及键槽宽度尺寸。

五、注意事项

（1）键槽长度方向不能摇错或摇过刻度记号。

（2）升降工作台对完刀后刻度要记好，深度也要划上标记（最好在工作台导轨上和刻度盘上同时标记）。

（3）随零件直径变化，需要重新对准零件中心。

（4）刀具要夹紧，防止掉刀使槽深超差。

（5）铣钢件时要使用冷却液。

3.4.3 铣窄槽和切断

一、实训要求

（1）正确选择切断用的锯片铣刀；

（2）掌握锯片铣刀及工件的安装；

（3）掌握预防锯片铣刀折断的原因及措施。

二、实训内容

1. 锯片铣刀的选择

主要是选择锯片铣刀的直径和厚度。在能够把工件切断的情况下，尽量选择直径较小的锯片铣刀，铣刀直径按下式确定：

$$D > d + 2t$$

式中：D——铣刀直径，mm；

d——刀垫圈直径，mm；

t——切断时的深度，mm（工件厚度）。

当工件厚度较大，又无大直径锯片铣刀时，可从相对的两面分两次进行切削。切断用锯片铣刀的厚度，应根据毛坯的长度及分割段数来确定。按下式确定：

$$B \leq (I - L_{断})/(n-1)$$

式中：B——铣刀厚度；

I——毛坯总长；

L——每段长度；

n——需分割的段数。

总之，铣刀直径大时取较厚的铣刀，铣刀直径小时取较薄的铣刀。

2. 锯片铣刀及工件的安装（见图 3-4-8）

1）锯片铣刀安装

安装锯片铣刀时，铣刀应尽量靠近铣床主轴端部。安装挂架时，挂架应尽量靠近刀，以增加刀轴的支撑刚性，如图 3-4-8 所示。

为防止铣刀受力过大而碎裂，在刀轴和铣刀间不安装键，靠刀轴垫圈和铣刀两侧面的摩擦力，带动铣刀旋转切削工件。为防止刀轴螺母松动，在靠近刀轴紧刀螺母的刀环内安装键。

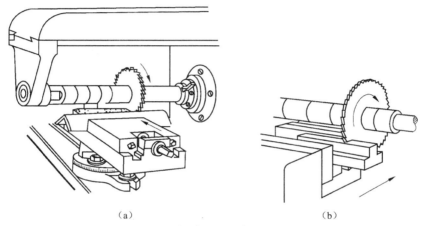

(a)   (b)

图 3-4-8　锯片铣刀的安装和切断

2）工件的安装

平口钳装夹工件时，固定钳口应与铣床主轴轴心线平行，铣削力应朝向固定钳口。工件伸出钳口端的长度要尽量短（以铣不到钳口端为宜），避免切断时产生振动。工件全部装夹在钳口内，切断时应注意钳口夹紧力，以工件快切断时不夹住刀具并顺利切断为宜。

压板装夹工件切断板料时，可使用压板将工件夹紧在工作台台面上，压板的夹紧点应尽量靠近铣刀，切缝置于工作台 T 形槽间，防止损伤工作台。工件的端面和侧面应安装定位垫铁，防止工件松动，切断带孔工件时，固定钳口与铣床主轴轴心线平行安装，夹持工件的两端面，将工件切透。

零件上较窄的直角沟槽（如开口螺钉），如图 3-4-9 所示，为了装卸工件方便，并不损伤工件的螺纹部分，可以用开口螺纹保护套或垫铜皮，将工件用三爪卡盘夹持。

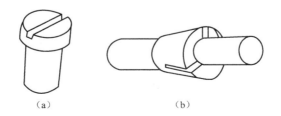

(a)   (b)

图 3-4-9　弹簧夹头和埋头螺钉铣窄槽

切断条料前应对平口钳进行校正，使平口钳的固定钳口与铣刀的侧面垂直。在保证切下规定长度的前提下，尽量缩短条料的伸出长度，使工件具有较高的刚性，以免在切削过程中产生振动。如切下的长度较小时可加大条料的伸出长度，以便在一次装夹下切下工件。在计算伸出长度时，除应考虑要切下的各段长度外，还应考虑到铣刀的宽度和断口数目，切断时应选用较低的切削速度和进给量，最好采用手动进给。铣刀的切削深度与料的底面接平为宜，有时需要用压板压紧。

三、铣窄槽和切断注意事项

（1）尽量采用手动进给，进给应均匀。

（2）若采用机动进给，必须先手动进给切入工件以后再机动进给，进给速度不能过快，加工前应先检查工作台零位的正确性。

（3）使用大直径铣刀切断时，应采用加大的垫圈，以增强锯片铣刀的安装刚性。

（4）切断钢件时应加充足的冷却液。

（5）切断时注意力应集中，走刀途中发现铣刀停转或工件移动，应先停止工作台进给，再停止主轴旋转。

（6）禁止用变钝的铣刀切断，应及时更换刀刃。

（7）切断时非使用的进给机构应紧固。

（8）切断时的切削力应朝向夹具的主要支撑部分。

3.5　铣特种沟槽

3.5.1　铣 V 形槽

一、实训要求

（1）了解特种沟槽的相关知识。

（2）掌握 V 形槽的加工方法。

（3）理解铣 V 形槽中窄槽的作用。

二、实训内容

1. 特种沟槽

机械中，有不少零件具有特殊形状的沟槽，如装夹圆工件平口钳中 V 形铁上的 V 形槽、铣床工作台上的 T 形槽和横梁上的燕尾槽等，这种形状特殊的沟槽叫特种沟槽。这类特种沟槽，一般用刃口形状与特种沟槽形状相应的铣刀铣削。在单件生产时，也有采用通用铣刀做多次切削或采用组合铣刀来铣削的。

2. 90° V 形槽的加工方法

一般 V 形槽是 90°，但也有 120°、60° 的。其加工方法也有多种，基本上类似铣斜面时的方法，如转动平口钳铣 V 形槽，转动立铣头铣 V 形槽，按划线铣 V 形槽，用角度铣刀铣 V 形槽等，本部分主要介绍 90° V 形槽的铣削加工方法。

要加工一个 90° V 形槽，其可以利用通用刀具的圆周刃和端面刃，用普通加工方法铣出一个 90° 槽来。如 90° V 形槽可用立铣刀铣削，如图 3–5–1（b）所示。90° V 形槽也可以用三面刃盘形铣刀铣削。

铣 90° V 形槽常用双角铣刀在卧式铣床上进行，如图 3–5–1（a）所示，双角铣刀的角度等于 V 形槽角度，宽度应大于 V 形槽槽口宽度。铣削前先用锯片铣刀在槽的中间铣出窄槽，以防止损坏铣刀刀尖。铣削深度的调整，可先使铣刀接触窄槽口，再将工件上升距离 H，根据几何关系，H 可由下式算出：

$$H = \frac{B-b}{2} = \cot \frac{\beta}{2}$$

式中：B——V 形槽槽口宽度，mm；

　　　b——窄槽宽度，mm；

　　　β——V 形槽角度。

90° V 形槽也可以用单角铣刀铣削，铣完一边后，必须将铣刀或工件卸下并翻转 180°，再铣另一边。

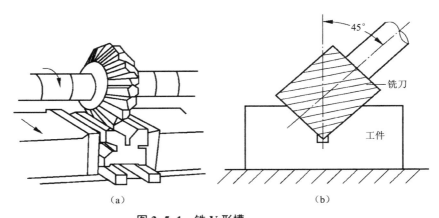

图 3–5–1　铣 V 形槽

（a）用双角铣刀；（b）用通用刀具

3. 铣 V 形槽时铣窄槽的作用

（1）当用角度铣刀铣 V 形槽时，应使刀尖处不担任切削工作。因为角度铣刀的刀尖处强度最弱，容易损坏，有了窄槽后，对提高刀具的耐用度是有利的。

（2）当铣好 V 形槽后，在安装与 V 形槽角度相同的多面体零件时，应使两平面紧密结合，而不致被槽底抬起。窄槽可以选用锯片铣刀来加工。

普通机械加工教程

三、实训图样

实训图样如图 3-5-2 所示。

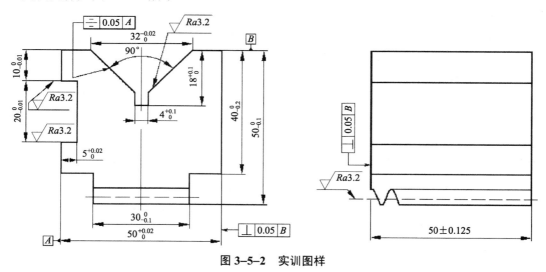

图 3-5-2　实训图样

四、加工步骤

（1）安装并校正夹具。
（2）安装并校正工件。
（3）用锯片铣刀铣窄槽。
（4）用角度铣刀或立铣刀铣 V 形槽。

五、加工注意事项

（1）如果两 V 形面夹角中心线与基准面不垂直，应校正工件或夹具基准面与工作台台面平行。

（2）用立铣刀铣 V 形槽时，为防止立铣刀的端面刃将另一 V 形面铣伤，操作时应注意使铣刀刀尖对准窄槽中心。

（3）立铣头调整角度或工件调整角度不正确会引起 V 形槽角度超差。

（4）工件二次装夹有误差，或二次调转立铣头角度铣削时调整角度不一致，会造成 V 形槽两面半角与中心不对称。

3.5.2　铣 T 形槽

一、实训要求

（1）了解 T 形槽的用途；
（2）掌握 T 形槽的加工方法。

二、实训内容

1. T 形槽的用途

铣床、刨床、镗床等机床的工作台面上有几条 T 形槽，它是用来安放定位键，以便迅速校正机床附件或工件的，还可安放压紧螺钉，以便压紧机床附件、夹具或工件。

2. T 形槽的加工方法及步骤

（1）在工件上划线，按照图纸尺寸要求，在工件上划出 T 形槽的位置线，以便在加工时确定下刀的位置。

（2）安装工件，如果工件较大，可将工件压在工作台上加工。如果工件较小，平口钳可以夹住，可用平口钳装夹。但要校正平口钳使固定钳口平行于铣床工作线。夹紧工件时不要顺着 T 形槽的方向夹，要垂直于 T 形槽的方向夹，也就是要夹 T 形槽的两端头，这样夹比较牢固。

（3）铣直槽，如图 3-5-3（a）所示，铣直槽选用三面刃盘形铣刀或立铣刀，铣刀直径大小首先要保证铣到直槽的深度，铣刀的宽度选择要根据刀轴的精度。如果刀轴不偏摆，铣刀宽度可以选择与直槽宽度完全相同的铣刀，但须事先试好刀确认槽宽符合要求时才能安装工件加工，否则容易造成废品。在练习中，我们选择稍窄于槽宽的铣刀，先在直槽的中间铣一刀，然后移动横向工作台，铣槽的两侧达到图纸要求，直槽的深度铣到 T 形槽的底深，不要留量。

（4）铣 T 形，如图 3-5-3（b）所示，铣 T 形槽的刀具是一种专用刀具，在选用时要选择符合图纸尺寸要求的刀具，要注意的是铣刀颈部直径须小于直槽的宽度。

（5）倒角，如图 3-5-3（c）所示，T 形槽铣完后要在槽口倒角，选择的刀具是角度铣刀，根据图纸要求倒成 C1.5 或 C2 倒角。

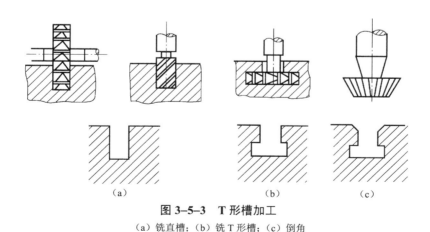

图 3-5-3 T 形槽加工
（a）铣直槽；（b）铣 T 形槽；（c）倒角

三、T 形槽加工注意事项

（1）工件装夹要牢固。

（2）铣 T 形槽时，铁屑不容易排出，要常清理堆在槽内的铁屑，同时也可以减少热量的

增加，提高刀具的使用寿命。

（3）由于上述第 2 条因素，走刀不宜太快，最好手动进给，一旦出现问题便于立即停止。

（4）T 形槽要对称于直槽，防止产生顺铣损坏刀具。

3.5.3　铣燕尾槽

一、实训要求

（1）了解燕尾槽的用途及加工基本知识；

（2）掌握燕尾槽的加工步骤；

（3）掌握燕尾槽的测量方法。

二、实训内容

1. 燕尾槽的用途及加工基本知识

燕尾槽多用作移动件的导轨，如铣床床身顶部横梁导轨、升降台垂直导轨等都是燕尾槽。燕尾槽可以在铣床上加工，其方法是先铣出直槽，然后再用带柄的角度铣刀铣出燕尾槽，如图 3–5–4 所示。铣直槽一般用立铣刀，也可用三面刃盘形铣刀。铣刀的外径或宽度应略小于燕尾槽口的宽度。铣削时，在槽深处留 0.5 mm 左右的余量，待加工燕尾槽时再铣掉，以避免出现接刀痕。铣燕尾槽用专用角度铣刀，刀柄外径尽量选大一些，伸出长度尽量小，以提高铣刀刚性。由于这种铣刀刀齿分布较密，刀尖强度较差，故铣削用量应适当减少。铣削时，采用逆铣先将燕尾槽的一侧铣好，再铣另一侧。

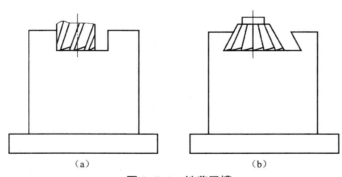

（a）　　　　　　　　　　　　　　　（b）

图 3–5–4　铣燕尾槽

（a）铣直槽；（b）铣燕尾槽

2. 燕尾槽的加工步骤

（1）选择锥柄立铣刀或三面刃盘形铣刀和燕尾槽铣刀。

（2）安装校正平口钳及装夹工件。

（3）用立铣刀或三面刃盘形铣刀铣直槽至尺寸。

（4）用燕尾槽铣刀铣燕尾槽至尺寸。

（5）测量。

3．燕尾槽的测量方法

铣削完以后，先用万能角尺检测燕尾槽角度，再用游标卡尺检测槽的宽度和深度。对于精度要求较高的燕尾槽，应进行间接测量，如图 3-5-5 所示，在槽内放两根标准圆棒，测量圆棒之间的尺寸 M，再按下式计算出槽宽度 A：

$$A = M + \left(1 + \cot\frac{\alpha}{2}\right)d - 2H\cot\alpha$$

式中：A——燕尾槽上口部的宽度，mm；

　　　　M——游标卡尺测量出的尺寸，mm；

　　　　α——燕尾槽角度，(°)；

　　　　d——标准圆棒外径，mm；

　　　　H——燕尾槽深度，mm。

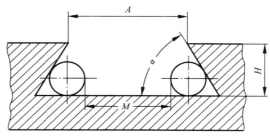

图 3-5-5　间接测量燕尾槽宽度

对于 $\alpha=60°$ 的燕尾槽，其测量尺寸 M 可按下式计算：

$$M=A-2.732d+1.155H$$

对于 $\alpha=55°$ 的燕尾槽，其测量尺寸 M 可按下式计算：

$$M=A-2.921d+1.4H$$

三、燕尾槽加工注意事项

（1）燕尾槽两端宽度不一致。原因是工作台导轨不平行，校正工件时应消除工作台平行度误差。

（2）燕尾槽与基面不平行。校正基面与纵向工作台进给方向平行。

（3）燕尾槽宽度超差。原因是计算不正确或工作台进给不准确。

（4）燕尾槽的表面粗糙度不符合要求。原因是铣刀变钝或铣刀产生振动。

3.6　钻孔、铰孔

一、实训要求

（1）了解镗孔的相关知识；

（2）掌握用镗刀镗孔的方法。

二、实训内容

钻孔适合加工孔径尺寸较小的零件，其工艺包括：打中心孔定位、钻削、铰孔，但对于基本尺寸较大的孔的加工，为提高刀具利用率以及降低刀具制造成本，通常采用镗孔加工。

1. 镗孔目的

镗孔由于其加工精度较高，镗孔主要目的是保证孔的精度要求。

（1）孔本身的尺寸精度要求：直径$\phi D \times L$（L为孔的有效长度）。

（2）几何形状精度要求：椭圆形、腰鼓形、中心线的弯曲、锥形。

（3）孔的位置精度要求。

① 两孔的同轴度；

② 几个孔之间的中心距；

③ 孔的中心线与某一表面；

④ 孔与孔中心线平行；

⑤ 孔的端面与孔的中心线垂直；

⑥ 孔的表面粗糙度。

2. 镗孔加工步骤

（1）用钻头钻底孔（见图3-6-1）。

（2）用镗刀粗镗。

（3）用镗刀半精镗和精镗（见图3-6-2）。

（4）用表和块规检查中心距，铣床上镗孔适用于中小型零件，精度比镗床低。

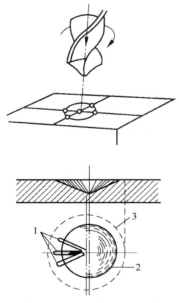

图 3-6-1　在铣床上钻底孔

1—錾槽纠正钻歪的孔；2—钻歪的孔坑；3—被钻孔的控制线

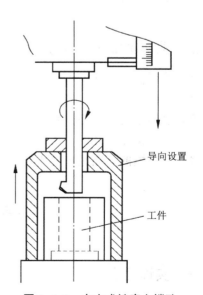

图 3-6-2　在立式铣床上镗孔

导向设置

工件

3．镗刀种类

根据刀具的固定形式分为以下几类：

（1）整体式。

（2）机械固定式（螺钉压紧），如图 3-6-3 所示。

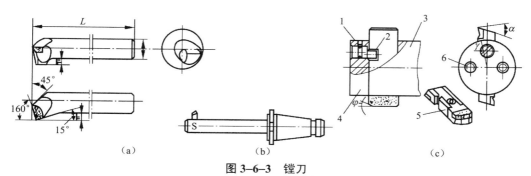

图 3-6-3　镗刀

（a）整体式镗刀；（b）机械固定式镗刀；（c）浮动式镗刀

1—螺钉；2—偏心销；3—镗杆；4—盖板；5—刀体；6—内六角螺钉

（3）浮动式（精镗时用，尺寸和孔径一致，不能用于半个孔或孔壁有缺陷的孔），如图 3-6-3 所示。

最常用的是机械固定式镗刀，刀具材料为高速钢和硬质合金，刀杆的选择原则在条件许可下尽量粗一些、短一些为好。

三、实训图样

实训图样如图 3-6-4 所示。

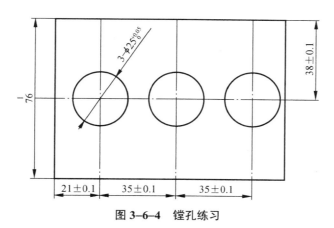

图 3-6-4　镗孔练习

四、实训步骤

（1）划线。

（2）钻底孔。

（3）镗孔：粗镗测量孔径计算中心距。粗镗保证孔径尺寸及表面粗糙度要求。

（4）精确镗孔尺寸。

（5）检验。

五、注意事项

（1）镗孔前应使铣床主轴中心线与工作台面垂直，否则会出现椭圆或孔壁与工件基准面不垂直，造成斜孔。

（2）试镗时，试刀痕迹不要过长，以免造成镗孔缺陷。

（3）镗杆长度不宜过长，否则易出现让刀，造成喇叭形。

（4）镗平底孔时采用90°主偏角镗刀。允许少量凹，不能凸。

（5）采用浮动镗刀时，要用千分尺测好镗刀尺寸。浮动镗刀初入孔时，应尽量做到两刃切削余量均匀，镗孔完毕应停车退刀。

（6）孔距要求很精确时，应预先做镗孔测量，当孔距达到图样要求以后方可镗孔至尺寸。

3.7 分度头的简单分度及加工原理

一、实训要求

（1）了解分度头的相关知识；

（2）掌握分度头的分度原理；

（3）掌握简单分度的方法。

二、实训内容

1. 分度头

分度头主要用来装夹工件，使工件水平、垂直或倾斜一定的角度（向下6°、向上仰90°）；用来等分圆周；可做直线移动；铣螺旋线时使工件连续转动。

1）分度头分类

有等分分度头、万能分度头、自动分度头及光学分度头，最常用的是万能分度头。

2）万能分度头的代号表示

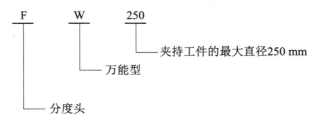

3）分度头的结构

FW250型万能分度头的结构及传动系统如图3-7-1所示。

4）分度头附件

（1）尾座（见图3-7-2），主要在加工长轴时用，以减少工件的振动。

（2）前顶尖、拨盘、鸡心夹头（见图3-7-3）。

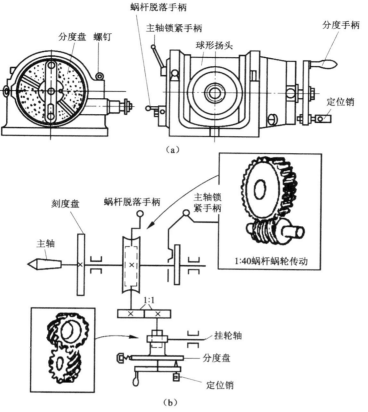

图 3-7-1 万能分度头的结构和传动系统

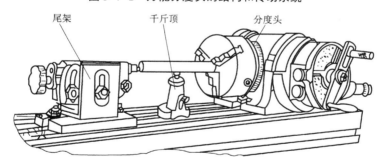

图 3-7-2 尾座及用分度头及其附件装夹工件的方法

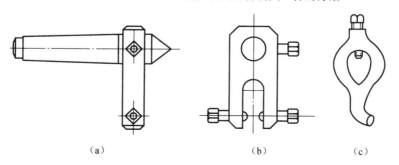

（a） （b） （c）

图 3-7-3 分度头附件

（a）前顶尖；（b）拨盘；（c）鸡心夹头

（3）挂轮架、挂轮轴配换齿轮（见图3-7-4）。

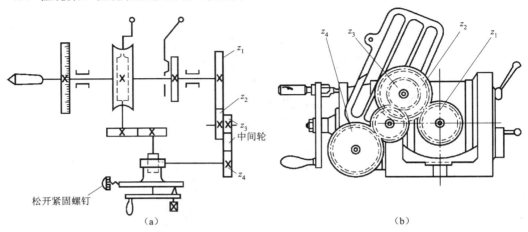

（a）　　　　　　　　　　　　　　（b）

图 3-7-4　挂轮的传动系统及挂轮架安装

（4）千斤顶（见图3-7-5）。

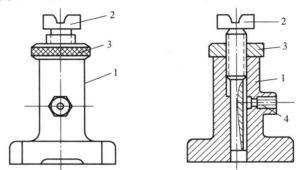

图 3-7-5　千斤顶

1—千斤顶座；2—可动螺杆；3—转动螺母；4—紧固螺钉

（5）三爪卡盘（见图3-7-6）。

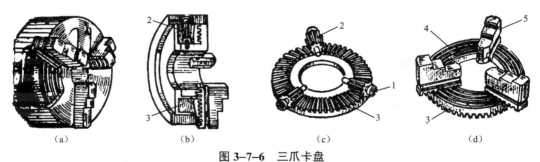

（a）　　　　　　（b）　　　　　　（c）　　　　　　（d）

图 3-7-6　三爪卡盘

1—方孔；2—小锥齿轮；3—大锥齿轮；4—平面螺纹；5—爪

5）万能分度头附件装夹工件的方法

（1）用三爪卡盘夹持工件，校正外圆跳动和端面跳动在 0.05 mm 以内。

（2）用锥度心轴检查分度头主轴轴心线与工作台台面的平行度（心轴上母线），应在 0.03/300 mm 以内，并与工作台纵向行程平行（内外侧母线），在 0.03/300 mm 以内。

2. 分度头的分度原理

分度头是铣床上的重要附件，在铣加工工作中起重要作用，它能将工件任意等分，以满足零件使用需要，其分度原理是：

$$n=40/z\text{（因蜗杆和蜗轮的传动比是 }i=1:40\text{）}$$

式中：n——分度头手摇手柄的圈数；

　　　z——工件的等分数；

　　　40——分度头定数。

例 1：有一零件，需铣出六方，试求每铣完一面如何分度？

代入公式可得：

$$n=40/z$$
$$n=40/6=6+2/3=6+18/27$$

即每铣完一面，分度头手柄需摇过 6 整圈加上 2/3 圈。2/3 圈就是在分度盘 27 的孔圈内摇 18 个孔距。

例 2：有一齿轮，齿数 $z=54$，求每铣完一齿如何分度？

代入公式：

$$n=40/z=40/54$$

即每铣完一齿，分度手柄在 54 孔圈内摇过 40 个孔距即可。

三、实训图样

实训图样如图 3-7-7 所示。

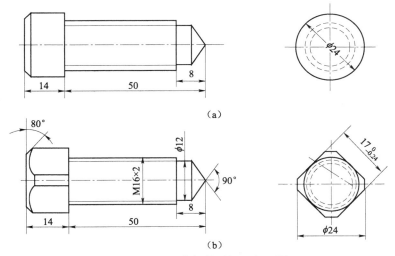

(a)

(b)

图 3-7-7　四方螺母毛坯及加工图

四、实训步骤

（1）根据螺帽的大小选刀具（三面刃盘形铣刀或立铣刀）。

（2）将心轴装夹在分度头上，校正外圆跳动在 0.01 mm 内。

（3）把螺帽用管钳紧固在轴心，如图 3-7-8 所示。

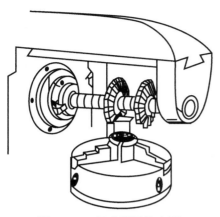

图 3-7-8　四方螺母装夹图

（4）计算摇柄圈数和孔距数，并且调整分度叉，公式：

$$n=40/z=40/6=6+2/3$$

（5）计算外六方每边的加工量。

（6）调整、对刀、铣削加工。

（7）开动机床，使铣刀轻轻擦上工件侧面，退出纵向，横向移动，铣一刀退出纵向，摇 n 圈铣另一边，纵向退出，停车，测量对边是否符合图纸要求，如符合则依次铣完各边，保证阶台尺寸符合图纸要求。

五、注意事项

（1）校正上侧母线要用标准心轴。

（2）校正时不能用铁锤直接敲出心轴、卡盘尾座。

（3）校正时百分表不能压得过紧或过松，并防止摔伤百分表。

（4）铣削力应是螺母上紧方向，并且摇手柄时要注意摇过后排间隙的方法。

（5）分度手柄加工时必须锁紧。

3.8　铣圆柱齿轮和齿条

3.8.1　直齿轮铣削

一、实训要求

（1）掌握铣齿轮的加工方法和有关计算；

（2）掌握齿轮的测量方法；

（3）能正确分析齿轮铣削中出现的质量问题。

二、实训内容

1. 齿轮

齿轮是一种广泛采用的机械传动零件。齿轮的质量好坏直接影响到传动的平稳、噪声及齿轮的使用寿命。加工齿轮的具体质量要求是：齿形要正，节圆跳动小，齿距要等分，公法线长度要适中，表面粗糙度要求高。

常见的齿轮加工有展成法和仿形法两种，如图 3-8-1 所示。

展成法：使用专用机床（插、滚）。展成法加工齿轮是根据齿轮啮合原理，相当于两个齿轮在传动的过程中加工出来，效果好、精度高。展成法刀具一个模数一把刀（如插刀、滚刀）。

仿形法：齿形曲线靠齿轮铣刀来保证，齿距的均匀性靠分度头来保证。在铣床上用仿形法铣削齿轮，一般能达到 9 级精度。1～5 级为高级；6～8 级为中级；9～12 级为低级。仿形法加工直齿轮必须知道三个条件：模数、压力角、齿数，（标准直齿轮的外径、节径、齿高、齿厚、公法线长度等都可计算或者查出来），选择铣刀也依据这三个条件。

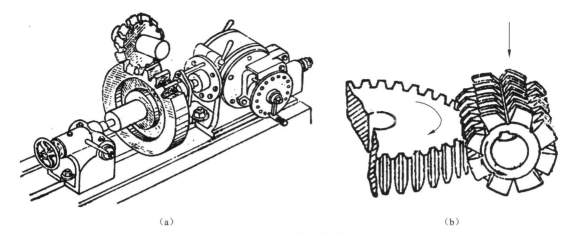

（a）　　　　　　　　　　　　　　　　　　　　　　　（b）

图 3-8-1　齿轮铣削

（a）仿形法铣齿轮；（b）展成法滚齿轮

仿形齿轮铣刀（见图 3-8-2）一个模数 8 把刀，每把刀加工范围如下：

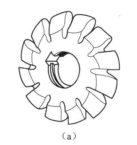 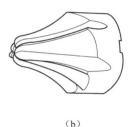

1#	加工齿数 12～13
2#	加工齿数 14～16
3#	加工齿数 17～20
4#	加工齿数 21～25
5#	加工齿数 26～34
6#	加工齿数 35～54
7#	加工齿数 55～134
8#	加工齿数 135～∞（齿条）

（a）　　　　　　　　　　（b）

图 3-8-2　仿形齿轮铣刀

（a）盘形齿轮铣刀；（b）指形齿轮铣刀

2. 直齿轮的铣削方法及加工步骤

（1）齿坯的检查，主要应检查顶圆直径、圆周与端面的圆跳动。计算顶圆直径，用游标卡尺测量是否与齿坯外圆直径相符。

（2）分度头与尾架的安装和校正。

（3）工件的安装和校正。齿轮按齿坯形状分为孔齿轮和轴齿轮两种。安装后仍要校正其顶圆与分度头主轴心线的同轴度，校正齿坯外圆跳动及上母线、侧母线，允许差≤0.03 mm，符合图纸精度要求。

（4）分度头分度手柄转数的计算和调整。由 $n=40/z$，如 $z=32$，$m=2$，压力角为 20°，有 $n=40/32$，（手柄转数摇 1 转加 1/4 转孔距）。计算手柄转速，选取分度盘孔距数，调整定位销、分度叉，拧紧分度盘紧固螺钉。

（5）选择与安装铣刀。根据 m 数和齿形角选出模数为 2 的成套铣刀，再根据齿数 32 选出 26～34 齿的 5 号铣刀，将铣刀安装于铣刀刀轴上，位置应尽量靠近主轴，以增加铣刀的安装刚性。

（6）调整切削用量。

钢件：$n=95～150$ r/min，走刀 475～60 mm/min；

铸件：n=75～118 r/min，走刀 475～60 mm/min。

（7）对中心。用划线试切对中法，在齿坯上划出中心线后，移动工作台，使齿坯的划线与铣刀廓形中心基本重合，然后在齿坯划线处铣一浅印（小椭圆形）。依此浅印判断铣刀廓形是否与工件轴心线重合，或者低于和高于中心 1～2 mm 划出两条线来对中心。

利用圆柱测量法，验证铣刀廓形中心是否与齿坯轴心线重合。其方法是将对好中心的齿坯先铣削一浅槽（一般为 15m）。然后将一长度大于齿坯厚度、直径近似等于 m 的圆柱置于浅槽中，使分度头主轴转 90°，处于水平位置，用百分表测量圆柱两端，并记下读数，再将分度头主轴转 180°，使浅槽处于另一测，并水平移动百分表，看表上读数是否与原读数相同。如果相同则说明铣刀廓形中心与齿坯轴心线重合。如读数不同，其差值的 1/2 即轴心线的偏移量，按偏移量移动横向工作台，可使中心对准。

（8）开车对刀。移动升降台，使铣刀与齿坯外圆轻轻接触，然后退出工件，记住刻度环的读数，根据模数计算齿顶高 h=22 m（m 是模数），如 h=22×2=44（mm）。第一次升降工作台：上升 4 mm 粗铣并且依次铣完全部齿；第二次上升 H=1.462×（$L_{实}$-L）（$L_{实}$——粗铣后测量的实际公法线长度；L——理论公法线长度；H——升高量；1.462——常数，L 可从"标准直齿圆柱齿轮公法线长度表"中查得）。精铣完第一齿后，要进行测量，如果还大，按上述方法继续计算升高量，直到符合要求。测量时选用公法线千分尺，符合图纸公差要求后再依次分度铣完各齿。

（9）测量。直齿轮的测量方法有：

① 公法线长度测量；

② 分度圆弦齿厚测量；

③ 固定弦齿厚测量。

习惯上我们通常用公法线长度法测量，量具是公法线千分尺。公法线长度就是两个互相平行的平面与齿轮两个或两个以上轮齿齿面（不相对的两齿面）相切时两平面之间的垂直距离，也就是卡尺两卡脚之间的距离。

这种测量方法有测量方便、简单、精确度较高、公法线长度值的大小不受齿轮外径影响等优点，而且能用游标卡尺测量。卡脚之间的跨测齿数，是根据被测量齿轮的压力角和齿数规定的，其目的是使卡脚与齿面接触处尽量接近分度圆周，因为分度圆附近的齿形是比较正确的。

通常工作中，一般根据被测齿轮的模数、齿数和压力角从"标准直齿圆柱齿轮公法线长度表"中查出卡脚应跨过的齿数和模数等于 1 时的不同齿数的公法线长度。"标准直齿圆柱齿轮公法线长度表"中的数值是根据压力角 α=20°、模数=1 mm 来计算的，所以查出的数值要乘以被测齿轮的模数后，才是被测齿轮的公法线长度值。

三、圆柱齿轮加工注意事项

（1）分度头、尾架、工件一定要夹牢。

（2）铣削力靠向卡盘。

（3）检查完中心的齿槽，返回原位再铣。

（4）分度要仔细，精力要集中，分度手柄不能摇过，万一摇过要返回一圈重新摇，排除间隙，分度前松开主轴紧固手柄，分度后紧固手柄，否则齿距不等。

（5）齿轮毛坯为钢件时要加冷却液。

（6）零件检查合格后再取下工件。

（7）齿形出现偏斜，是对中心不正确所致。

（8）齿厚大小不等，齿距不均匀，原因有：工件的径向跳动过大或未校正，分度头不允许或摇错分度手柄转速后未消除间隙。

（9）齿厚尺寸不正确，原因有：用齿厚游标卡尺测量不正确或卡尺测量爪磨损有误差，切削深度调整得不正确，铣刀刀号选得不对。

（10）齿轮的齿数不正确，原因有：计算分度错误或选错了孔圈，查错了孔距。

（11）齿面表面粗糙度不符合图样要求，原因有：切削速度过大或过小，进给量过大。

3.8.2　斜齿轮铣削

一、实训要求

（1）斜齿轮的相关知识；

（2）正确选用斜齿轮用铣刀；

（3）斜齿轮的测量方法；

（4）斜齿轮的加工步骤及加工注意事项。

二、实训内容

1. 斜齿圆柱齿轮的优点及应用

斜齿圆柱齿轮是螺旋齿轮中的一种，只有两轴平行时，才称为斜齿圆柱齿轮（见图3-8-3）。它有以下几个优点：

（1）传动时接触的齿数较多，传动均匀噪声较小。

（2）能传递较大的动力。

（3）可以用于两轴相互平行或两轴成任意角度而不相交的情况。

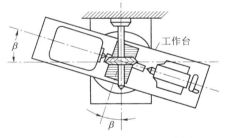

图 3-8-3　X6132 型铣床上铣斜齿轮

所以螺旋齿轮应用比较广泛，尤其是斜齿圆柱齿轮用得较多，在近代的高速传动受冲击力大的传动和大马力的传动中，如电动机的直接传动、柴油机的齿轮传动等都要用到斜齿圆柱齿轮，机床的立铣头中也用到了斜齿圆柱齿轮的传动。

斜齿圆柱齿轮相当于一个扭曲的直齿圆柱齿轮，如果自其分度圆处展开，这时的情形如图 3-8-4 所示。

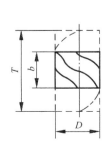
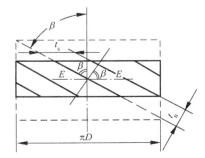

图 3-8-4　斜齿圆柱齿轮展开图

2. 斜齿圆柱齿轮各部名称及相互关系

法向模数 m_n——它是斜齿圆柱齿轮的基本参数，其意义与直齿圆柱齿轮的模数一样，不过它是在垂直于螺旋齿的截面上每个牙齿所占的分度圆直径长度。它是计算斜齿圆柱齿轮各部尺寸的主要依据，并用以选择铣刀。

法向周节 t_n——在垂直于螺旋齿的截面上，相邻两齿的对应点在分度圆周上的弧长。它与法向模数的关系是：

$$t_n = \pi m_n$$

端面周节 t_s——在垂直于轴线的平面上，相邻两齿的对应点在分度圆周上的弧长。由图 3-8-4 中的几何关系得到端面周节与法面周节的关系：

$$t_s = t_n + \cos\beta$$

端面模数 m_s——在垂直于轴线的平面上，每个齿所占分度圆直径长度。它等于端面周节与 π 的比值。

$$m_s = \frac{t_s}{\pi} = \frac{t_n}{\cos\beta} \times \frac{1}{\pi} = \frac{\pi m_n}{\cos\beta} \times \frac{1}{\pi} = \frac{m_n}{\cos\beta}$$

螺旋角 β——与螺旋线的螺旋角定义相同。

$$\tan\beta = \pi D / T$$

导程 T——与螺旋的导程定义相同。

中心距 A——两互相啮合的斜齿圆柱齿轮节圆半径之和。（两斜齿圆柱齿轮啮合时 β 角相等。）

其他的名称如齿全高、齿顶高、齿根高、齿厚、齿隙等，它们的定义均和直齿圆柱齿轮一样，但都是根据法向模数来计算的。

节圆、顶圆、根圆的定义仍和直齿圆柱齿轮相同，但计算分度圆时要用 m_s。

3. 当量齿数与铣刀的选择

由于斜齿轮的齿槽是螺旋槽，在卧铣铣床上铣螺旋槽时，必须转动一螺旋角 β 使铣刀的旋转平面与螺旋槽的方向一致。在铣削斜齿圆柱齿轮时也应如此。也就是说，在齿轮法向截面里，齿槽的截形与铣刀刀齿的截形相同。对于斜齿圆柱齿轮，在垂直于螺旋线方向（即法向）将它切开，就得到一个椭圆（见图 3-8-5）。

在图中切点 P 处的齿形就是法向齿形，而通过 P 点的圆不是斜齿轮的分度圆。假设通过 P 点作一个圆，使这个圆的弯曲程度（曲率）和 P 点附近的椭圆弯曲程度相等，以这个圆来当作齿轮的分度圆，那么按照法面齿形布满这个分度圆周的齿数称为当量齿数 z_v，由数学可以证明：

$$z_v = \frac{z}{\cos^3\beta}$$

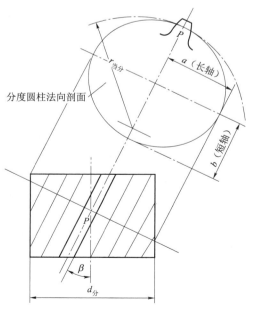

图 3-8-5 斜齿圆柱齿轮的法向齿形

式中：z——实际齿数；

　　　β——螺旋角。

这样，在铣削斜齿圆柱齿轮时，仍用直齿圆柱齿轮铣刀，但铣刀的号数必须根据斜齿轮的当量齿数来选择。

4. 斜齿圆柱齿轮的测量

（1）测量齿厚测量方法与直齿圆柱齿轮一样，但卡尺必须沿着螺旋线的垂直方向测量，即在法向平面内测量，计算时也必须按法向模数 m_n 和当量齿数代入公式。测量分度圆弦齿厚和弦齿高的计算公式如下：

$$s_n = m_n z_v \frac{90^\circ}{z_v}$$

$$h_n = m_n \left[1 + \frac{z_v}{2} \left(1 - \frac{90^\circ}{z_v} \right) \right]$$

式中：s_n——法向分度圆弦齿厚；

　　　h_n——法向分度圆弦齿高。

当量齿数是小数时，可四舍五入，再从"分度圆弦齿厚和齿顶高"表中查出系数，然后与法向模数相乘就得到 s_n 和 h_n。

由于分度圆弦齿厚和弦齿高计算麻烦（与齿数有关），故一般多用固定弦齿厚和弦齿高，其公式如下：

$$s_n = 1.387 m_n$$

$$h_n = 0.747\,66\, m_n$$

（2）测量公法线长度。

斜齿圆柱齿轮公法线长度只能在法面上测量，所以计算斜齿圆柱齿轮公法线长度所用的模数、压力角也应该是法向模数和压力角。

三、实训图样

实训图样如图 3-8-6 所示。

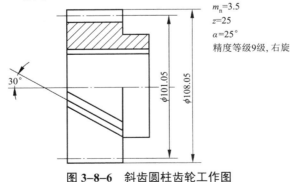

$m_n = 3.5$
$z = 25$
$\alpha = 25^\circ$
精度等级9级，右旋

图 3-8-6　斜齿圆柱齿轮工作图

四、实训步骤

1）了解参数及技术条件

（1）看图 3-8-6 了解各个参数和技术条件等。

如工艺要求：$m_n=3.5$，$z=25$，$\alpha=20°$

旋向：右

精度：9GDcJBIT9-81

齿数：$z=4$

公法线长度：$32.314^{-0.160}_{-0.255}$

2）计算

（1）导程 L：斜齿轮的螺旋角 U 是指分度圆的螺旋角，所以斜齿轮的导程 L 要根据分度圆直径计算。

（2）挂轮：查表得

$$\frac{z_1}{z_2} \times \frac{z_3}{z_4} = \frac{60}{80} \times \frac{30}{90}$$

（3）选刀按当量齿数查出选用 21～25 范围的 $m=35$ 的 4 号刀，在图中螺旋角一行找到齿宽，在齿数一行找到 25，两条线的交点正好在 5 号刀范围内（按齿轮的实际齿数查表）。

（4）分度手柄转数：

$$n = \frac{40}{z} \times \frac{40}{28}$$

（5）铣削深度：齿全高 $h=h_1+h_2$。

注：

① 公法线长度的补充进刀值，当压力角 $\alpha=20°$ 时，按此公式计算：$L=1.462(L_1-L_2)$。

② 安装，校正，分度头及尾座与铣正齿轮相同。

③ 安装配换挂轮，检查导程。

④ 校正、安装心轴与铣正齿轮相同。

⑤ 检查，安装齿坯并划中心线。

⑥ 扳转螺旋角，调整工作台，安装铣刀。

⑦ 调整分度手柄及分度叉。

⑧ 对中心：有两种方法，先调整工作台转角再对中心和先对中心再调整工作台转角。实践证明，采用前一种对刀方法精度高（可避免因齿坯轴线不同对转台中心而造成的偏差）。

⑨ 选择铣削用量。

⑩ 试铣：全面检查以上准备工作，准确无误后进行试铣，试铣合格后开始正式铣削。

五、注意事项

（1）挂轮间隙要适当，主、被动轮不要颠倒，并且先进行试铣以观察配换齿轮、导程和分度等是否正确。

（2）挂轮外端不能压死衬套，防止在铣削中挂轮脱落。

（3）分度盘定位销和主轴刹紧手柄必须松开。

（4）因工作台扳转一个螺旋角，铣削前要检查前后左右是否撞车。

（5）加工中发现异常现象要立即停车。

（6）防止衣袖或其他东西卷入挂轮。

（7）退刀时必须下降工作台。

（8）铣铸铁不加冷却液。

3.8.3　铣齿条

一、实训要求

（1）掌握齿条的有关计算和铣削方法；

（2）正确选择铣齿条用的铣刀；

（3）掌握齿条的测量方法；

（4）能够分析加工中易出现的质量问题。

二、实训内容

齿条可以看成无限多齿轮的一部分，由于其直径无限大，其顶圆、分度圆及齿根圆都变成了直线，那么一般称为齿条的齿顶线、中线及齿根线，如图 3-8-7 所示。由于基圆变得无限大，齿条的齿形线由渐开线变成了直线，齿面由曲面变成了平面。

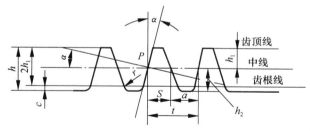

图 3-8-7　齿条齿形

齿条根据齿向的不同，可分为两种：直齿条和斜齿条。对于一般要求的齿条，可以在万能卧式铣床或立铣床上加工。

齿条的计算较简单：

齿距＝πm；

齿厚＝$\pi m/2$；

齿全高＝2.25 m。

1. 直齿条的铣削

根据齿条的长短、数量和客观条件选择加工方法，长的要移动纵向工作台，短的可以移动横向工作台，在铣齿条时控制齿距有几种方法：

（1）直接用机床刻度盘移距，不太精确，如图 3-8-8（a）所示。

（2）分度盘侧轴挂轮法移距，如图 3-8-8（b）所示。

（3）齿条移距器，经常加工齿条，数量较大，专门制作一个丝杠螺距为 π＝3.141 6，模数为转数 $m=n$（转）。

（4）分度块移距法：做若干个分度块，块厚等于齿条的齿距，把块固定在工作台侧面 T 形槽内重垒起来，用百分表对"0"线，每齿完后取掉一个块，移动工作台使表又对"0"线。

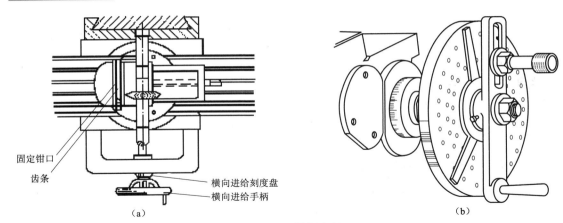

图 3-8-8 铣短齿条

（a）利用刻度盘铣短齿条；（b）利用分度盘铣短齿条

2. 齿条测量

齿条主要测量齿厚和齿距。

齿厚测量：用齿厚游标卡尺测量。

齿距测量：在生产现场一般用样板测量，或用齿厚游标卡尺测量每个齿距为 $P+S$。

3. 铣齿条刀具的选择

由齿条的概念不难看出，加工齿条时刀具只能选择 8 号齿轮铣刀，模数由加工要求选取。

例：加工一个短齿条，在卧式铣床上用横向移距的方法（即用刻度盘）加工。

（1）$m=2.5$，$p=\pi m=3.141\ 6\times 2=7.854$（mm）

$s=\pi m/2=3.927$ mm

取 $h=2.25$，$m=5.5$ mm。

（2）$m=3$，$p=\pi m=3.141\ 6\times 3=9.424$（mm）

$s=\pi m/2=4.172$ mm

取 $h=2.25$，$m=6.6$ mm。

选 8 号刀 $m=2.5$、$m=3$ 各一把，齿厚卡尺测量。

4. 齿条加工方法

（1）校正虎钳口平行于主轴线，装上工件，工件铣削面露出钳口大于齿全深。

（2）刀具要装在适当位置，试移工作台，看是否能铣完工件。

（3）对刀铣削，第一个齿槽铣成半个，便于齿条的连接。

先铣两个齿槽，分几次铣到齿全深，测量符合要求尺寸，依次移距铣完各齿。

三、实训步骤

（1）读图分析。

（2）检查设备，调整切削用量。

（3）选择、安装并校正夹具，选刀、装刀，装夹工件。

（4）对刀试铣。

（5）依次移距铣完各齿。

（6）检查。

四、注意事项

（1）齿条铣削时齿距的移动一定要准确。

（2）齿条检测时的方法与所选用的工、量具一定要正确。

（3）注意粗、精铣时反向间隙的排除。

（4）注意加工时的进刀方向以及刀具的旋转反方向要正确。

（5）工件装夹时一定要校正。

3.9　铣直齿圆锥齿轮

一、实训要求

（1）了解直齿圆锥齿轮的特点和有关计算；

（2）正确选用直齿圆锥齿轮铣刀；

（3）了解直齿圆锥齿轮的加工及测量方法并分析铣削中出现的质量问题。

二、实训内容

1. 相关知识及直齿圆锥齿轮铣刀的选择

直齿圆锥齿轮俗称伞齿轮，如图 3-9-1 所示，在传动机构中，当两轴相交并且要求传动比严格不变时，采用直齿圆锥齿轮传动。通常情况下两轴间夹角为 90°。在铣床用仿形法铣，只用于精度不高的修配生产。计算测量和在图纸标注直齿圆锥齿轮各部件尺寸时，以大端模数为依据。

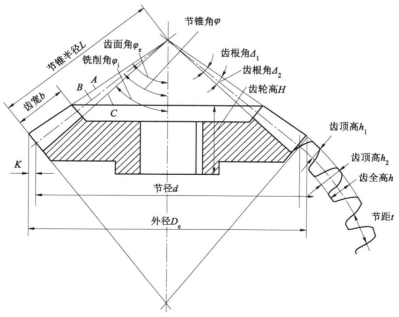

图 3-9-1　圆锥齿轮各部件名称和代号

直齿圆锥齿轮齿形有直齿和圆锥齿两种。直齿圆锥齿轮相应有外锥、节锥和根锥三个基本圆锥。

锥齿轮铣刀及其选择：

锥齿轮铣刀是专用刀具，它和直齿圆柱齿轮基本相同，只是其刀具上有伞形标记。由于锥齿轮的直径大端与小端不相等，故基圆直径也不相等，所以齿形曲线大端较直、小端较弯。因此，在铣床上用成形铣刀铣锥齿轮时，若刀适用于大端则不适用于小端（包括刀齿厚度和齿形），反之亦然。所以为了二者兼顾，其圆锥齿轮铣刀曲线按照大端制造，而刀的厚度按照小端制造，它铣出的齿形仅是近似的齿形曲线，齿轮的齿数越少、齿轮的宽度越大，其误差也越大。

锥齿轮铣刀的齿形是根据锥齿轮的当量齿数设计的，并且和圆柱齿轮一样，在同一模数中按齿数划分号数，所以在铣锥齿轮时必须根据齿轮的当量齿数选择铣刀号数。选法和选直齿圆柱齿轮一样，只是：

$$z_v=z/\cos\alpha$$

式中：α——锥齿轮节锥角。

2. 锥齿轮的加工方法及步骤

（1）检查齿轮齿坯。按图纸要求检查齿轮的各部分尺寸精度，如齿面角外径等，如图 3-9-2 所示。

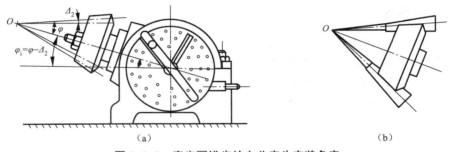

图 3-9-2　直齿圆锥齿轮在分度头安装角度

（2）安装齿坯。齿坯装在分度头上，分度头应扳转一铣削角，其大小为根锥角大小，并且校正外圆锥面圆跳动在要求的范围内。

（3）铣刀按当量齿数选标有伞形标记的锥齿轮铣刀。

（4）计算分度头手柄数，按实际齿数计算，即 $n=40/z$。

（5）装刀对中心。用高度尺调至和工件大约等高的位置先划一直线，再转动工件 180°划第二条直线，它和第一条直线交叉为"×"，然后转此交叉线于最顶端（即转分度头再转90°），移动工作台使刀尖切痕在"×"交点处，就对好中心了。记下此时的线作为初始线，并紧固工作台。

（6）调整铣削深度，进行铣削。对好中心后，将铣刀靠向齿轮，使刀尖和齿轮大端接触，然后退出，将工作台升高 $h=22m$，按小端齿槽宽依次铣出全部齿槽。

（7）扩铣齿槽右侧面。扩铣齿槽右侧面，将工作台按图 3-9-3 所示实线箭头方向横向移动一个距离 s。s 值可按下面公式计算：

$$s=\frac{mb}{2L}$$

式中：s——移动量；

　　　m——模数；

　　　b——齿宽；

　　　L——节锥距。

移动 s 之后，再摇分度头的手柄，使齿轮毛坯按图中实线箭头方向旋转一角度 P，P 只可根据经验公式得出：

$$P = \left(\frac{1}{10} \sim \frac{1}{8} \right) F$$

式中：P——铣侧面余量时，分度头手柄应转过的孔距数。

　　　F——分齿时，分度头应转过的总孔距数。使铣刀的右侧刃切去大端齿槽右侧部分的余量，并稍微擦着小端齿槽的右侧（这时铣刀左侧刃不能碰到小端齿槽的左侧）。

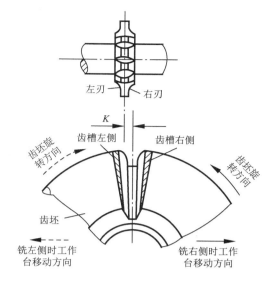

图 3-9-3　铣直齿圆锥齿轮移动量与回转方向的关系

由图 3-9-3 可知：铣右侧时，分度头向左转，工作台向右移；铣左侧时，分度头向右转，工作台向左移。这是加工锥齿轮的基本原则，必须牢固掌握，熟练地应用。

这一刀铣过后，就用齿厚卡尺测量大端齿厚。这时切去的余量应该是开槽后的齿厚与图纸上齿厚的一半。如果还有余量，可以利用分度头的微分度装置将分度头手柄再转过 1 或 2 个孔或半个孔，然后再铣一刀，直至符合要求为止，并顺次将各齿的这一侧面都铣出来。

（8）扩铣齿槽左侧面。将工作台反向（如图 3-9-3 中虚线箭头方向）移动 $2s$ 值，并且反向摇分度头手柄，使工件再转动一次角度，角度 $P'=2P$（图 3-9-3 中虚线箭头方向），然后按上述方法将这一侧的齿厚切到满足图纸的要求，并顺次将各齿这一侧都铣出来。

用这种方法加工，计算比较简单。实践中，采用这种方法加工的齿轮，小端的齿厚比理论上要求的稍薄一些，这主要是由于计算出的 s 值偏小，横向工作台移动量少。因此加工后一般都不需要修锉，小端的齿形就能使用，节省了人力和时间。但小端齿厚减薄会影响啮合时的接触精度，如果对这一精度有一定要求时，可以将移动量 s 加大一点，使小端不至减薄。另外，在铣削节锥角很小的锥齿轮时，小端的齿厚特别是齿顶厚不易合乎要求，这时也应适当调整工作台的移动量 s，如果大端齿厚合适，而小端稍厚，就需将 s 值减少一些；反之，就适当增加一些。

在铣床上铣削锥齿轮，虽然是一种近似的加工方法，但对于一个操作者来说，应掌握锥齿轮加工的基本原则，即在铣侧面时，必须同时调整分度头转向与横向偏移量，它们的转向与移动方向绝不能搞错。

（9）直齿圆锥齿轮的测量。

① 齿厚的测量。用齿厚卡尺测量分度圆弦齿厚和固定弦齿厚，其计算方法和直齿圆柱齿轮相同，但公式中的齿数必须是锥齿轮当量齿数，测量时卡尺必须在齿轮大端上测量。

② 齿深的测量。一般用游标卡尺的深度尺测量齿全深，测量时，在锥齿轮大端上测量。

三、实训图样

实训图样如图 3-9-4 所示。

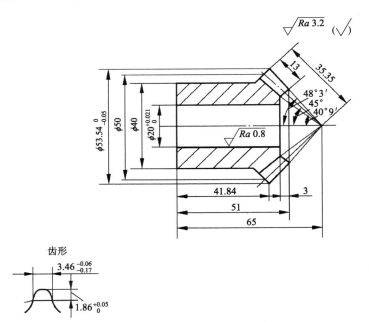

图 3-9-4　锥齿轮加工

四、实训步骤

（1）检查齿轮齿坯并安装齿坯。

（2）选刀。

（3）计算分度头手柄数，按实际齿数计算，即 $n=40/z$。

（4）装刀对中心，调整铣削深度，进行铣削。

（5）扩铣齿槽右侧面，扩铣齿槽左侧面。

（6）直齿圆锥齿轮的测量。

五、注意事项

（1）齿形误差超差，原因是：铣刀号数选择不对或计算不正确，铣刀刃磨不好，前角刃磨不正确。

（2）周节误差超差，原因是：分度不正确，齿坯振摆超差或安装不好。

（3）齿向误差超差，原因是：中心未对准，扩铣齿槽两侧时偏移量不相等。

（4）齿向径向超差，原因是：齿坯内孔与外径不同轴，齿坯的安装误差大或心轴未校正好。

（5）齿厚超差，原因是：测量或计算不正确，偏移量过大或过小。

（6）齿数不对，原因是：分度错误或计算错误。

（7）表面粗糙度达不到要求，原因是：铣刀摆动太大或铣刀变钝，铣削时分度头主轴振动或进刀量太大。

（8）操作时注意以下问题。

① 装夹工件前应检查齿坯的外径和齿面角。

② 铣削时，一般情况下应由轮齿的小端铣向大端，使铣削力朝向分度头主轴。

3.10　铣花键轴

一、实训要求

（1）铣刀的选择；

（2）矩形齿花键轴的加工方法；

（3）铣削中常见问题的分析。

二、实训内容

花键轴是机械中常用的零件，其利用花键轴上的花键齿与花键孔相应的花键槽相配合传动。花键轴种类较多，按齿廓形状分为矩形、三角形、梯形和渐开线形四种，其中矩形齿是常用的，它的定心方法有用外径定心、内径定心和键侧定心，以外径定心最多。

花键轴一般多在花键铣床上用花键滚刀加工，它具有较好的精度及高生产率，但缺乏专用机床时常在普通铣床上加工，在普通铣床上加工花键有单刀加工、组合刀加工及成形刀加工三种方法。

1. 单刀铣矩形花键步骤（见图 3-10-1）

（1）看懂图纸工艺及技术要求；

（2）工件的安装和校正，用百分表校正三次：径向跳动；上母线；侧母线。

（3）选刀：三面刃盘形铣刀，宽度不碰伤相邻齿，常用 5～6 mm，刀的直径小一些较好。铣齿侧、铣底圆用锯片铣刀或专用铣刀。

（4）对刀。有三种方法：侧面接触法；切痕法；划线试切法［见图 3-10-2（a）］。

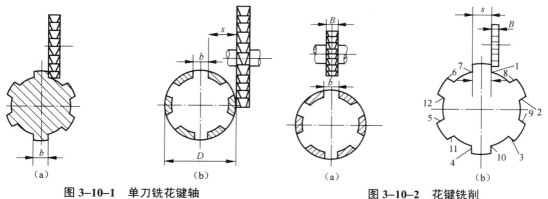

图 3-10-1　单刀铣花键轴

（a）用铣刀侧刀刃铣花键轴；（b）铣刀侧刀刃刚刚与工件侧面接触

图 3-10-2　花键铣削

（a）划线法对刀；（b）铣削顺序

最常用的是划线试切法，这种方法不易铣废工件，还可以提高质量。具体方法是在校正好的工件上划出键宽，试切留出量 0.5～1.0 mm，深度为键高，铣键一侧。两侧铣完后，分度头转 90°，用表或高度尺测量，记住数值，分度头再转 180° 测量，看两侧是否等高，如果一高一低说明不对称，需要调节中心，移动多少应是高低之差的一半，也可以用表移动，对称后对称去量保证键宽。

注意：先铣完一个侧面，再铣另一个侧面时的准确分度。

（5）铣槽底圆弧。用锯片铣刀赶制底圆较慢，可用两面刃铣刀改制的尺刀，宽度不能碰伤两侧，尺寸是底圆半径。

2．花键轴检验方法

花键各要素的极限偏差，在单件小批量生产中，一般用通用量具检验；在成批大量生产中，则用光滑极限量规检验。

（1）用卡尺或千分尺检验花键宽度和花键小径。

（2）用精密分度头检验花键等分。

（3）用杠杆百分表检验花键键侧与工件轴心线的平行性和花键键侧与工件轴心线的对称性。

（4）用花键综合量规检验花键轴的综合精度。

（5）用表面粗糙度样块对比检验键侧和小径的表面粗糙度。

三、实训图样

实训图样如图 3-10-3 所示。

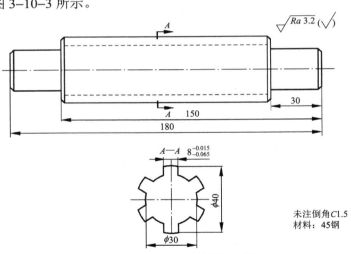

图 3-10-3　铣削花键槽练习图

四、实训步骤

图 3-10-3 所示工件的圆柱体部分已经车削完成，要求加工矩形花键齿，操作步骤如下：

1）读图分析图纸要求

2）铣削加工

（1）选择刀具、切削用量。

选用 ϕ80 mm×8 mm×ϕ27 mm 的三面刃盘形铣刀。在 X6132 型铣床上安装好三面刃盘形铣刀，调整主轴转数为 118 r/min，进给速度为 75 mm/min。

（2）工件的装夹和校正。

（3）对刀。

将铣刀端面刃与工件侧面轻微接触，退出工件。横向移动工作台，使工件铣刀方向移动距离 s。

$$s=(D-B)/2=(40-8)/2=16（mm）$$

式中：B——键宽，mm；

　　　　D——花键轴外径，mm。

（4）先铣削键槽侧的一面，依次分度将各面铣削完，然后将工作台横向移动，再铣削键槽的另外一侧面，一般情况下，铣削键侧时，取实际切深（即键齿高度），比图样尺寸大 0.1～0.2 mm。

（5）铣削槽底圆弧面。采用小直径锯片铣刀铣削，先将铣刀对准工件轴心，然后调整吃刀量 H。

$$H=(D-d)/2$$

每铣削一刀后，摇动分度手柄，使工件转过一个小角度，再继续铣削，每次转过的角度越小，槽底圆弧越精确。

五、注意事项

（1）不留磨量的工件，表面粗糙度要达到要求。

（2）花键长度要控制长短一样（在导轨和刻度盘上分别做好标记）。

（3）底圆要和外圆同心。

（4）不留磨量的花键轴第一面一般由准确分度保证，第二侧面除准确分度外还要用千分尺测量。

六、常见问题的分析

在铣床上用三面刃盘形铣刀或成形铣刀铣花键时，要认真对待每一道加工步骤，才能加工出合格工件。但在实际操作中常常会出现一些较为突出的问题。

（1）花键键宽尺寸超差：原因是分度误差、组合铣刀尺寸超差和测量错误等。

（2）花键键宽尺寸在两端不等：原因是用卡盘装夹工件时，卡盘与工件同轴度超差。

（3）花键等分超差：原因是分度误差和工件与分度头同轴度超差。

（4）花键轴小径两端尺寸不等：原因是工件上母线超差。

（5）表面粗糙度不符合要求：原因是铣刀变钝、刀杆弯曲、挂架轴承松动等。

3.11　铣　离　合　器

一、实训要求

（1）了解铣奇、偶数齿离合器的加工方法；

（2）能够正确选择铣刀；

（3）能够分析铣削中出现的质量问题。

二、实训内容

在机械传动中，把一根轴的转动沿轴向传递给另外一根轴，并且可使被传动轴转动或停止或者变速换向。

离合器有齿式离合器（牙签式离合器）和摩擦片式离合器。

齿式离合器的齿形有：直齿、尖齿、梯形齿。最常见的是直齿离合器。

直齿离合器的齿数：有奇数齿和偶数齿两种。无论齿数如何，每一个齿的任意一侧面都必须通过轴的中心，也就是说齿侧必须是径向的。因为只有这样，才能保证离合器的正确结合。

1. 直齿奇数齿矩形牙签式离合器的铣削步骤（见图3-11-1）

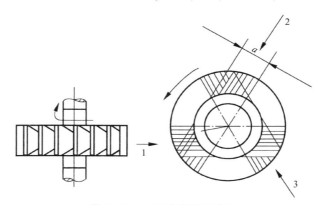

图3-11-1　铣奇数齿离合器

（1）选择铣刀：用三面刃盘形铣刀或立铣刀，为了不至于切到相邻的齿，铣刀宽度（立铣刀直径）应当小于或等于齿槽的最小宽度，即铣刀宽度（或直径）要满足：

$$b \leqslant d_1 + \sin\alpha/2 = d_1 + \sin(180°/z)$$

式中：d_1——离合器内孔直径；

α——齿槽角（两相邻齿面到中心夹角）；

z——离合器齿数。

注意：可能计算出的数有时不是整数或不符合铣刀的尺寸规格时，取整数满足铣刀的尺寸规格。

（2）安装和校正工件。

（3）计算和调整分度手柄转数。

（4）对中心：划中心线用高度尺先大约调至中心处，通过工件端面划一条线，将分度手柄转20r即180°，划第二条线，两次划的线重合即中心线。不重合时将高度尺调至两线中心重复以上划法，直至重合为止。然后使三面刃盘形铣刀的侧面或立铣刀圆周刃对准中心线。

（5）对刀调整切削深度铣削，铣奇数齿离合器时，铣刀每次进给可以穿通离合器的整个端面，而铣刀的铣削穿通次数恰好为离合器的齿数。

（6）依次铣完各齿，并符合图纸要求。

2. 偶数齿矩形牙签式离合器的铣削步骤

其方法和铣奇数齿离合器大体相同，只是铣削时铣刀的进给不应穿通离合器的整个端面，这样在铣完偶数齿面的一侧时，另一侧面在铣削前要进行以下几步的调整。

（1）选择铣刀：用三面刃盘形铣刀或立铣刀，为了不至于切到相邻的齿，铣刀宽度（立铣刀直径）应当小于或等于齿槽的最小宽度，即铣刀宽度（或直径）要满足：

$$b \leq d_1 + \sin\alpha/2 = d_1 + \sin(180°/z)$$

式中：d_1——离合器内孔直径；

　　　α——齿槽角（两相邻齿面到中心夹角）；

　　　z——离合器齿数。

注意：可能计算出的数有时不是整数或不符合铣刀的尺寸规格时，取整数满足铣刀的尺寸规格。

（2）安装和校正工件。

（3）计算和调整分度手柄转数。

（4）对中心：划中心线用高度尺先大约调至中心处通过工件端面画一条线，将分度手柄转 20r 即 180°，划第二条线，两次划的线重合即中心线。不重合时将高度尺调至二线中心，重复以上划法，直至重合为止。然后使三面刃盘形铣刀的侧面或立铣刀圆周刃对准中心线。

（5）调整切削深度铣削，铣偶数齿离合器时，铣刀每次不可以穿通离合器的整个端面，只能铣完离合器每齿的一侧面。

（6）调整分度手柄依次铣完各齿一侧面。

（7）铣另一侧面时铣刀要移一横移量，即铣第二侧面时要将工作台移动一个铣刀的厚度，移动方向是让铣刀另一侧刃和工件中心线重合。

（8）分度头要转一齿槽角，当横移好后，还要把分度头转一齿槽角 $\alpha = \dfrac{180°}{z}$，此时是角度，摇时一定要换算成分度头手摇手柄转数。转动方向是要能铣到第一次留下的没通过工件中心的面，铣后其也通过工件中心。注意此处的 α 是分度头主轴的角度，不是分度手柄要摇的角度，要把 α 换算成分度手柄要摇的角度。

横移方向和齿槽角转动方向由机床和起始加工时的对中心具体而定，如图 3-11-2 所示，横移和齿槽角进行完后依次铣另一侧面，铣完各齿，并符合图纸要求。

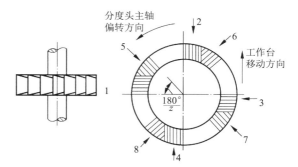

图 3-11-2　铣偶数齿离合器横移和转角

3. 直齿离合器的检验方法

（1）检验齿的等分性。用卡尺测量每个齿的大端弦长。

（2）检验齿深。用卡尺或深度尺测量齿的深度。

（3）检验齿侧间隙及啮合情况。将相互啮合的离合器装在心轴上，使两个离合器相互啮合，用塞尺检验齿侧间隙是否合格。

（4）检验齿侧表面粗糙度。用目测或用粗糙度样块对比检验齿侧表面粗糙度是否符合要求。

三、实训图样

实训图样如图 3-11-3 所示。

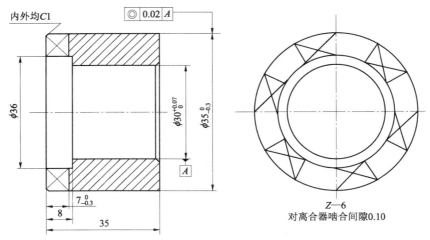

图 3-11-3　偶数齿离合器

四、实训步骤

（1）读图，分析图样要求并选择铣刀。

（2）安装并校正工件。

（3）计算和调整分度手柄转数。

（4）对中，对刀调整切削深度。

（5）调整分度手柄依次铣完各齿一侧面，铣另一侧面。

（6）检验。

五、注意事项

（1）用卡盘装夹工件时，需防止工件表面被夹伤。

（2）分度时不要摇错，若手柄摇错，应注意消除分度间隙后再插入原来的孔内。

（3）铣削时将分度头主轴夹紧，分度时将锁紧手柄松开。

（4）不使用的工作台要夹紧。

（5）分度头在工作台面上的安装位置要便于操作。

第4章　磨　工

实训目标

（1）掌握磨削加工的工艺范围、工艺特点以及磨削加工的工艺过程。

（2）了解平面、外圆、无心磨床的组成及各部分的作用，掌握磨床的正确操作方法并能正确调整机床以适应生产加工需要。

（3）掌握砂轮的种类、构成、安装以及使用。

（4）熟悉磨削加工一般工件的定位、装夹及加工方法。

（5）能根据设备及实际生产状况完成一定的生产任务。

4.1　入 门 知 识

一、实训要求

（1）了解磨工工种的加工内容；

（2）了解磨工实训课的内容。

二、实训内容

1. 磨工工种的加工内容

在生产活动过程中，一台机器的制成，是各工种之间密切配合的结果，每一个工种在机器制造业中都有着它自己的特点和作用。

磨工是机床加工的主要工种之一，它是用砂轮作为切削工具对工件进行磨削加工的。磨削加工的范围很广（见图 4-1-1），有外圆磨削、内圆磨削、平面磨削、螺纹磨削、花键磨削、齿轮磨削、曲轴磨削、成形面磨削、无心外圆磨削和刀具刃磨等。其中内、外圆和平面磨削是最基本的磨削方式，是作为磨工必须掌握的最基本的操作技能。近年来，由于磨削技术的迅速发展，各种形状复杂、精度较高、硬度较高、材料加工难度高的零件几乎全部采用磨削加工完成，这将使磨削加工在整个机器制造业中发挥出更大的作用。

2. 磨工实训课的任务

磨工实训课是高职院校中的一门主课。它旨在培养学生全面地掌握本工种的基本操作技能，通过培训，使学生达到：会加工本工种中级技术等级的工件；熟练地使用、调整本工种的常用设备；能正确使用工、夹、量具；能在维修人员的配合下进行磨床的一级保养；能使学生养成良好的文明生产和安全生产的习惯。

在完成上述教学任务的过程中，应对学生加强基本操作训练，并贯彻由浅入深、由简到

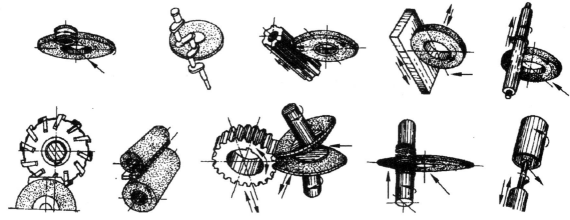

图 4-1-1　磨削加工

繁和循序渐进的原则，通过复合作业课题教学，使学生循序渐进地学习和掌握各项操作技能。因磨床类型较多，有些课题受机床设备少的限制而不能同时实训，在教学的具体过程中可进行适当的转换实训，从而保证课题教学任务的完成。

为了使学生毕业后到工厂中能圆满完成生产任务，确实达到中级技术等级工人的操作水平，实训教学大纲规定实训课分两个阶段进行：第一阶段为基本操作技能训练；第二阶段结合生产，为工件进行批量加工，以提高学生的操作熟练程度。

3. 安全生产要求

（1）必须正确安装、紧固砂轮和装好砂轮防护罩。

（2）机床各传动部位必须装有防护罩壳。

（3）磨削前，砂轮应经过数分钟空运转实验，确定运转正常后才能开始工作。磨削时，操作者站立位置应避开砂轮正面，以防砂轮产生意外损坏时伤人。

（4）开车前，必须调整好行程挡铁的位置，并将其紧固，以免挡铁松动而使工作台超越限程，致使砂轮碰撞夹头、卡盘或尾座，引起砂轮碎裂或工件弹出。

（5）准备磨削之前，必须细心地检查工件中心孔是否正确、工件装夹是否紧固稳妥。

（6）测量工件或调整机床都应在砂轮退刀位置和磨床头架停转后进行。严禁在旋转的工件上或在砂轮运转的附近做清洁工作，以防发生事故。

（7）每日工作完毕后，工作台面应停留在床身的中间位置，并将所有的操纵手柄处于"停止"或"退出"位置。

（8）严禁两人同时操作一台机床，以免由于动作不协调而产生意外事故。

4. 文明生产要求

文明生产是工厂管理的一项十分重要的内容，它将直接影响产品的质量，设备和工、夹、量具的使用寿命，影响工人的技能发挥和安全。作为培养高技能人才的高职院校，在训练学生基本操作技能的同时，要重视培养学生养成文明生产的习惯。

搞好文明生产应做到以下几点：

（1）合理组织工作位置，保持机床周围场地整洁，机床附近不允许堆放杂物。

（2）工具箱内要保持整洁，各类工具应按照大小和用途，有条不紊地放在固定位置上。

（3）爱护图样和工艺文件，保持整洁完好，不允许在图样上堆放工具或零件，图样应挂在工具箱的图夹上。要爱护工、夹、量具，使用以后要擦净涂油，安放妥当。

（4）已加工和待加工的工件不要混杂堆放，精磨好的工件应放在专用的工位器具内，已加工的工件表面不能有划伤的痕迹，工件加工完毕应将表面擦干净，并涂上防锈油。

（5）下班前，应清除机床内及周围的磨屑和切削液，擦净后在工作台面上涂一层较薄的润滑油。

（6）下班之前要认真做好结束工作，把实训场地打扫干净，切断机床总电源，关掉工厂照明灯，关好门窗，经老师同意后才能离开工厂。

4.2 外 圆 磨 削

在普通外圆磨床和万能外圆磨床上磨削轴、套筒及其他类型零件的外圆柱面及阶台端面，是外圆精加工的主要方法。它既能加工淬火的黑色金属零件，也可以加工不淬火的黑色金属和有色金属零件。磨削加工可以使工件达到 IT1～IT7 级精度要求。

4.2.1 外圆磨床的操纵与调整

一、实训要求

（1）熟悉外圆磨床主要部件的名称和作用；
（2）掌握外圆磨床各手柄和电器按钮的使用方法；
（3）掌握外圆磨床日常维护和保养要求。

二、实训内容

1. 外圆磨床各组成部件名称和作用

外圆磨床如图 4-2-1 所示。

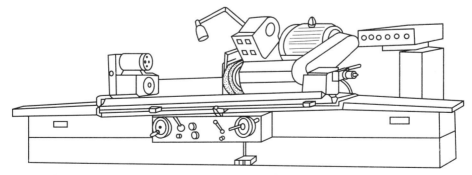

图 4-2-1 外圆磨床

（1）床身。床身是一个箱形铸件，用于支撑磨床的各个部件。床身上有纵向和横向二组导轨：纵向导轨上装有工作台，横向导轨上装砂轮架。床身内有液压传动装置和机械传动机构。床身前侧面有纵、横向运动操纵手轮，液压运动操纵手柄，旋转及电器按钮箱。

（2）工作台。工作台由上工作台和下工作台两个部分组成。

上工作台安放在下工作台上，可相对下工作台进行回转，顺时针方向可转 3°，逆时针方向可转 6°。上工作台的台面上有 T 形槽，通过螺栓安装与固定头架和尾座。

工作台底面导轨与床身纵向导轨配合，由液压传动装置或机械操纵机构带动工作后做纵向运动。在下工作台前侧面的 T 形槽内，装有两块行程挡铁，调整挡铁位置，可控制工作台的行程和位置。

（3）头架。头架由底座、壳体、主轴及传动变速装置等组成。头架壳体可绕定位柱在底座上面回转，按加工需要可在逆时针方向 0°～90° 范围做任意角度的调整。双速电动机装在壳体顶部。头架通过两个 L 形螺栓紧固在工作台上，松开螺栓，可在工作台面上移动。头架主轴上可安装顶尖或卡盘，用来装夹和带动工件旋转；主轴间隙的调整量为 0～0.01 mm。

头架变速可通过推拉变速捏手及改变双速电动机转速来实现。

（4）尾座。尾座由壳体、套筒和套筒往复机构等组成。尾架套筒内装有顶尖，用于装夹工件。装卸工件时，可转动手柄或踏尾座操纵板，实现套筒的往复。尾座通过 L 形螺栓紧固在工作台上，松开螺栓可在工作台上移动。

（5）砂轮架。砂轮架由壳体、主轴、内圆磨具及滑鞍等组成。外圆砂轮安装在主轴上，由单独电动机经三角皮带传动进行旋转。壳体可在滑鞍上做±30° 回转。滑鞍安装在床身横导轨上，可做横向进给运动。内圆磨具支架的底座装在砂轮架壳体的盖板上，支架壳体可绕与底座固定的心轴回转，当需要进行内圆磨削时，将支架壳体翻下，通过两个球头螺钉和两个具有球面的支块，支撑在砂轮架壳体前侧搭子面上，或经液压传动装置可使砂轮架做横向运动。

2. 外圆磨床的操纵

1）工作台的操纵

（1）手动操纵。转动工作台纵向移动手轮，工作台做纵向运动。手轮顺时针方向旋转，工作台向右移动。手轮每转一周，工作台移动 5.9 mm。

（2）液动操纵。

① 按油泵启动按钮，使油泵运转。

② 调整工作台换向挡铁的位置，控制工作台的纵向行程和运动位置。

③ 转动工作台液压传动开停手柄至"开"的位置，再转动工作台速度调整旋钮，使工作台做无级调速运动。

④ 转动工作台油压筒放气旋钮至"开"的位置，油压筒开始放气，发出放气声，当声音全部消失后，将按钮关闭。

⑤ 转动工作台换向停留调节旋钮，砂轮在换向时可作一定时间的停留。

2）砂轮架横向进给的操纵

（1）砂轮架的手动进给操纵。转动横向进给手轮，砂轮架做横向进给；手轮顺时针方向旋转，砂轮架向前进给（朝操作者方向）；手轮逆时针方向旋转，砂轮架后退。

拉出粗、细进给选择拉杆，手轮转动时为细进给，手轮转一圈，砂轮架移动 0.5 mm；推进拉杆，手轮转动时为粗进给，手轮转一圈，砂轮架移动 2 mm。

拉出砂轮磨损补偿旋钮，转动刻度盘，可调整零位，使手轮撞块与砂轮架横向进给手轮定位块接触，调整完毕，将旋钮推进。

用

（2）砂轮架周期自动进给操纵。转动周期进给选择按钮至单向（左或右）或双向进给位置，砂轮换向后，做自动横向进给。转动自动周期进给量调节旋钮，可控制周期进给量，进给量可在 0～0.02 mm 范围选择。

（3）砂轮架快速进退的操纵。在油泵启动以后，逆时针方向转动手柄至工作位置，砂轮架快速行进；顺时针方向转动手柄至退出位置，砂轮架快速退出；行进或退出的距离为 50 mm。操纵该手柄的作用是便于装卸和测量工件。

3）头架的操纵

M1432B 型万能外圆磨床头架在变速机构上做了较大改进，将手换皮带变速改为变速捏手进行变速，变速更方便、迅速，减轻了劳动强度。在变速捏手上涂有 3 条表示不同转速的色带，操纵时，只要推进或拉出捏手，使所需转速的色带对准标尺即可。头架电动机为双速电动机，通过速度选择旋钮进行变速操作。这样，该机床头架共有 6 挡旋转速度可供选择使用。

当机床头架使用顶尖进行磨削加工时，顶尖不可与工件同时旋转，这时应将头架主轴间隙调整捏手转至间隙缩小位置；当机床头架使用卡盘进行磨削加工时，应将头架主轴间隙放大，使主轴随卡盘同时旋转。间隙调整范围为 0～0.01 mm。

4）尾架的操纵

（1）手动操纵。移动手柄，可使尾架套筒往复运动，便于工件的装卸。旋转手柄，可调整尾架弹簧的压力，顺时针旋转压力加大，逆时针旋转压力减小。

（2）液压脚踏操纵。当工件体积较大或质量较大需用双手托拿时，可脚踏液动踏板，使尾座套筒回缩，脚离开操纵板，套筒自动伸出顶住工件。操纵时，手柄应处于退出位置，否则脚踏操纵板不起作用。

5）电器按钮的操纵

砂轮有启动按钮和停止按钮，操纵时，应采用断续开停的方法启动砂轮，以使砂轮从静止逐渐转入高速旋转。有一个旋钮为头架电动机开停、快速、慢速选择按钮，操纵时，手柄应处在工作位置，否则不起作用。还有一个旋钮为冷却泵电动机开停联动选择旋钮，当旋钮处于停止位置时，头架转动，冷却泵才能工作；当旋钮转到开动位置时，只有在头架停转时，冷却泵才能工作。另外还有一个总停按钮，在紧急情况下使用。

3. 外圆磨床的日常保养

磨床的日常保养对磨床的精度、使用寿命有很大的影响，也是文明生产的主要内容。保养时，必须做到以下几点：

（1）熟悉外圆磨床的性能、规格、各操纵手柄位置及其操作具体要求，正确合理地使用磨床。

（2）工作前，应检查磨床各部位是否正常，若有异常现象，应及时修理，不能使机床"带病"工作。

（3）严禁在工作台上放置工具、量具、工件及其他物件，以防止工作台台面被损伤。不能用铁锤敲击机床各部位及安装在机床上的夹具和工件，以免损坏磨床和影响磨床精度。

（4）装卸体积或质量较大的工件时，应在工作台台面上放置木板，以防损害工作台台面。

（5）移动头架和尾座时，应先擦干净工作台台面和前侧面，并涂一层润滑油，以减少头架或尾座与工作台台面摩擦而磨损滑动面。启动砂轮前，应检查砂轮架主轴箱内的润滑油是

否达到油标规定的位置。启动砂轮可先采用点动，待运转正常而无异声后，方可启动砂轮。

（6）启动工作台前，应检查床身导轨面上是否清洁，是否有适量的润滑油。

（7）保持磨床外观的清洁。

（8）离开磨床必须停车和切断电源。

（9）尾架座上面有两个油孔每班注上润滑油 1～2 次。

（10）实训课结束后，应清除磨床上的铁屑及擦净留存的切削液和磨床的外形，并在工作台面、顶尖及尾架套筒上涂油。

三、操纵练习

1. 手动操纵练习

（1）用左手转动手轮，工作台慢速均匀移动，动作自如。分清工作台向左还是向右，反应灵活，动作准确。

（2）用右手转动手轮，砂轮架慢速均匀移动，动作自如。分清砂轮架的进刀和退刀，反应灵活，动作准确。

2. 液压传动操纵练习

（1）操纵手柄、旋钮，练习工作台的启动和调速。要求操纵熟练，动作自如。

（2）操纵手柄，练习砂轮架的快速引进和退出。要求动作准确，注意安全。

（3）电器按钮、旋钮操纵练习，熟悉各个按钮、旋钮的作用，练习掌握使用方法。

四、注意事项

（1）要求每台磨床都有齐全的防护设施。

（2）手动操作时，应注意力集中，以免砂轮架与头架、尾架相撞。

（3）液压启动工作台时，应调整好行程挡铁位置并予以紧固。

（4）砂轮架快速进退时，要注意避免砂轮与工件相撞。

（5）必须在教师操纵示范后，让学生逐个轮换练习一次，然后再分散练习，以免产生事故。

4.2.2　外圆工件装夹与试磨

一、实训要求

（1）了解工件中心孔的使用要求；

（2）掌握顶尖的选择和安装方法；

（3）掌握用顶尖装夹工件的方法；

（4）掌握外圆的试磨方法。

二、实训内容

1. 顶尖的选择和安装

1）顶尖的作用

顶尖的作用是装夹工件、决定工件的回转轴线、承受工件的重力和磨削时的磨削力。

2）顶尖的结构和种类

顶尖的结构和种类如图 4-2-2 所示。

（1）顶尖的结构。顶尖的头部为 60° 圆锥体。与工件中心孔相配合，起着支撑工件的作用，中间为过渡圆柱，尾部为莫氏锥体，与头架主轴锥孔或尾座套筒锥孔相配合，固定在头架或尾座上。

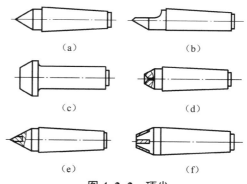

图 4-2-2　顶尖

（2）顶尖的种类。

① 按顶尖的形状和用途分有：全顶尖、半顶尖、大头顶尖和阴顶尖。

② 按顶尖的材料分有：高速钢顶尖和硬质合金顶尖。高速钢顶尖强度好，但耐磨性差；硬质合金顶尖，耐磨性好，但强度差，经不起冲击，容易折断。

③ 按顶尖尾部（莫氏圆锥）的尺寸大小分有：2 号、3 号、4 号、5 号和 6 号莫氏圆锥。

（3）顶尖的安装和拆卸。安装时，应先将顶尖的尾部及头架、尾座的锥孔表面擦干净，然后将顶尖放入锥孔内，用力推紧。拆卸时，右手握住顶尖，左手将一根细铁棒插入头架主轴孔内，用力冲击顶尖尾部，使顶尖从锥孔内脱出。

2. 工件中心孔的使用要求

中心孔的形状有三种，如图 4-2-3 所示。

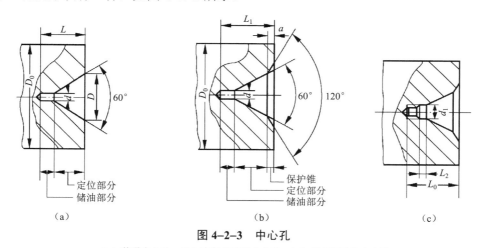

图 4-2-3　中心孔

（a）普通中心孔；（b）有保护锥的中心孔；（c）带有螺孔的中心孔

（1）普通中心孔，由圆锥孔和圆柱孔两部分组成。60° 圆锥孔与顶尖 60° 圆锥面配合，起定中心和承受切削力、工件重力的作用。圆锥孔前端的小圆柱孔，可防止顶尖尖端产生干涩，使圆锥孔与顶尖圆锥面有良好的接触，并可储存润滑剂，减少顶尖与中心孔的摩擦。

（2）有保护锥的中心孔，用于保护 60° 圆锥孔边缘，免受碰伤。

（3）带有螺孔的中心孔，供旋入钢塞头，以长期保护中心孔，如贵重零件和工量等。

中心孔在外圆磨削中占有非常重要的地位。60° 圆锥孔的质量将直接影响工件磨削的质量。为了保证工件的磨削质量，对中心孔有以下要求：

（1）60° 圆锥孔表面应光滑，无毛刺、划痕、碰伤等。

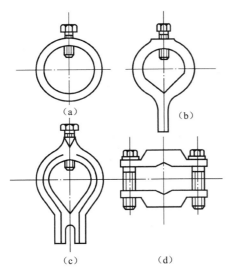

图 4-2-4 夹头

（a）环形夹头；（b）、（c）鸡心夹头；（d）方形夹头

（2）中心孔的大小应与工件直径大小相适应。

（3）60°圆锥孔的角度要正确，小圆柱孔应有足够深度，避免产生缺陷。

3. 夹头

夹头如图 4-2-4 所示。夹头的作用是带动工件旋转，常用的夹头有：环形夹头和鸡心夹头，这两种都是用一个螺钉直接夹紧工件，使用方便，制作简单，但夹紧力小，方形夹头用两个螺钉对合夹紧，夹紧力大，用于夹紧较大的工件。

夹头的大小应根据工件直径大小来选择，夹头内径比工件直径略大一些。若夹头内径太大，夹头中心将产生偏离，磨削时会产生离心力而影响磨削质量；同时，夹紧螺钉也容易松动。

4. 用二顶尖装夹工件的方法

用二顶尖装夹工件的方法，装卸方便迅速，加工精度高。

装夹步骤如下，如图 4-2-5 所示。

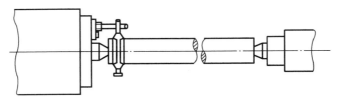

图 4-2-5 二顶尖装夹工件

（1）根据工件中心孔的尺寸和形状选择合适的顶尖，安装在头架和尾座的锥孔内。

（2）根据工件的长度调整头架和尾座的距离，并紧固。检查尾座顶尖的顶紧力，转动工件顶紧压力调节捏手，使工件的顶紧力松紧适度。

（3）用夹头夹紧工件的一端，必要时可垫上铜片，以保护工件无夹持痕迹。

（4）用棉丝擦干净工件中心孔，并注入润滑油或润滑脂。

（5）左手托住工件，将工件有夹头一端中心孔支撑在头架顶尖上（工件较重时，可用双手托住工件）。

（6）用手扳动手柄或脚踏尾座套筒液动踏板，使套筒收缩，然后将工件右端靠近尾座顶尖中心，放松手柄或踏板，使套筒逐渐伸出，然后将顶尖慢慢引入中心孔内，顶紧工件。

（7）调整拨杆位置，使拨杆能带动夹头旋转。

（8）揿头架点动按钮，检查工件旋转情况，运转正常后再进行磨削。

5. 外圆试磨

外圆试磨的具体步骤如下：

（1）检查机床各手轮、手柄和旋转均在停止或后退位置，然后闭合电源引入开关，接通电源。

（2）撤油泵启动按钮，使油泵运转。

（3）根据工件直径，选择调整头架转速。

（4）转动头架主轴间隙调整捏手，收紧主轴间隙。

（5）调整尾座位置，用二顶尖装夹好工件。

（6）转动工作台速度调节按钮，调整到所需速度。再根据工件磨削所需行程，调整工作台换向挡铁的位置，使砂轮在工件磨削行程范围内来回移动。

（7）转动砂轮架快速进退手柄至引进位置，使头架拨杆带动工件旋转。

（8）撤砂轮电动机启动按钮，使砂轮运转，移动工作台，使砂轮处于工件一端，转动砂轮架横向进给手轮，将砂轮引向工件。

（9）移动工作台，使砂轮处于工件另一端，扳动手柄，使砂轮架快速引进，转动手轮缓慢进给，当砂轮磨到工件后，根据二次磨削刻度值误差，转动工作台角度调整螺杆，对上工作台角度做微量调整。

（10）经过多次对刀调整，使工件二端对刀刻度基本相同，调整冷却液开关手柄，控制冷却液的流量，砂轮在工件全长范围内进行磨削。

（11）工件全部磨出，扳动手柄，使砂轮架快速退出，卸下工件，试磨结束。

三、实训图样

实训图样如图 4-2-6 所示。

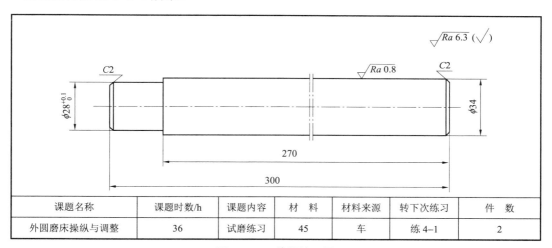

课题名称	课题时数/h	课题内容	材　料	材料来源	转下次练习	件　数
外圆磨床操纵与调整	36	试磨练习	45	车	练 4-1	2

图 4-2-6　外圆练习图

四、实训步骤

（1）根据该工件，正确选择顶尖。

（2）在二顶尖上装夹工件。

（3）外圆对刀，试磨。

（4）磨削工件至图样尺寸要求。

（5）检验。

五、注意事项

（1）在机床头架上装卸顶尖时，手要握紧顶尖，避免用力后顶尖从手上脱出，损坏顶尖和机床工作台台面。

（2）用二顶尖装夹工件时，头架顶尖必须顶在工件中心孔内，要防止因视觉失误，顶尖顶在夹头与工件的夹缝里。

（3）调整上工作台角度位置，要注意螺杆旋转方向，并注意磨削安全。

（4）试磨时，切削液流量要充足，以免烧伤工件。

4.2.3　光轴磨削

一、实训要求

（1）能合理选择磨削用量，掌握粗、精磨磨削余量的选择原则；

（2）掌握磨削外圆表面的基本方法；

（3）掌握工件圆柱度的找正方法；

（4）掌握光轴的磨削方法。

二、实训内容

1. 磨削用量的选择

（1）磨削用量选择是否适当，对工件的加工精度、表面粗糙度和生产效率有着直接影响，其原则是：在保证加工质量的前提下，获得最高的生产效率和最低的生产成本。

① 砂轮圆周速度的选择。主要依据工件材料、磨削方式和砂轮特性来确定。

② 工件圆周速度的选择。工件圆周速度主要根据工件直径、横向进给量、工件材料等确定。在保证工件表面粗糙度符合要求的前提下，应使砂轮在单位时间内切除最多的金属且砂轮磨耗最少。通常工件圆周速度是按工件直径选取转速的，小直径的工件在磨削时转速高些，大直径的工件在磨削时转速应低些。

③ 横向进给量的选择。主要依据磨削方式、工件刚度、磨削性质、工件材料和砂轮特性等确定。

④ 纵向进给量的选择。主要依据磨削方式、工件材料和磨削性质等确定。

（2）粗、精磨削余量的确定。工件经粗加工、半精加工后需在磨削工序中切除的金属层称为磨削余量，其大小为工件磨削前与磨削后的尺寸之差。磨削余量可分为粗磨余量及研磨余量等。

磨削余量的确定。合理地确定磨削余量，对提高生产效率和保证加工质量有重要的意义。一般来说，工件形状复杂、技术要求高、工艺流程长而复杂、经热处理变形较大的工件，磨削余量应多些。例如：机床主轴、细长轴、薄片等工件。

2. 外圆磨削的基本方法

外圆磨削一般是根据工件的形状大小、精度要求、磨削余量的多少和工件的刚性等来选择磨削方法的。常用的磨削方法有纵向磨削法、横向磨削法、阶段磨削法和深度磨削法 4 种。

1）纵向磨削法

纵向磨削法由于横向进给量较小，因而磨削力小，磨削热少，工件加工精度高，表面粗糙度值小；由于纵向行程往复一次的时间较长，横向进给量小，故生产效率较低。在日常生产中，纵向磨削法应用得最广泛，更适合细长轴的磨削。

2）横向磨削法

横向磨削法的特点：

（1）生产效率较高，适合成批生产。

（2）可根据成形工件的几何形状，将砂轮外圆进行修整，直接磨出成形面。

（3）砂轮与工件有较大的接触面积，磨削发热量大，容易使工件表面退火或烧伤，因此，磨削时，切削液供给必须充分。

（4）砂轮连续横向进给，工件所受压力较大，容易变形，不适合磨削细长的工件。

3）阶段磨削法

这种磨削方法适用于磨削余量多、刚性好的工件。

4）深度磨削法

这种方法适用于磨削余量多、刚性好、精度要求较低的工件。

深度磨削法的特点：

（1）砂轮的负荷比较均匀，可提高砂轮的使用效率和耐用度，但砂轮使用寿命会减少。

（2）粗、精磨在一次行程中完成，缩短了走刀次数，提高了生产效率。

3. 工件圆柱度的找正方法

在磨削外圆柱面时，要保证被磨削工件的旋转轴线与工作台纵向运动方向平行，否则磨出的工件将产生锥度误差。

因此，调整上工作台，使工件旋转轴线与工作台纵向运动方向平行是一项十分重要而且必须掌握的操作技能。常用的调整方法如下：

1）目测法找正

找正步骤：

（1）移动工作台，使砂轮停留在工件中间位置。

（2）砂轮做缓慢横向进给，当砂轮接触工件产生火花的瞬间，停止砂轮的横向进给。

（3）观察火花疏密程度，确定调整方向，如果是靠近尾架端的火花大，上工作台应顺时针方向旋转；反之，应逆时针方向旋转。

（4）砂轮停止磨削，退刀一圈，工件停止转动，拧松螺钉并松开压板，用扳手转动调整螺钉，使上工作台相对于下工作台进行转动；调整方向是调整螺钉顺时针转动，上工作台顺时针转动；反之则逆时针转动。

（5）启动工件，重新吃刀继续找正，直至火花基本均匀为止。

这种方法调整简单、速度快，但找正误差较大，适用于待磨表面没有锥度粗磨时的调整。

2）对刀找正

找正步骤：

（1）用横向磨削法在工件两端各磨一刀，磨圆即可。根据磨出两端外圆时横向进给手轮刻度盘的读数差值以及工件两端直径的差值，判断上工作台的转动方向然后调试。

（2）重新两端对刀，根据减小的误差值，继续找正，直至误差基本消除。

（3）启动工作台砂轮从工件直径较大端吃刀，用纵向磨削法试磨。

（4）工件基本磨圆后，用外径千分尺测量工件两端的直径大小，根据直径差再精细调整，使工件圆柱度符合图样要求。

用这种方法找正误差值小，适用于精磨时调整。

3）用标准样棒找正

找正步骤：

（1）将标准样棒安装在头、尾架两顶尖之间，磁性表架固定在砂轮上，百分表测量头与工件侧母线接触；摇动横向进给手轮使百分表测量头压缩 0.2～0.3 mm。

（2）摇动工作台纵向进给手轮，观察百分表在样棒全长上的读数差。

（3）采用与对刀找正同样的方法调整上工作台的位置，直至百分表在样棒全长上的读数相同为止。

这种调整方法主要用于工件余量很少的情况下，如返修工件、超精磨工件等。

三、实训图样

实训图样如图 4-2-7 所示。

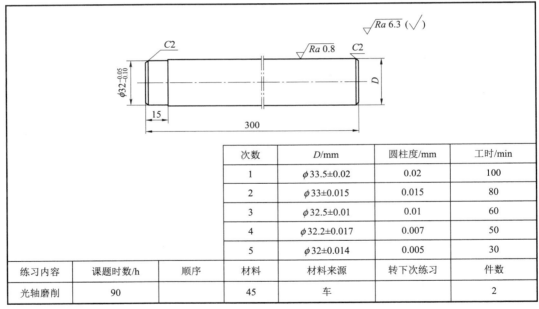

次数	D/mm	圆柱度/mm	工时/min
1	φ33.5±0.02	0.02	100
2	φ33±0.015	0.015	80
3	φ32.5±0.01	0.01	60
4	φ32.2±0.017	0.007	50
5	φ32±0.014	0.005	30

练习内容	课题时数/h	顺序	材料	材料来源	转下次练习	件数
光轴磨削	90		45	车		2

图 4-2-7　光轴磨削图

四、实训步骤

（1）根据工件长度，调整头架、尾座距离，工件在两顶尖间的松紧程度适当。

（2）在光轴的一端（小阶台外圆处）装上大小合适的夹头。

（3）擦净工件中心孔，并加注润滑油，擦净两顶尖，将工件安装在两顶尖之间。

（4）调整拨杆位置，使拨杆能带动工件旋转。

（5）调整工作台行程挡铁位置。

（6）测量工件尺寸，计算磨削余量和检查圆柱度误差值。

（7）对刀试磨，逐步找正工件圆柱度。

（8）磨去余量，使尺寸符合图样要求。

五、注意事项

（1）调整上工作台找正工件圆柱度时，调整螺钉的转动量不宜过大，应微量转动调整螺钉。反向转动调整螺钉时，应注意消除间隙。

（2）调整工件圆柱度前，砂轮应退离工件远一些，以防砂轮与工件相撞。

（3）上工作台调整后，砂轮应在工件最大尺寸处吃刀，不能从小尺寸处吃刀，以免工作台纵向移动后，火花越来越大，影响磨削精度，甚至产生事故。

（4）要注意有些机床调整螺钉的旋向与其他机床相反，如 M131W 万能外圆磨床，调整螺钉顺时针转动，上工作台却逆时针转动，在调整时注意查看。

（5）为防止工件发热变形，保证工件的精度和表面粗糙度，磨削时必须浇注充足的切削液。

4.2.4　阶台轴磨削

一、实训要求

（1）掌握阶台轴磨削方法；

（2）掌握阶台轴位置公差的测量方法。

二、实训内容

1. 阶台轴的磨削方法

1）阶台外圆的磨削方法

当磨削长度小于砂轮宽度时可采用横向磨削法，为了解决磨粒切痕单一的缺陷，精磨至最后应使工件做短距离纵向运动。其步骤如下：

（1）调整好挡铁，左端挡铁调整到使砂轮左端面在工件退刀槽内，如没有退刀槽，则可先手动在近工件端面旁用横向磨削法磨去大部分余量，留 0.05 mm 左右的精磨量，然后调整好挡铁。

（2）用纵向磨削法磨外圆，留 0.05 mm 左右的精磨量。

（3）调整工作台左面挡铁，在工件全长上精磨至要求。

2）阶台轴端面的磨削方法

（1）带退刀槽轴肩端面的磨削方法。轴肩在磨好外圆后，砂轮横向稍微退出 0.1 mm 左右，手摇工作台使砂轮端面逐渐与工件端面接触，并做间断的纵向进给。待端面磨出后，在原位置稍作停留再退出，以保证端面质量。

（2）带圆角轴肩的磨削方法。轴肩在磨削时，应将砂轮尖角修成所要求的圆弧。磨削时，可用横向磨削法粗磨外圆，留 0.03～0.05 mm 余量，将砂轮横向退出一段距离，再用手摇动工作台磨端面，磨削至图样要求，横向做缓慢进给，直至外圆磨到图样要求为止。

3）阶台轴磨削顺序的确定

（1）根据工件形状，先在长度最长的阶台处校正圆柱度。

（2）根据工件直径，先磨直径大的外圆，有利于磨削安全。

（3）根据工件位置精度，先磨精度要求低的外圆，后磨精度高的外圆，以保证工件的精度要求。

2. 阶台轴位置公差的测量方法

（1）同轴度的测量方法。

（2）端面全跳动的测量方法。

（3）阶台轴位置公差的测量。

三、实训图样

实训图样如图 4-2-8 所示。

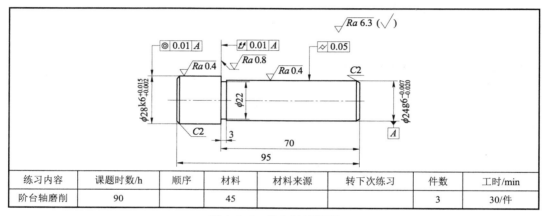

图 4-2-8　阶台轴磨削图

练习内容	课题时数/h	顺序	材料	材料来源	转下次练习	件数	工时/min
阶台轴磨削	90		45			3	30/件

要求磨削轴表面要光整。

四、实训步骤

（1）调整头架、尾座距离，工件在两顶尖间的松紧程度适当。

（2）在小阶台外圆处装上大小合适的夹头。

（3）擦净工件中心孔，并加注润滑油，擦净两顶尖，将工件安装在两顶尖之间。

（4）调整拨杆位置，使拨杆能带动工件旋转。

（5）调整工作台行程挡铁位置，粗磨 ϕ28 mm。

（6）调头装夹，粗磨 ϕ24 mm。

（7）测量工件尺寸，计算磨削余量和检查圆柱度和同轴度误差值。

（8）对刀试磨，逐步找正工件圆柱度和同轴度。

（9）精磨去余量，使尺寸符合图样要求。

五、注意事项

（1）在检测阶台轴位置公差时，百分表的测量头应与被测表面垂直。测量时，百分表测量杆的压缩量不能过大，以减少测量误差。

（2）在磨削阶台轴各挡外圆时，注意相邻外圆之间的直径差，避免摇错而产生碰撞。

（3）在调整轴肩处行程挡铁位置时，应尽量用微调螺钉调节，以免工件撞击砂轮端面产生事故。

（4）阶台外圆磨削时，横向进给应在近阶台旁换向时进行，以保持砂轮左端面尖角的锋利，使阶台外圆的根部尺寸准确。

（5）阶台端面磨削时，砂轮必须在横向退出 0.05 mm 后进行，以免在磨削端面时，因工件和砂轮的接触面积大而产生振动，破坏外圆原有的精度。

（6）端面接触砂轮时，应避免冲击或碰撞，同时砂轮端面应修成内凹形，以保证砂轮端面与工件端面的线接触。

（7）对于位置公差要求高的阶台轴，端面磨削时要有足够的光磨时间。

（8）磨削时必须浇注充足的切削液。

4.2.5 外圆锥面磨削

在机床与工具中，圆锥面配合应用很广泛。如磨床头架主轴孔和尾座锥孔与顶尖外锥的配合、砂轮法兰盘内锥与砂轮架主轴外锥的配合等，都利用了圆锥面的配合。这种配合具有很多优点：能使配合的零件自动定心，配合紧密，装拆方便，而且经多次装拆仍保持配合性质不变。

一、实训要求

（1）掌握外圆锥面的各种磨削方法；

（2）学会磨削余量的计算和尺寸控制。

二、实训内容

1. 转动工作台磨削外圆锥面

锥度不大的外圆锥面，可转动上工作台进行磨削。操作方法如下：

（1）工件安装在两顶尖之间。

（2）将上工作台逆时针方向转动至工件的圆锥半角（$\alpha/2$）。

（3）采用纵向磨削法试磨。

（4）用套规测量锥度是否正确，若大端摩擦痕迹多、小端摩擦痕迹少，则工件锥度大，须将工作台顺时针微调；若接触情况与此相反，那么工作台调整方向也相反。

（5）用套规测量尺寸，并磨至图样要求。

特点：机床调整方便，工件装夹简单，精度容易控制，加工质量好。但受工作台转动角度的限制，只能加工圆锥角小于 12° 的工件。

2. 转动头架磨削外圆锥面

当工件锥度超过工作台转动角度时，可采用卡盘装夹或用主轴孔安装的方法，将头架逆时针转过与工件圆锥半角相同大小的角度进行磨削。

操作方法：

（1）工件安装在卡盘或头架主轴内，用百分表校正。

（2）头架逆时针方向转动工件圆锥半角。

（3）移动工作台，使工件进入磨削区，并调整好行程距离，紧固挡铁。

（4）试磨工件，并用圆锥套规检验锥度是否正确。如果锥度不正确，可依据转动工作台调整锥度的方法进行调整。

（5）用套规检查磨削余量，随后磨至图样要求。

特点：适合于磨削锥度较大和长度较短的工件。如果遇到工件锥度大、长度较长，安装后砂轮已退至极限位置，还不能磨削，但距离相差不多时，可把工作台也偏转一个角度，使头架转动的角度比原来小些，这样工件相对就退出一些，但头架转动角度与工作台转动角度之和应等于工件圆锥半角。

3. 转动砂轮架磨削外圆锥面

适合于磨削带大锥角锥体的长工件。

操作方法：

（1）工件安装在两顶尖之间。

（2）砂轮外圆修整后，砂轮架逆时针回转的角度应等于工件的圆锥半角。

（3）移动工作台，将锥体部位移入磨削区域，采用横向磨削法进行磨削，不能做纵向运动。

特点：磨削时只能做横向进给，不能做纵向移动，工件加工质量差。角度调整麻烦，生产效率低，一般情况下很少采用。

4. 磨削余量的计算和尺寸控制

如图4-2-9所示，在外圆锥面磨削过程中，当锥度已磨准，而大小端尺寸还未达到要求时，应确定磨去多少余量才能使大、小端尺寸合格，可用下面公式计算：

$$h=2a\sin\alpha/2$$

式中：h——应磨去的最小余量，mm；

a——工件端面至圆锥套规过端界限的距离，mm（见图4-2-9）；

$\alpha/2$——工件圆锥半角，（°）。

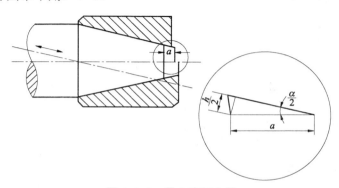

图4-2-9 最小磨削余量

当工件圆锥角 $\alpha \leqslant 6°$ 或者 C（锥度）$\leqslant 1:5$ 时，

$$\sin \alpha/2 \approx \tan \alpha/2$$

h 可按下面的近似公式计算：

$$h/2 \approx a\tan \alpha/2 \approx \alpha C/2$$

所以

$$h = aC$$

三、实训图样

实训图样如图 4-2-10 所示。

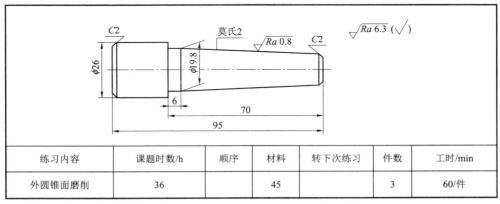

练习内容	课题时数/h	顺序	材料	转下次练习	件数	工时/min
外圆锥面磨削	36		45		3	60/件

图 4-2-10　外锥面磨削图

四、实训步骤

（1）研磨两端中心孔，使其接触面积不小于 75%。

（2）将工件支撑在万能外圆磨床的前、后顶尖上，松紧适中。

（3）按外锥面莫氏锥度的斜角值扳转上工作台，并试磨工件的外圆锥表面。试磨后，用莫氏锥度的环规对工件进行涂色检验。若未达到接触面要求，则应继续调整上工作台，直至锥度调准。

（4）采用纵磨法粗磨外锥面，纵向进给速度为 2~3 m/min，工件速度为 0.4~0.6 m/min，磨削深度为 0.03~0.05 mm，砂轮圆周速度为 35 m/s，并为精磨留余量 0.04 mm。

（5）精磨外圆锥面。调整机床，使头架中心和尾座中心在同一直线上。精修砂轮，精磨工件的外圆锥面至尺寸，再光磨 1~2 次，并用莫氏锥度环规进行涂色检验。精磨时的纵向进给速度为 1~2 m/min，工件圆周线速度为 0.2~0.3 m/min，磨削深度为 0.02~0.03 mm。

五、注意事项

（1）外锥体测量时，工件装卸次数较多，应注意中心孔的清洁和润滑，以免影响加工精度。

（2）用套规检查接触情况时，推力不要过大。

（3）调整工作台时，应注意调整量不要过大。

4.2.6 细长轴磨削

一、实习教学要求

1. 了解细长轴磨削的特点。
2. 掌握细长轴的磨削方法。

二、相关工艺知识

1. 细长轴的磨削特点

（1）细长轴长度与直径的比值一般较大，当比值大于 25 时，工件必须使用开式中心架支承才能进行磨削加工。

（2）由于细长轴刚性较差，在磨削力作用下，工件容易产生弯曲变形，产生形状误差。

2. 在加工细长轴过程中，了解细长轴的技术要求

3. 工件磨削加工工艺分析

（1）工件采用两顶尖装夹，由于工件靠近尾座端外圆直径较小，故可采用半顶尖装夹。

（2）为了保证加工质量，磨削时，应首先悬空磨削支承外圆，并使支承外圆的圆度在 0.005 mm 之内，径向圆跳动量在 0.01 mm 之内。

（3）磨削中间长度最长的外圆时，应分粗、精磨，以保证几何公差符合图样要求，避免工件变曲，径向圆跳动量超过磨削余量时，应先进行校直，校直后要进行回火处理。

（4）磨削加工步骤：一般先粗磨后精磨，就可以达到图样上所给的尺寸要求，如图 4-2-11 所示。

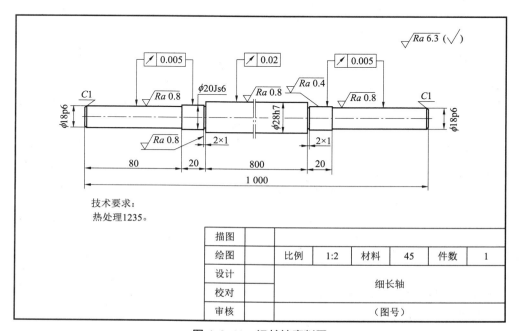

图 4-2-11　细长轴磨削图

三、容易产生的问题和注意事项

（1）磨削工件中心支承外圆时，头架旋转速度应较低，以避免工件外圆产生的多角形振痕和径向圆跳动量超差。

（2）细长轴在磨削过程中，要求砂轮始终保持锋利，所以粗磨阶段，砂轮应尽量修得粗一些，以提高砂轮的切削性能。

（3）在磨削过程中，要不断地检查、调整工件的装夹松紧程度，并不断地向中心孔内浇注润滑油，以保证充分润滑。

（4）为了避免工件受热变形，细长轴在磨削时必须保持充分的冷却，切削液要覆盖整个砂轮磨削表面。

（5）为了减少砂轮对工件的径向压力，当砂轮宽度较大时，可将砂轮圆周面修出一个台阶，使砂轮宽度变小，这样磨削时压力减小，工件就不容易产生弯曲变形。工件加工完后应垂直吊放，以防弯曲。

4.2.7　接刀轴磨削

一、实习教学要求

（1）了解接刀轴的磨削特点。
（2）掌握接刀轴的磨削方法和接刀方法。
（3）掌握磨削尺寸和表面粗糙度的控制。

二、相关工艺知识

1. 接刀轴的磨削特点

接刀轴实际上是一根无任何阶台的直轴，接刀轴的磨削必须经过两次以上装夹才能完成。在磨削过程中，为了保证接刀轴无明显接刀痕迹，对工件中心孔的要求较高，最好能经过研磨，使中心孔的角度、圆度和表面粗糙度得到提高。在工件圆度找正时，只允许顺锥，即近头架端的外圆尺寸要比近尾座端的外圆尺寸略微大些，一般圆柱度允许量在 0.005 mm 以内。如果倒锥，接刀无法接平。

2. 接刀轴磨削方法

（1）在接刀轴任意一端外圆上装夹头，根据接刀轴的长度，调整头架、尾座的距离，如图 4-2-12 所示。

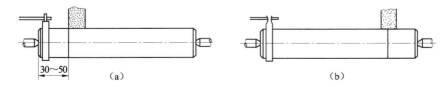

（a）　　　　　　　　　　　　　　　（b）

图 4-2-12　接刀轴磨削左端挡铁的调整位置

（2）调整工作台纵向行程挡铁的位置。在近头架处使砂轮离轴端 30～50 mm 处换向。

（3）调整拨杆位置，使拨杆能带动工件旋转。

（4）粗修整砂轮。

（5）磨削外圆找正工件圆柱度，使近头架端外圆尺寸比近尾座端外圆尺寸大约 0.005 mm。

（6）粗磨外圆，留 0.03～0.05 mm 精磨余量。

（7）将工件取下调头，夹头装在刚磨好的那端外圆上，再装上机床。

（8）用横向磨削法，磨去原夹头部位的粗磨余量。

（9）精细修整砂轮。

（10）精磨外圆，消除砂轮精修后可能产生的圆柱度误差，并磨去精磨余量，控制工件尺寸和表面粗糙度符合图样要求（工件尺寸最好控制在上偏差）。

（11）调头接刀，用纵向磨削法磨削接刀处外圆，控制横向进给量在 0.005 mm 之内。在磨削余量剩下 0.003～0.005 mm 时，横向进给量减少，最后以无横向进给的光磨接平外圆。

三、磨削练习

实训图样如图 4-2-13 所示。

要求外圆无明显接刀痕迹。

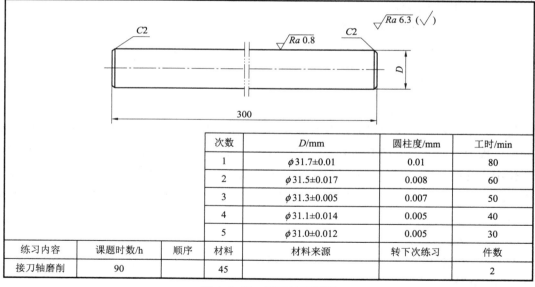

次数	D/mm	圆柱度/mm	工时/min
1	$\phi 31.7\pm 0.01$	0.01	80
2	$\phi 31.5\pm 0.017$	0.008	60
3	$\phi 31.3\pm 0.005$	0.007	50
4	$\phi 31.1\pm 0.014$	0.005	40
5	$\phi 31.0\pm 0.012$	0.005	30

练习内容	课题时数/h	顺序	材料	材料来源	转下次练习	件数
接刀轴磨削	90		45			2

图 4-2-13　接刀轴磨削图

四、容易产生的问题和注意事项

（1）磨削前注意检查中心孔的质量，保证被磨工件圆度小于 0.003 mm，以免接刀时产生偏痕。

（2）调头接刀时，注意在外圆表面和夹头螺钉间垫上铜皮，避免工件表面留下被夹印痕。

（3）接刀磨削时，动作需协调，耐心细致地做好横向进给与纵向进给的配合，克服急躁情绪，避免进给过头。

（4）磨削时，注意浇注充分的切削液，避免工件产生烧伤痕迹。

4.3　平 面 磨 削

机器零件上的各种平直表面称作平面，如相互平行的平面、相互垂直的平面和倾斜一定角度的平面等。当这些平面的平直度、表面粗糙度或平面间相互位置精度要求较高时，就要用磨削来加工。特别是加工淬硬平面时，只能用磨削来加工。

平面磨削主要在平面磨床上进行，也可在万能工具磨床上进行。磨削后的平面，精度可达 2 级，表面粗糙度可达 IT8～IT9 级。由于机床的刚性和精度不断提高，如 MG7132 型平面磨床，采用滚柱十字形导轨，磨头采用静压轴承，工件的加工精度可达 1～2 级，表面粗糙度可达 IT12 级。

4.3.1　平面磨床的操纵与调整

一、实训要求

（1）了解卧轴矩台平面磨床各部件的名称和作用。

（2）掌握平面磨床的操纵和调整。

二、实训内容

1. 卧轴矩台平面磨床各部件的名称和作用

M7120D 型平面磨床是在 M7120A 型基础上进行改进的卧轴矩台平面磨床，由床身 1、工作台 2、磨头 3、滑板 4、立柱 5、电气箱 6、电磁吸盘 7、电器按钮板 8 和液压操纵箱 9 等部件组成，如图 4-3-1 所示。

1）床身

床身 1 为箱形铸件，上面有 V 形导轨及平面导轨；工作台 2 安装在导轨上。床身前侧的液压操纵箱上装有工作台手动机构、垂直进给机构、液压操纵板等，用以控制机床的机械与液压传动。电器按钮板上装有电器控制按钮。

2）工作台

工作台是一盆形铸件，上部有长方形台面，下部有凸出的导轨。工作台上部台面经过磨削，并有一条 T 形槽，用以固定工件和电磁吸盘。

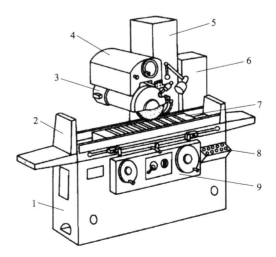

图 4-3-1　平面磨床

1—床身；2—工作台；3—磨头；4—滑板；
5—立柱；6—电气箱；7—电磁吸盘；
8—电器按钮板；9—液压操纵箱

在台面四周装有防护罩，以防止切削液飞溅。

3）磨头

磨头 3 在壳体前部，装有两套滑动轴承和控制轴向窜动的两套球面止推轴承，主轴尾部装有电动机转子，电动机定子固定在壳体上。

磨头 3 在水平燕尾导轨上有两种进给形式：一种是断续进给，即工作台换向一次，砂轮磨头横向做一次断续进给，进给量为 1～12 mm；另一种是连续进给，磨头在水平燕尾导轨上做往复连续移动，连续移动速度为 0.3～3 m/min，由进给选择旋钮控制。磨头除了可做液压传动外，还可做手动进给。

4）滑板

滑板 4 有两组相互垂直的导轨，一组为垂直矩形导轨，用以沿立柱做垂直移动；另一组为水平燕尾导轨，用以做磨头横向移动。

5）立柱

立柱 5 为一箱形体，前部有两条矩形导轨，丝杆安装在中间，通过螺母，使滑板沿矩形导轨做垂直移动。

6）电气箱

M7120D 型平面磨床在电气安装上进行了改进，将原来装在床身上的电气原件等装到电气箱内。这样有利于维修和保养。

7）电磁吸盘

电磁吸盘 7 主要用于装夹工件。

8）电器按钮板

电器按钮板 8 主要用于安装各种电器按钮，通过操作按钮，来控制机床的各项进给运动。

9）液压操纵箱

液压操纵箱 9 主要用于控制机床的液压传动。

2. 电磁吸盘的使用方法

1）电磁吸盘的使用特点

（1）工件装卸迅速方便，可多件加工，生产效率高。

（2）保证平面的平行度。

（3）装夹稳固，不需要进行调整。

（4）在台面上安装各种夹具，磨削垂直平面、倾斜面等，使用比较方便。

2）工件在电磁吸盘上的装卸方法

（1）工件基准面擦净，修去表面毛刺，然后将基准面放到电磁吸盘上。

（2）转动电磁吸盘工作状态选择开关至"工件吸着"位置，使工件吸牢在台面上。

（3）工件加工完毕，取下，可将开关转到退磁位置。

3. 用退磁器进行退磁

第一种方法：将开关拨至"退磁"位置，然后将退磁器电源插头插入机床退磁器插座中，退磁器工作表面置于离工件约 10 mm 距离，往复移动 2～3 次，工件剩磁即可退去。

第二种方法：工件磨好经开关退磁取下后，工件表面仍有剩磁须退掉，可将工件放在退磁器上 1～2 min，工件剩磁即可全部退去。

4. 平面磨床操纵步骤

如图 4-3-2 所示。

（1）转动床身后面的转动开关，接通电源。

（2）将磨头 8 停在离工作台一定距离的高度上，各液压操作手柄、旋钮均置于停止位置，工作台行程挡铁 4 置于两极端位置。

（3）按动油泵启动按钮 1，启动油泵。

（4）转动工作台启动调速手柄 5，使工作台往复换向 2～3 次。检查动作是否正常。

（5）转动磨头液动进给，调节挡铁距离，使磨头往复移动。

（6）转动工作台往复移动手柄 9，使工作台处于右边顶端位置。

（7）将砂轮启动旋钮 2 拨到启动位置，使砂轮做高速运转。

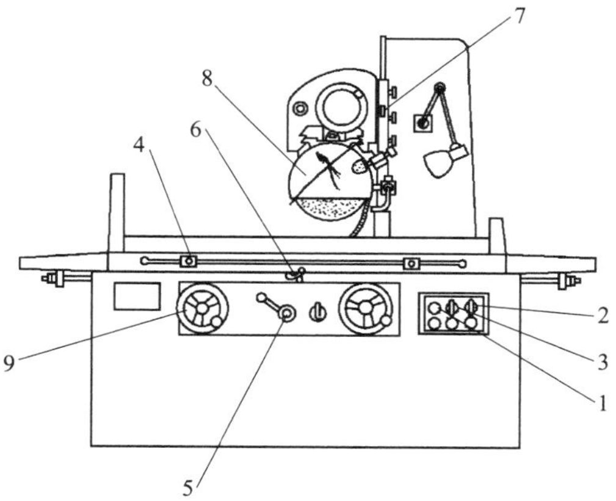

（8）把工件安放在电磁吸盘台面上，转动旋钮 3 至"吸住"位置，使工件吸附在工作台上。

（9）按工件尺寸，将工作台行程挡铁调整到适当位置，做好试磨准备。

图 4-3-2　平面磨床操作图

1—油泵启动按钮；2—砂轮启动按钮；3—转动旋钮；
4—工作台行程挡铁；5—调速手柄；6—工作台
往复移动换向手柄；7—立柱；8—磨头；
9—工作台往复移动手柄

三、操纵练习

（1）练习工件在电磁吸盘上的装卸和退磁器的使用。

（2）练习操纵机床，熟悉各手柄、旋钮、电器开关的作用和使用方法。

四、注意事项

（1）电磁吸盘使用时应注意的问题。

① 工件经"退磁"从电磁吸盘上取下后，应将选择开关拨至"电源切断"位置，不要长时间拨在"退磁"位置，因"退磁"位置电路仍呈通路工作状态，但磁力线方向相反。

② 从电磁吸盘上取下底面积较大的工件时，由于剩磁及光滑表面间黏附力较大，不容易把工件取下来，这时可用木棒、铜棒在合适的位置上将工件扳松，然后再取下工件，严禁直接用力将工件从电磁吸盘上硬拖下来。对于无孔无槽的光滑平面工件，可在工件与吸盘面之间垫一层很薄的纸片，这样工件取下时不会划伤工件表面及吸盘台面。

③ 电磁吸盘的台面要保持平整光洁，发现有划痕现象，应及时用油石或金相砂纸修光。如果表面划痕和毛刺较多，或者有些变形，影响工件平行度，则可对电磁吸盘台面做一次修磨。修磨时电磁吸盘应接通电源，使它处于工作状态。每次修磨应尽可能小，修光即可。

④ 电磁吸盘使用完毕后，要将台面擦干净，并涂上一层油，以避免台面生锈以及切削液渗入吸盘体内部，使线圈受潮损坏。

（2）用退磁器退磁后，应及时将退磁器电源插头拔去，以免长时间通电损坏退磁器。

（3）油泵启动后，不能立即启动砂轮，应等油泵工作 2～3 min 后再启动砂轮。

（4）机床操纵练习时，砂轮启动应从低速到高速，在高速运转时不能一下子拨到低速位置。

4.3.2 平面磨床砂轮的修整

一、实训要求

（1）掌握在磨头架上用砂轮修整器修砂轮的方法；

（2）掌握在电磁吸盘台面上用修整器修整砂轮的方法。

二、实训内容

1. 在磨头架上用砂轮修整器修整砂轮

平行磨床在磨头架上装有固定的砂轮修整器。其优点是使用方便，金刚石无须经常拆卸；缺点是只能修整砂轮的圆周面，但由于磨头导轨的精度误差，故修整效果比在电磁吸盘台面上修整砂轮差。

修整步骤如下：

（1）在砂轮修整器上安装金刚石，并紧固。

（2）移动磨头，使金刚石处在砂轮宽度范围内。

（3）启动砂轮，旋转砂轮修整器捏手，使套筒在轴套内滑动，金刚石向砂轮圆周面进给。

（4）当金刚石接触砂轮圆周面后，停止修整器进给。

（5）换向修整时将磨头换向手柄拉出或推进，使磨头转向移动，并旋转砂轮修整器捏手，按修整要求予以进给。粗修整每次进给 0.02～0.03 mm，精修整每次进给 0.005～0.010 mm。

（6）修整结束，将磨头快速连续退至台面边缘。

（7）反方向（逆时针）旋转砂轮修整器捏手，使金刚石离开修整位置。

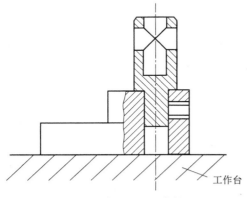

图 4-3-3 台面砂轮修整器

2. 在电磁吸盘上用修整器修整砂轮

图 4-3-3 所示为在吸盘台面上使用砂轮修整器。其优点是既能修整砂轮圆周面，也能修整砂轮端面；缺点是使用不方便，每次修整后要从台面上取下来。由于工件高度与修整高度相差较大，所以每次修整辅助时间较长。

修整方法：

1）圆周面的修整步骤

（1）将金刚石装入砂轮修整器内，并用螺钉紧固。

（2）砂轮修整器安放在电磁吸盘台面上，电磁吸盘工作状态选择开关拨到"吸着"位置，并用手拉一下砂轮修整器，检查是否吸牢。

（3）在距离中心 1～5 mm 的位置。

（4）启动砂轮，并摇动垂直进给手轮，使砂轮圆周面逐渐接近金刚石。当砂轮与金刚石接触后，停止垂直进给。

（5）移动磨头，做横向连续进给，使金刚石在整个圆周面上进行修整。

（6）换向继续修整。

（7）修整至要求后，磨头快速连续退出。

（8）将电磁吸盘工作状态选择开关拨到"退磁"位置，取下砂轮修整器，修整结束。

2）砂轮端面的修整步骤

（1）将金刚石（也可用金刚笔）从侧面装入砂轮修整器内，并用螺钉紧固。

（2）将砂轮修整器安放在电磁吸盘台面上，并吸牢。

（3）移动工作台及磨头，使金刚石处于如图 4–3–4（a）所示的位置。

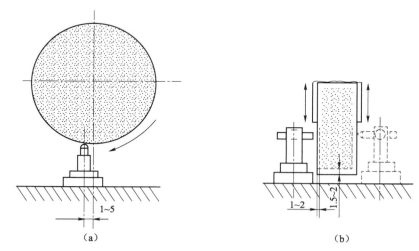

图 4–3–4　金刚石修整器

（4）启动砂轮并摇动磨头横向进给手轮，使砂轮端面接近于金刚石，当砂轮端面与金刚石接触后，磨头停止横向进给。

（5）摇动磨头垂直进给手轮，使砂轮垂直连续下降；当金刚石修到接近砂轮卡盘时，停止垂直进给。

（6）磨头做横向进给。进给量为 0.02～0.03 mm。摇动垂直进给手轮，使砂轮垂直连续上升，在金刚石离砂轮圆周边缘约 2 mm 处停止垂直进给。

（7）如此上下修整多次，在砂轮端面上修出一个约 1 mm 深的阶台平面。

（8）用同样方法修整砂轮内端面至要求（见图 4–3–4（b））。

三、修整练习

（1）练习用砂轮修整器修整砂轮圆周面，要求动作准确，修出砂轮平面，符合修整要求。

（2）练习用砂轮修整器修整砂轮端面，要求动作准确，手摇垂直进给，手轮速度均匀。

四、注意事项

（1）用磨头架上的修整器修整砂轮，金刚石伸出长度要适中，太长则会碰到砂轮端面，无法进行修整；太短由于砂轮修整器套筒移动距离有限，金刚石无法接触砂轮。

（2）在电磁吸盘台面上用砂轮修整器修整砂轮圆周面时，金刚石与砂轮中心有一定的偏移量，在修整砂轮时，工作台不能移动，金刚石吃进砂轮较深，容易损坏金刚石和砂轮。

（3）在修整砂轮时，工作台启动调速手柄应转到"停止"位置，不要转到"卸负"位置，

否则无法进行修整。

（4）在用金刚石修整砂轮端面时，升降磨头要注意换向距离，不要使砂轮修整器撞到法兰盘上，也不要升过头将端面凸台修去。

4.3.3　平行面的磨削

一、实训要求

（1）掌握平面磨削的几种磨削方法。

（2）掌握基准面的选择原则。

（3）掌握平行面工件的磨削方法。

二、实训内容

1. 平面磨削的几种磨削方法

1）横向磨削法

横向磨削法是平面磨削中最常见的一种磨削方法，当工件在电磁吸盘台面上装夹后，工作台先做纵向运动，然后砂轮做垂直进给，当工作台纵向行程终了时，磨头做横向断续进给，通过多次横向进给，磨去工件第一层金属，砂轮再做垂直进给，磨头换向继续做横向进给，磨去工件第二层金属。如此往复多次，直至磨去全部余量。

横向磨削法的特点是砂轮与工件接触面积小，冷却和排屑条件较好，因此工件的变形、磨削热均较小，砂轮不易塞实，加工精度高。

2）深度磨削法

深度磨削法有两种磨削方法。

（1）深磨法。砂轮先在工件边缘作垂直进给，横向不进给。每当工作台纵向进给换向时，砂轮做垂直进给，通过数次进给，将工件的大部分或全部余量磨去，然后停止砂轮垂直进给，全部余量磨去后，磨头做手动微量进给，直至把工件整个表面的余量全部磨去。

（2）切入法。磨削时，砂轮只做垂直进给，横向不进给，在磨去全部余量后，砂轮垂直退刀，并横向移动 4/5 的砂轮宽度，然后再做垂直进给，通过分段磨削，把工件整个表面余量全部磨去。

为了减少工件表面粗糙度值，在用深度磨削法磨削时，可留少量精磨余量（一般为0.05 mm 左右）。深度磨削法的特点是生产效率高，适宜批量生产或大面积磨削时采用。

3）阶台磨削法

阶台磨削法根据工件磨削余量，将砂轮修成阶台形，使其在一次垂直进给中磨去全部余量。阶台磨削法的特点是磨削效果较好，但砂轮修整较复杂，砂轮使用寿命较短，对机床和工件有较高的刚度要求。

2. 平面磨削基准面的选择原则

平面磨削基准面的选择准确与否将直接影响工件的加工精度，它的选择原则如下：

（1）在一般情况下，应选择表面粗糙度值较小的面为基准面。

（2）在磨大小不等的平面时，应选择大面为基准面。这样装夹稳固，并有利于磨去较少余量达到平行度要求。

（3）在平行面有几何公差要求时，应选择工件几何公差较小的面或者有利于达到几何公差要求的面为基准面。

（4）要根据工件的技术要求和前道工序的加工情况来选择基准面。

3. 平面工件的精度检测

1）平面度的检测方法

（1）透光法。用样板平尺测量。一般选用刀刃式平尺（又叫直刃尺）测量平面度。检测时，将平尺垂直放在被测量平面上，刃口朝下对着光源，观察刃口与平面之间的缝隙透光情况，来判断平面的平面度误差。

（2）着色法。在工件的平面上涂一层极薄的显示剂（红印油、红丹粉等），然后将工件放在测量平板上，平稳地前后、左右移动，取下工件，观察平面上摩擦痕迹的分布情况，以确定平面度是否符合精度要求。

2）平行度的检测方法

（1）用千分尺测量工件相隔一定距离的厚度，若干点厚度的最大差值即为工件的平行度误差，测量点越多，测量值越精确。

（2）用杠杆或百分表在平板上测量工件的平行度。将工件和杠杆式表架放在测量平板上，调整表杆，使表的表头接触工件平面，然后移动表架，使百分表的表头在工件整个平面上均匀地通过，百分表读数变动量就是工件的平行度误差。测量小型工件时，也可采用表架不动、工件移动的方法测量。

三、实训图样

实训图样如图 4-3-5 所示。

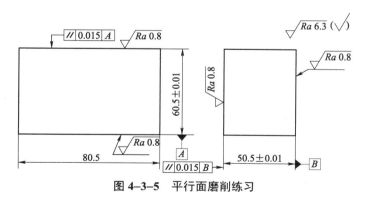

图 4-3-5 平行面磨削练习

四、实训步骤

（1）用锉刀、砂纸或油石等，除去工件基准面上的毛刺或热处理后的氧化层。

（2）工件基准面在电磁吸盘台面上定位通电吸牢。

（3）启动液压泵，移动工作台挡铁，调整砂轮与工作台行程距离，使砂轮越出工件表面。

（4）启动砂轮并做垂直进给，接触工件后，用横向磨削法磨出上平面或磨去磨削余量的一半。

（5）以磨过的平面为基准面，磨削第二面至图样要求。

五、注意事项

（1）工件装夹时，应将定位面擦干净，以免脏物影响工件的平行度及划伤工件表面。

（2）工件装夹时，应使工件表面覆盖台面绝磁层，以充分利用磁性吸力。小而薄的工件应安放在绝磁层中间。工件直径很小、厚度很薄时，可选择或制作一块工艺挡板，挡板厚度略小于工件厚度，并在平面上钻若干比工件直径略大的孔（孔距应与绝磁层条距相等），工件放在孔内进行磨削，这样就比较安全。

（3）薄片工件磨削时要注意弯曲变形，砂轮要保持锋利，切削液要充分，磨削深度要小，工作台纵向进给速度可调整得快一些。在磨削过程中，要多次翻转工件，并采用垫纸等方法来减小工件平面度误差。

（4）在磨削平面时，砂轮横向进给应选择断续进给，不宜选择连续进给，砂轮在工件边缘越出砂轮宽度的 1/2 距离时应立即换向，不能在砂轮全部越出工件平面后换向，以避免产生塌角。

（5）批量生产时，毛坯工件的留磨余量须经过预测、分档、分组后再进行加工。这样，可避免因工件的高度不一，使砂轮吃刀量太大而碎裂。

（6）在拆卸底面面积较大的工件时，由于剩磁及光滑表面间黏附力较大，不容易把工件取下来。这时，可用木棒、铜棒或扳手在合适的位置将工件扳松，然后取下工件；切不可直接用力将工件从台面上硬拉下来，以免工件表面与工作台面被拉毛损伤。

4.3.4　垂直面磨削

一、实训要求

（1）掌握用精密平口钳装夹磨削垂直平面的方法；
（2）掌握用精密角铁装夹磨削垂直平面的方法；
（3）掌握用角尺圆柱找正磨削垂直平面的方法；
（4）掌握垂直平面工件的精度检验方法。

二、实训内容

1. 用精密平口钳装夹磨削垂直平面
1）精密平口钳的结构
精密平口钳主要由底座、固定钳口、活动钳口、传动螺杆和捏手等组成。
2）用精密平口钳装夹垂直平面步骤
（1）先把平口钳的底面吸在电磁吸盘台面上，然后把工件夹紧在钳口内找正。
（2）磨削工件平面，使平面度符合图样要求。
（3）将平口钳连同工件一起翻转 90°，平口钳侧面吸在电磁吸盘台面上。
（4）磨削工件的垂直平面，使工件垂直度符合图样要求。
这种装夹方法的特点是装夹迅速准确，磨削效率高，但垂直精度受平口钳本身精度的限制，平口钳使用较长时间后，平面有所磨损，会影响工件磨削后的垂直精度。

2. 用精密角铁装夹磨削垂直平面

1）精密角铁的结构

精密角铁由两个相互垂直的工作平面组成，它们之间的垂直偏差一般在 0.005 mm 以内。角铁的工作平面上有若干大小、形状不同的通孔或槽，以便于装夹工件。

2）用精密角铁装夹磨削垂直平面的方法

磨削步骤：

（1）把精密角铁放到测量平板上，以精加工过的面为基准，紧贴在角铁的垂直平面上，用压板和螺钉稍微压紧。

（2）用杠杆式百分表找正待加工平面，使平面处于水平位置上。

（3）旋紧压板螺钉上的螺母，使工件紧固后再复校一次。

（4）把精密角铁连同工件一起放到电磁吸盘台面上，吸牢后磨削垂直平面至图样要求。

3. 用圆柱角尺找正磨削垂直平面

1）圆柱角尺的结构与精度要求

90°圆柱角尺是表面光滑的圆柱体。圆柱体直径与长度比一般为 1:4。圆柱体的两端平面内凹，使 90°圆柱角尺以约 10 mm 宽度的圆环面与平板接触，以提高圆柱角尺的测量稳定性。90°圆柱角尺的精密度很高，表面粗糙度小于 0.1 μm，圆柱度小于 0.002 mm，与端面的垂直度误差小于 0.003 mm。

2）用圆柱角尺找正磨削垂直平面的方法

磨削步骤：

（1）将角尺圆柱放到测量平板上，已磨好的平面靠在圆柱角尺母线上视其透光情况。

（2）根据透光情况，在工件的地面垫纸，如果工件上段透光，应在工件的右底面垫纸；下段透光，则在工件的左底面垫纸，垫至工件与圆柱的接触面基本无透光为止。

（3）将工件与垫纸一起放到电磁吸盘台面上，通电吸牢。

（4）磨出垂直平面，以磨出的平面为基准，测量工件与圆柱角尺的透光情况，重复多次，使工件垂直度符合要求。

4. 用百分表及测量圆柱棒找正磨削垂直平面

1）测量工具及零位调整

测量工具除了常用的磁性表架外，还有一根测量圆柱棒，直径一般在 20 mm 左右，长度与平板宽度基本相同，在圆柱外圆上有一段光滑平面，用于平板上装夹。调整步骤如下：

（1）将磁性表架放到测量平板上吸牢。

（2）把测量圆柱棒放到磁性表架前面，平面向下与平板接触，两端用螺钉压紧。

（3）将圆柱角尺放到平板上，并与测量圆柱棒靠平。

（4）调整磁性表架位置，使百分表表头与 90°圆柱角尺中心最高点接触，表头高度应与工件测量高度基本一致。

（5）转动表盘使表针指向 0 位，拿去角尺，零位调整完毕。

2）用百分表及测量圆柱棒找正磨削垂直平面的方法

磨削步骤如图 4-3-6 所示。

（1）用磨削平行面的方法磨削 A 面与 B 面，使其尺寸与平

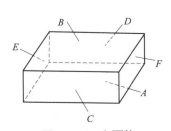

图 4-3-6　六面体

行度符合图样要求。

（2）使平面接触测量平板以 A 面或 B 面为基准，与测量圆柱棒靠平，观察百分表指示数值，如果数值大于 0，应在工件 C 面左端垫纸，否则应在工件 C 面右端垫纸，使百分表的读数为 0。

（3）把工件连同垫纸一起放到电磁吸盘台面上，通电吸牢，磨出 D 面。保证 D 面垂直 A 面及 B 面。

（4）以 D 面位基准，在电磁吸盘台上磨出与其相临的面。

（5）使 E 面接触测量平板，以 C 面或 D 面为基准，与测量圆柱棒靠平，根据百分表所示数值差垫纸找正。

（6）把 E 面连同垫纸一起吸在台面上，磨削 F 面使 F 面与 C 面、D 面垂直。

（7）使 F 面接触测量平板，以 A 面或 B 面为基准，用同样方法垫纸找正磨削 E 面，使 E 面既能与 A 面、B 面垂直，又与 C 面、D 面垂直。

（8）以 E 面为基准，磨削 F 面至尺寸。

5. 工件的精度检验

1）用 90° 尺测量垂直度

测量小型工件的垂直度时，可直接把 90° 尺两个尺边接触工件的垂直平面。测量时，先使一个尺边贴紧工件一个平面，然后移动 90° 尺，使另一尺边逐渐靠近工件的另一平面，根据透光情况判断垂直度。

2）用 90° 柱角尺与塞尺测量垂直度

把工件与 90° 柱角尺放到平板上，使工件贴紧 90° 柱角尺，观察透光的位置和缝隙大小，选择合适的塞尺塞空隙。先将尺寸较小的塞尺塞进空隙内，然后逐挡加大尺寸塞进空隙，直至塞尺塞不进空隙为止，则塞尺标注尺寸即为工件的垂直度误差。

3）用百分表及测量圆柱棒测量垂直度

测量时，将工件放到平板上，并向圆柱棒靠平，百分表表头测到工件最高点；读出数值后，工件转向 180°，另一平面靠平圆柱棒读出数值。两个数值差的 1/2 即为工件的垂直度误差值。

三、垂直面磨削注意事项

垂直面磨削练习图如图 4-3-7 所示。

（1）用平口钳装夹磨削垂直平面，要注意平口钳本身精度的误差，使用前应检查平口钳底面、侧面和钳口是否有毛刺或硬点，如有，应除去后才能使用。

（2）用精密角铁装夹磨削垂直平面时，工件的质量和体积不能大于角铁的质量和体积。角铁上的定位柱高度应与工件厚度基本一致，压板在压紧工件时受力要均匀，装夹要稳固。工件在未校正前，压板应压得松一些，以便于校正，但也不能太松，否则校正时工件容易从角铁上脱落下来。

（3）用角尺圆柱及测量圆柱棒找正磨削垂直面时，要注意以下几点：

① 磨削顺序不能颠倒。六面体工件磨削，一般先磨厚度最小的两平行面，其次磨厚度较大的垂直平面，最后磨厚度最大的垂直平面，以保证磨削精度和提高效率。

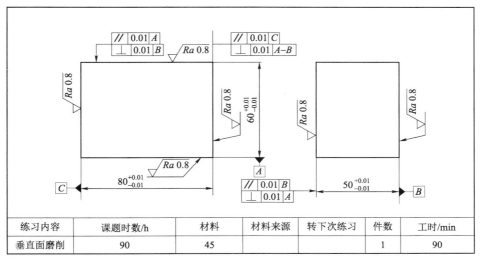

练习内容	课题时数/h	材料	材料来源	转下次练习	件数	工时/min
垂直面磨削	90	45			1	90

图 4-3-7　垂直面磨削练习图

② 对于没有倒角的六面体工件,在两平行面经过磨削后,要及时修去毛刺后再磨其他垂直平面,以防止由于毛刺影响工件的垂直度和平行度。

③ 在以小面为基准面,磨削厚度最大的平行面时,要注意安全。工件在电磁吸盘台面上的装夹位置应与工作台纵向平行,不能横过来装夹。工件被吸面的面积,少于纵向方位两侧高度的二分之一,应列为易翻倒工件。在工件的前面(磨削力方向)应加一块挡铁,挡铁的高度不得小于工件高度的 2/3,挡铁与台面的接触面积要大,如图 4-3-8 所示。

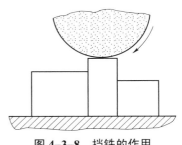

图 4-3-8　挡铁的作用

4.4　内 圆 磨 削

当机器零件上的通孔、不通孔、台阶孔等加工表面的表面粗糙度在 IT5 以上,尺寸精度在 IT1～IT2 级时,往往采用铰削和磨削加工。

4.4.1　内圆磨床的操纵与调整

一、实训要求

(1)熟悉内圆磨床和万能外圆磨床内圆磨具部分的部件名称和作用。

(2)会熟练操纵和调整内圆磨床,会在万能外圆磨床上进行内圆磨削的操纵和调整。

(3)掌握外圆磨床的日常维护和保养要求。

二、实训内容

1. 内圆磨床主要部件的名称和作用

M2110A 型内圆磨床是一种常用的普通内圆磨床。它由床身、工作台、床头箱、内圆磨具和砂轮修整器等部件组成，如图 4-4-1 所示。

1）工作台

工作台可沿着床身上的纵向导轨做直线往复运动，其运动可分液压传动和手轮传动。液压传动时，通过调整挡铁和压板位置，可以控制工作台快速趋近或退出、砂轮磨削或修整等。手轮主要用于手控调整机床及磨削工件端面。

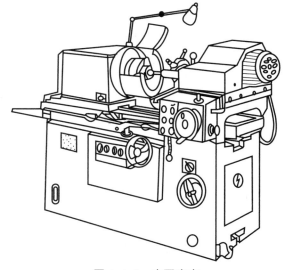

图 4-4-1　内圆磨床

2）床头箱

床头箱通过底座固定在工作台的左端，床头箱主轴的外圆锥面与带有内锥孔的法兰盘配合，在法兰盘上装卡盘或其他夹具，以夹持并带动工件旋转。床头箱可相对于底座绕垂直轴心线转动，回转角为 20°，用于磨削圆锥孔，并装有调整装置，可做微量的角度调整。

3）内圆磨具

内圆磨具安装在磨具座中，该机床备有一大一小两个内圆磨具，可根据磨削工件的孔径大小来选择使用。用小磨具时，要在磨具壳体外圆上装两个衬套后才能装进磨具座内。如图 4-4-1 所示，内圆磨床磨具座上分别装有夹紧螺钉和间隙调整螺钉，以夹紧磨具或松开磨具座上盖，便于调换磨具。

内圆磨具的主轴是由电动机经平皮带直接传动旋转的，调换皮带轮可变换内圆磨具的转速，以适应磨削不同直径的工件。磨具座及电动机均固定在横拖板上，横拖板可沿着固定在机床床身的桥板上面的横向导轨移动，使砂轮实现横向进给运动。

4）砂轮修整器

砂轮修整器安装在工作台中部台面上，根据需要可在纵向和横向调整位置，修整器上的修整杆可随着调整器的回转头上下翻转。修整器的动作由液压控制，当修整砂轮时，动作选择旋钮转到"修整"位置，压力油使回转头放下，修整结束把动作选择旋钮转到"磨削"位置，油压消失，借弹簧压力将回转头拉回原处。修整头可用前面带有刻度值的提手做微量进给。

2. 内圆磨床的操纵和调整

图 4-4-2 所示为 M2110A 型内圆磨床工作台的操纵示意图。

1）工作台操纵和调整

（1）工作台的启动。

① 按动电器操纵板 1 上油泵启动按钮，使机床液压油路正常工作。

② 将工作台开停旋钮 3 旋到"开"位置。

③ 将工作台换向手柄 2 向上抬起，工作台启动阀被压下，工作台快速引进。

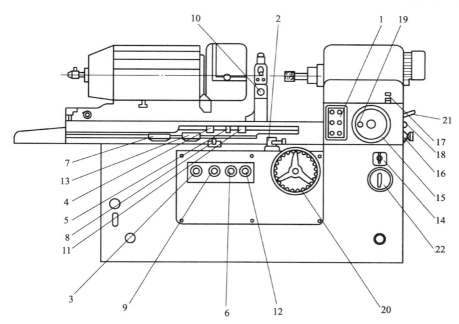

图 4-4-2 内圆磨床操纵示意图

1—电器操纵板；2—换向手柄；3—开停旋钮；4—微调挡铁；5—返向挡铁；6—速度旋钮；7—行程压板；8—行程阀；
9—动作选择旋钮；10—回转头；11—挡铁板；12—修整速度旋钮；13—中停压板；14—工件转速选择开关；
15、20—手轮；16、21—手柄；17—顶杆；18—挡销；19—螺母；22—电源开关

④ 手放松时，启动阀借弹簧力作用而弹起。

（2）工作台在磨削位置时的挡铁距离调整和运动速度的调整。

① 调整行程压板 7 的位置，使砂轮进入工件孔之前，行程压板到达行程阀 8 的位置，将行程阀压下，工作台迅速转入磨削运动速度。

② 调整工作台往复微调挡铁 4 和工作台返向挡铁 5 的位置，使工作台在工件全长磨削范围内来回往复运动。

③ 调节工作台磨削速度旋钮 6，使工作台运动速度处于磨削所需要的速度。

（3）工作台在修整砂轮位置时的挡铁距离调整和运动速度调整。

① 将动作选择旋钮 9 从磨削位置转到修整位置。这时，砂轮修整器的回转头 10 迅速压下，工作台的速度从磨削速度转为修整速度。

② 调整修整挡铁板 11 的位置，使工作台在金刚石修整砂轮的距离内来回往复运动。

③ 调整工作台修整速度旋钮 12，使工作台运动速度处于修整时所需要的速度。

（4）工作台快速进退位置的调整。工作台在磨削结束后，可快速退出，以减少空行程时间。

操作时，只要将工作台换向手柄 2 向上抬起，使换向挡铁越过手柄，行程压板离开行程阀，行程阀弹起，工作台就快速退出；当中停压板 13 移动到行程阀位置上，行程阀被压下时，工作台就停止运动。

手动调整工作台时可摇动手轮 20 进行调整。

2）床头箱的操纵和调整

床头箱主轴的旋转是由双速电动机通过皮带带动旋转的，在电动机转轴和床头箱主轴上

装有皮带轮，以变换工件转速。在机床床身的右端装有一个工件转速选择开关 14，可使床头箱电动机在高速或低速的位置上工作。

床头箱的主轴转速有 200 r/min、300 r/min、400 r/min、600 r/min 四挡位置可供选择。将旋钮旋到"Ⅰ"的位置，床头箱主轴处于"试转"状态；旋钮转到"0"的位置，床头箱主轴停止转动；旋钮转到"Ⅱ"的位置，床头箱主轴处于"工作"状态。

3）砂轮横向进给机构的操纵和调整

砂轮的横向进给有手动和自动两种。手动进给由手轮 15 实现，按动手柄 16 至"开"位置，砂轮做自动进给。调整顶杆 17 的上下行程，可控制进给量的大小。横向进给量每格为 0.005 mm，转一圈为 1.25 mm。

当需要调整横向进给手轮"0"位时，先松开螺母 19，再拔出挡销 18，然后转动刻度圈调整。旋钮 22 为电源开关，机床使用完毕，应将电源关掉。

3. 万能外圆磨床在内圆磨削时的操纵和调整

1）内圆磨具的位置调整

万能外圆磨床上的内圆磨具调整方式有两种。一种是翻落式，如 M1432 万能外圆磨床，在内圆磨削时，只要将内圆磨具插销拔出，使内圆磨具翻下，并用螺钉紧固在砂轮架上。这时行程开关触头放松弹出，使外圆电动机电路切断，内圆电动机接通，内圆磨具即可旋转工作。

另一种是旋转式，如 M1420A 万能外圆磨床。外圆磨削与内圆磨削共用一个电动机，内圆磨具装在砂轮架后面；调整时，先要拆除三角皮带，并旋松砂轮架与底座上的紧固螺母，旋转砂轮架，使外圆砂轮转到后面，内圆磨具转到前面，对准砂轮架与底座上的零位，然后紧固螺母，装上平皮带，调整电动机位置，使皮带松紧适度，内圆磨具就可旋转工作。

2）头架主轴间隙的调整

内圆磨具装在砂轮架后面；调整时，先要拆除三角皮带，并旋松砂轮架与底座上的零位，然后紧固螺母，装上平皮带。万能外圆磨床在外圆磨削时，为了保证头架主轴的回转精度和防止在磨销时顶尖与工件一起旋转，必须将头架主轴间隙紧固。而在内圆磨削时，头架主轴旋转，间隙需要放松。各种型号的万能外圆磨床头架间隙的调整方法有所不同。如 M4120A 万能外圆磨床，头架主轴间隙是用拨叉转动装在头架主轴后端的间隙调整盘来调整的，顺时针方向间隙放松，逆时针方向间隙收紧。M1432A 万能外圆磨床，在内圆磨削时，只要将头架主轴后端间隙螺栓拆除，主轴间隙即可放松。

3）砂轮架快速进退位置的调整

万能外圆磨床在进行内圆磨削时，要将快速进退手柄调整到"进"的位置，才能使头架转动。调整应在油泵开放之前进行，否则将无法进行调整。

三、操纵练习

（1）练习操纵和调整内圆磨床，做好磨削前的准备工作。要求动作正确，掌握调整方法。

（2）练习操纵和调整万能外圆磨床，做好内圆磨削的准备工作，要求同上。

四、注意事项

（1）内圆磨床在调整工作台挡铁位置时，应停止工作台的液动纵向进给，改用手动进给调整，以防止工作台变换速度时砂轮撞到工件上。

（2）内圆磨床工作台要以最大退出距离（0～550 mm）退出时，需将中停压板右移到极限位置，让台面退到底，再移动中停压板压住行程阀，保证床头箱电动机此时开始停止转动。如果磨削较短工件，台面不需要大量退出，则可手摇工作台退到需要位置停下，再将中停压板移到行程阀处。

（3）内圆磨床每次开动油泵后，必须首先使工作台退到底，让油缸自动进行排气，然后再进行工作，否则工作台会产生爬行现象。

（4）万能外圆磨床的内圆磨具位置调整采用旋转方式进行时，应注意砂轮架的旋转方向，以免砂轮罩壳与继电器碰撞，并要注意电线软管不被拉坏。

4.4.2 百分表、内径表的使用和保养

一、实训要求

（1）了解和掌握百分表的基本结构和使用方法。
（2）熟悉指示千分尺、内径千分尺的使用和保养。

二、实训内容

1. 百分表
百分表如图 4-4-3 所示。

1）百分表的结构
百分表主要由测头、测杆、表体、刻度盘、指针齿轮和齿条等组成。

2）百分表的识读
当测杆上升 1 mm 时，长指针将顺时针转一圈，小指针转过一格，刻度盘刻有 100 格，因此，若指针转过一格，则测杆产生的位移是 0.01 mm，如图 4-4-4 所示。

3）百分表的使用方法
百分表应固定在可靠的表架上，使用时测杆与被测工件表面必须垂直，在测量时应轻轻提起测杆，把工件移到测头下面，缓慢下降测头，使之与工件接触，如图 4-4-5 所示。

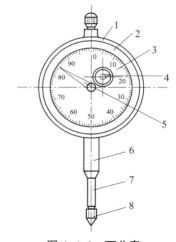

图 4-4-3 百分表

1—表壳；2—表体；3—刻度盘；4—小指针；
5—指针；6—固定套筒；7—测量杆；8—测头

图 4-4-4 用百分表测量工件

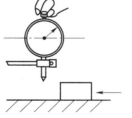
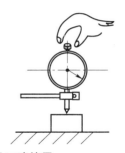

图 4-4-5 百分表的正确使用

2. 内径量表

1）内径量表结构

内径量表是一种借助于百分表为读数机构，配备杠杆传动系统杆部组合的比较量具，可以准确地测量出孔的形状误差和尺寸，如图4-4-6所示。

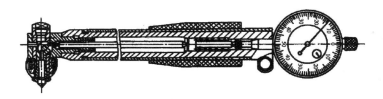

图4-4-6　内径量表

2）内径表的使用方法

（1）内径量表零位的调整方法。根据被测工件的孔径尺寸，选择相应的标准环规或外径千分尺，并将外径千分尺调整到被测工件的公称尺寸后锁紧。然后根据被测工件公称尺寸的大小选择内径量表，换上相应的量头，在测量杆上端孔内装入百分表头，使百分表测杆压缩0.2～0.3 mm后紧固。将测量脚放到标准环规内或外径千分尺两测量杆之间，观察表针摆动情况，随时调整可换量头的距离，使内径量表在指示值为零时，测量杆压缩0.3～0.5 mm，将内径量表在环规或千分尺测量杆内摆动，在环规内找最大值或在千分尺测量杆内找最小值，并旋转表盘使表针在零位时也指在零值上。

（2）用内径量表测量工件的方法。将已调整好零位的内径量表测量脚伸到被测工件孔内，上下或前后摆动，摆动幅度一般为±10°左右，使内径量表的测头与被测孔径垂直，表面指针指向的数值与零位差值便是被测工件内孔尺寸的实际偏差值。

三、测量练习

（1）练习用内径测量表配合标准环规，外径千分尺调整零位，要求方法正确，如图4-4-7所示。

（2）练习用内径测量表测量工件孔径，测量误差在0.005 mm之内。

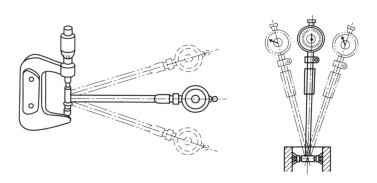

图4-4-7　内径量表测量方法

四、注意事项

（1）百分表应牢固地装夹在表架上，测量杆的压缩量不能过大，一般为 0.3～0.5 mm。

（2）内径量表在调整零位时，要注意测量脚不要伸出太长，以避免在工件留磨量较多时，测量脚无法塞进孔内进行测量。

（3）用内径量表测量工件内孔时，表杆应与工件轴芯线平行，不能歪斜，以免产生测量误差。测量时，应先压缩测量杆，再移入工件孔内，不能用猛力推内径量表，以免损坏量具。

4.4.3　工件的装夹和找正

一、实训要求

（1）能在三爪卡盘上正确装夹和找正工件。

（2）能在四爪卡盘上正确装夹和找正工件。

二、实训内容

1. 在三爪卡盘上装夹和找正工件

1）较短工件的装夹和找正（见图 4-4-8）

用三爪卡盘装夹较短工件，一般不需要进行找正。但有时由于装夹不当，工件远端会有较大跳动，这时可用铜棒轻轻敲击工件远端的最高点，使跳动量逐渐减小。找正后，再把工件夹紧，如果工件端面与内孔有位置精度要求，可用百分表找正。

2）较长工件的装夹和找正（见图 4-4-9）

当工件长度较长时，工件装夹后远端的径向跳动较大，需要进行找正。找正时，要测量内孔和外圆的跳动量，并内外兼顾，以保证磨削量均匀。

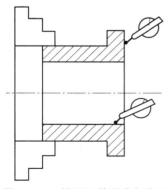

图 4-4-8　较短工件装夹与找正

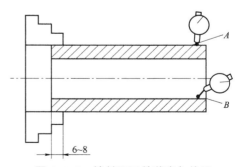

图 4-4-9　较长短工件装夹与找正

3）盘形工件的装夹和找正

盘形工件装夹时，端面容易倾斜，影响内孔的找正，因此要先找正端面。找正时，用百分表测量端面的跳动量，找出最高点，并用铜棒敲击最高点，使跳动量符合要求。如果工件端面已磨好,则端面跳动量要找正在垂直度要求之内。如果工件端面与孔是在一次装夹中磨去,则端面的跳动量可以略大一些;端面找正后再找正内孔,经反复找正几次符合要求后再进行磨削。

4)用三爪卡盘反爪装夹和找正工件

当工件外圆直径较大,用正爪无法装夹时,可换用反爪装夹。找正方法与盘形工件基本相同;找正时,不要将工件贴紧卡爪平面,要留有一个间隙 H,H 值一般为 2 mm 左右,以便能找正端面跳动量。

2. 在四爪卡盘上装夹和找正工件

四爪卡盘找正的步骤如下,如图 4-4-10 所示。

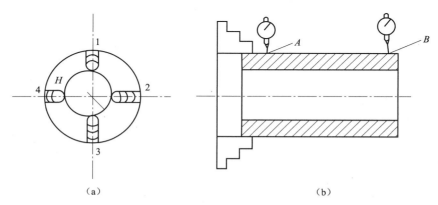

(a)　　　　　　　　　　　　(b)

图 4-4-10　用四爪卡盘装夹与找正

(a)装夹;(b)用百分表找正

(1)根据工件的直径,将四个卡爪移动到略大于工件直径的位置,并使各爪与卡盘中心的距离基本相等。

(2)用相对的两个卡爪夹住工件,然后再夹紧另外两个相对的卡爪(为了便于找正,工件不宜夹得太紧)。

(3)测量工件外圆靠近卡爪端 A 点的跳动,找出最高点 H。

(4)由于 H 点在卡爪 1 和 4 之间并偏向卡爪 4,因此应先松开卡爪 2,夹紧卡爪 4;然后松开卡爪 3,夹紧卡爪 1,卡爪 2 松开的距离应大于卡爪 3。由于卡爪每次松紧的距离是微量的,所以要经过反复多次找正,才能使 A 点的跳动量符合要求。

(5)用百分表测量 B 点的跳动量,找出最高点,然后用铜棒轻轻敲击最高点,使 B 点的跳动量基本符合要求。

(6)复测 A 点的跳动量并找正。

(7)再复测 B 点并找正,如此反复多次使 A 点、B 点的跳动量符合要求。

三、装夹找正练习

装夹找正练习内容及要求如表 4-4-1 所示。

表 4-4-1 装夹找正练习内容及要求

练 习 内 容	练习要求/mm	练习时间/min	练习次数
在三爪卡盘上装夹和找正较短工件	跳动量≤0.02	20	2～3
在三爪卡盘上装夹和找正较长工件	跳动量≤0.015	25	2～3
盘形工件的装夹和找正	内孔跳动≤0.01 端面跳动≤0.01	30	2～3 2～3
在四爪卡盘上装夹和找正工件	跳动量≤0.01	30	3～5

四、注意事项

（1）较长工件找正时，卡盘夹持工件的长度不宜太长，一般夹 4～6 mm，否则工件外端无法进行找正。

（2）四爪卡盘找正工件时，应先松后紧，每次松开的距离不能太长，而且不能同时松开相邻的两个卡爪，以免工件由于未夹紧而错位或脱落。

（3）用四爪卡盘找正工件精度要求较高时，在工件基本找正后，可以不松开卡爪继续压紧离旋转中心最远的卡爪，做微量调整。但对薄壁工件要注意夹紧力，防止将工件夹变形。

（4）找正工件时要细致耐心，切忌急躁蛮干，要注意安全。在用卡盘钥匙夹紧或放松卡爪后，要随即将卡盘钥匙从方孔中拔出，不可未拔出就开车，以免产生事故。

4.4.4 通孔磨削

一、实训要求

（1）掌握内圆磨削时砂轮磨削位置的选择原则；
（2）掌握内圆磨削时磨削用量的选择原则；
（3）掌握通孔的磨削方法。

二、实训内容

1. 内圆磨削时砂轮磨削位置的选择

内圆磨削时，砂轮的磨削位置可以分为以下两种情况：

（1）砂轮靠孔的前壁（即在操作者这一侧）进行磨削，如图 4-4-11 所示。

这种接触形式适宜在万能外圆磨床上磨削内圆时采用。前面接触时，砂轮的进给方向与磨外圆时的进给方向一致，因此操作方便，并可以使用自动进给进行磨削。

（2）砂轮靠孔的后壁（即在操作者的对面）接触进行磨削，如图 4-4-12 所示。

这种接触形式适宜在内圆磨床上采用。后面接触时，便于观察加工表面，但砂轮横向进给机构在进给方向上与万能外圆磨床相反。

2. 通孔磨削的加工步骤

（1）在三爪或四爪卡盘上装夹工件并进行找正。

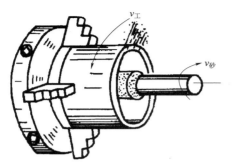

图 4-4-11　万能外圆磨床砂轮磨削位置

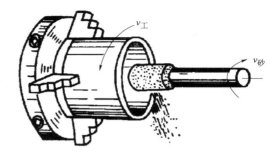

图 4-4-12　内圆磨床砂轮磨削位置

（2）根据工件孔径及长度选择合适的砂轮及接长轴。

（3）调整挡铁距离，使内圆砂轮在工件两端超出的长度是砂轮宽度的 1/3～1/2。

（4）粗修整砂轮。

（5）在工件内孔两端对刀试磨，根据误差值调整机床工作台或床头箱。

（6）采用纵向磨削法磨削工件内孔，使内孔磨出 2/3 以上。

（7）用内径百分表测量孔的圆柱度，根据误差值调整机床。

（8）继续磨削内孔，磨出后重新进行测量和调整机床；通过数次测量、调整和磨削，使工件圆柱度符合图样要求。

（9）磨去粗磨余量，留精磨余量 0.05 mm 左右。

（10）根据图样要求，精修砂轮。

（11）精磨内孔，磨出后再测量内孔的圆柱度和检查表面粗糙度，如不符合要求，则精细地调整机床和重新修正砂轮，直至符合要求为止。

（12）磨去精磨余量，使尺寸符合图样要求。

3. 磨削用量的选择

（1）砂轮线速度的选择，一般为 20～30 m/s。在实际工作中，应合理选择砂轮直径，尽可能提高砂轮线速度。在砂轮使用一段时间直径减小、线速度降低时，要及时更换砂轮，以保证砂轮的线速度符合磨削要求。

（2）工件速度的选择。内圆磨削时，为了避免工件表面烧伤，工件线速度要比外圆磨削时高，但也不能过高，否则会影响工件的表面粗糙度。头架转速一般选择在 15～25 m/min。

（3）工作台纵向进给速度的选择。内圆磨削时，工作台进给速度要比外圆磨削时稍大一些；因为内圆磨削条件较差，加大了纵向进给速度。可缩短砂轮与工件的接触时间，有利于散热，同时也可提高生产效率。纵向进给速度粗磨时一般选为 15～25 m/min，精磨时选为 0.5～1.5 m/min。

（4）磨削深度的选择。内圆磨削的磨削深度要比外圆磨削小，因砂轮接长轴比较细长，刚性差；如果磨削深度较大，容易使接长轴弹性变形，产生振动。磨削深度粗磨时一般选择为 0.015～0.02 mm，精磨时选择为 0.005～0.01 mm。

三、实训图样

实训图样如图 4-4-13 所示。

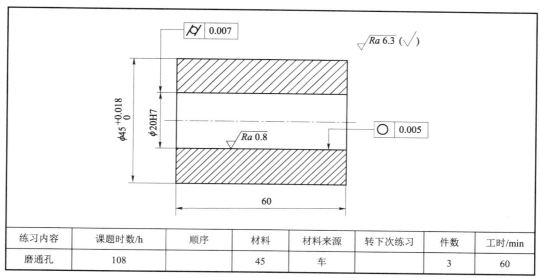

练习内容	课题时数/h	顺序	材料	材料来源	转下次练习	件数	工时/min
磨通孔	108		45	车		3	60

图 4-4-13　通孔磨削练习

四、实训步骤

1. 磨削两端面

先在平面磨床上磨削 A 面，再以 A 面为基准磨削 B 面，并达到长度尺寸 100 mm。

2. 在外圆磨床上粗磨、半精磨外圆

（1）以 $\phi 80$ mm 外圆定位，将工件夹在三爪自定心卡盘上，找正端面 A。

（2）粗磨、半精磨 $\phi 50h6$ 外圆，留精磨余量 0.04 mm。

3. 在内圆磨床上磨削内孔

（1）校正中心架，使其中心与头架轴心线同心。

（2）以 $\phi 50h6$ 外圆定位，将工件装夹在三爪自定心卡盘上，另一端支撑在中心架上；找正端面 B，使其跳动量在 0.015 mm 以内；再找正 $\phi 50h6$ 外圆前段，使其径向圆跳动量在 0.02 mm 以内，后段在 0.04 mm 以内。

（3）用接长轴砂轮磨削内孔。粗磨时，留粗磨余量为 0.3 mm；粗磨时的工件速度为 28 m/min，纵向进给量为 0.4 m/min，磨削深度为 0.007 mm；半精磨时，工件速度为 28 m/min，纵向进给量为 0.3 m/min，磨削深度为 0.005 mm，留精磨余量 0.03 mm。精磨时，先修整砂轮，再以纵向进给量 0.2 m/min、磨削深度 0.002 mm 进行精密磨削。最后光磨 2～3 个全行程。

4. 精磨 $\phi 50h6$ 外圆

（1）精研心轴中心孔，然后以 $\phi 30H6$ 孔定位将工件安装在心轴上。

（2）将心轴支撑在外圆磨床的前、后顶尖之间，精磨工件 $\phi 50h6$ 外圆直至完成。

五、注意事项

（1）内圆磨削时，砂轮锋利与否对工件圆柱度影响较大，当砂轮变钝后，切削性能明显下降，在接长轴刚性较差的情况下，容易产生让刀现象，使工件圆柱度超差。因此，在这种情况下，不能盲目地调整机床，而应该及时修整砂轮。

（2）在用内径百分表测量内孔时，砂轮应退出工件较远距离，并在砂轮与工件停止旋转后进行测量，以免产生事故。

（3）在用塞规测量内孔时，应先将工件充分冷却，然后擦去磨削和切削液。否则工件孔壁容易被拉毛，塞规也容易被"咬死"。

（4）用塞规塞孔时，要注意用力方向，不能倾斜，不能摇晃，塞不进时不要硬塞，否则工件容易松动，影响加工精度。塞规退出内孔时，要注意用力不能太猛，以防止塞规或手撞到砂轮上。

4.4.5　圆锥孔磨削

一、实训要求

（1）掌握圆锥孔磨削砂轮直径的选择原则；

（2）掌握在万能外圆磨床上转动工作台磨削圆锥孔的方法；

（3）掌握转动头架（或床头箱）磨削圆锥孔的方法。

二、实训内容

1. 圆锥孔磨削砂轮直径的选择原则

磨削圆锥孔时，砂轮直径应小于圆锥孔的最小直径；一般只要砂轮经过修整后能进入圆锥孔小端，并有 2～3 mm 退刀距离即可。如果砂轮直径过小，会降低砂轮的线速度，影响磨削效率和使用寿命。

2. 在万能外圆磨床上转动工作台磨削圆锥孔的方法

由于受工作台转动角度的限制，这种方法只能磨削锥度不大的圆锥孔。

磨削步骤如下：

（1）用三爪或四爪卡盘夹持工件，并进行找正。

（2）根据圆锥孔小端直径及孔的长度选择合适的砂轮与接长轴，并装到机床上紧固。

（3）转动工作台，转角为圆锥孔的圆锥半角。如莫氏 4 号圆锥，圆锥半角为 $1°29'15''$。调整时，应将工作台转到相应的位置上。

（4）调整工作台行程挡铁位置。

（5）粗修整砂轮。

（6）在圆锥孔两端对刀试磨，根据误差值调整机床工作台。

（7）采用纵向磨削法磨削圆锥孔，使圆锥面磨出 2/3 以上，然后用圆锥塞规涂色进行角度检测，并根据接触面误差调整工作台。

（8）经过多次的测量、调整与磨削，使圆锥孔角度基本符合图样要求。

（9）磨去粗磨余量，留精磨余量 0.05 mm。

（10）精修整砂轮。

（11）精磨圆锥孔，并精确调整机床角度，使圆锥孔的接触面及表面粗糙度符合图样要求。

（12）磨去精磨余量，使尺寸符合图样要求。

对于磨削长度较长的工件，通常采用一端用卡盘夹紧、另一端以闭式中心架支撑的装夹方法进行磨削。

3. 转动头架（在内圆磨床上转动床头箱）磨削圆锥孔的方法

转动头架磨削圆锥孔，不受工作台转角限制，因此能磨削锥度较大的圆锥孔，但只能磨削长度较短的工件。

磨削步骤与转动工作台磨削圆锥孔的步骤基本相同。磨削时，将头架转过一个与圆锥半角相同的角度，然后调整工作台行程挡铁位置进行磨削。

4. 砂轮接长轴旋转轴线与工件旋转轴线等高的位置调整

母线不直则产生废品，产生的原因是砂轮接长轴旋转轴线与工件旋转轴线不等高。因此，在产生不等高现象后，应给予调整。调整的具体步骤如下：

（1）将头架、上工作台转到零度位置。

（2）在砂轮接长轴上装加一个杠杆式百分表（为了避免轧坏砂轮，可暂时将砂轮拆除）。

（3）将百分表转到与工件水平中心一致的位置，表头接触孔前壁，调整表盘，取一整数值。

（4）将砂轮接长轴转180°，使表头触及孔后壁，观察百分表表针所指数值，根据两次测量的数值差摇动砂轮架做横向进或退，使表针在孔前、后壁所指数值基本相同。

（5）将砂轮接长轴转90°，使百分表头触及孔上壁与工件垂直中心一致的位置上。观察百分表，记住读数。

（6）再将砂轮接长轴转180°，使百分表头触及孔下壁的位置上。观察表针所指的数值，两个数值差的一半即是砂轮接长轴轴线与工件旋转轴线的等高差值，如果孔上壁数值比孔下壁数值大，则说明工件的旋转中心比砂轮的旋转中心低；如果孔上壁位置比孔下壁数值小，则说明工件的旋转中心比接长轴的旋转中心高。

（7）调整内圆磨具在砂轮架上的位置，消除等高差值，使砂轮接长轴旋转轴线与工件旋转轴线在同一轴心线上。

三、实训图样

实训图样如图4-4-14所示。

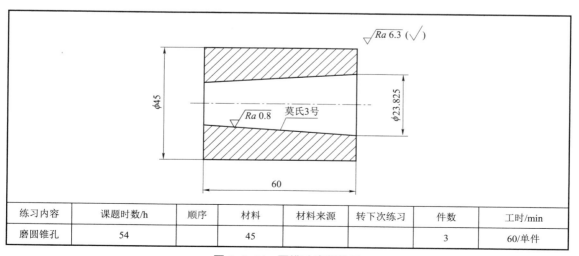

练习内容	课题时数/h	顺序	材料	材料来源	转下次练习	件数	工时/min
磨圆锥孔	54		45			3	60/单件

图4-4-14　圆锥孔磨削练习

四、实训步骤

（1）研磨锥度套筒两端孔口的 60° 倒角，达到对中心孔接触面不小于 75% 的要求。

（2）将工件支撑在万能外圆磨床的前、后顶尖上，松紧适中。

（3）按外锥面莫氏锥度的斜角值扳转上工作台，并试磨工件的外圆锥表面。试磨后，用莫氏锥度环规对工件进行涂色检验。若未达到接触面要求，则应继续调整上工作台，直至锥度调准。

（4）采用纵磨法粗磨外锥面，纵向进给速度为 2～3 m/min，工件速度为 0.4～0.6 m/min，磨削深度为 0.03～0.05 mm，砂轮圆周速度为 35 m/s。

（5）磨削内圆锥面。将专用锥度心轴的外锥部分插入磨床头架主轴的锥孔中，用千分尺找正心轴外露端的外圆柱面，使其径向圆跳动不大于 0.002 mm。再将工件已磨过的外圆锥面插入心轴的内锥孔中。翻下内圆磨具，用百分表调整砂轮架，使砂轮中心与头架中心等高，然后即可粗、精磨内孔至尺寸，再光磨 2～3 次，并用莫氏锥度环规进行涂色检验，最终达到接触面不小于 80% 的要求。粗磨时的纵向进给速度为 3 m/min，工件速度为 0.5～0.6 m/min，磨削深度为 0.005 mm。

五、注意事项

（1）在磨削圆锥孔时，要先将工作台或头架转到相应的角度位置，然后再调整挡铁距离，不能颠倒。因为，随着上工作台角度位置的偏移，砂轮在工件孔内的磨削位置也会产生偏移，使砂轮端面碰撞工件内端面或者磨不到工件根部。

（2）在找正锥度对刀时，要先在圆锥孔大端处切入，然后再在小端处对刀，这样可避免砂轮端面碰撞圆锥孔小端孔壁。

（3）在磨削圆锥孔时，机床头架不能偏离工作台中心太远，特别是磨锥角较大的工件时应尤其注意，否则会产生砂轮架退不出去或摇不进来的情况，使磨削无法正常进行。

4.5 万能工具磨床的操纵与调整

本机床主要用于刃磨各种刀具，如铰刀、丝锥、麻花钻头、扩孔钻、径向板牙、切线板牙、各种铣刀和插齿刀。除此之外，还可磨削外圆以及尺寸不大的平面等。

一、实训要求

（1）了解万能工具磨床主要部件的名称和作用。

（2）掌握机床的操纵和调整。

（3）了解万能工具磨床附件的作用，掌握常用附件的使用方法。

二、实训内容

1. MQ6025A 型万能工具磨床主要部件的名称和作用

MQ6025A 型万能工具磨床是性能比较优良的改进型工具磨床。它装上附件后，除可以刃磨绞刀、铣刀、斜槽滚刀、拉刀、插齿刀等常用刀具和各种特殊刀具以外，还能磨削外圆、内圆平面以及样板等，加工范围比较广泛。

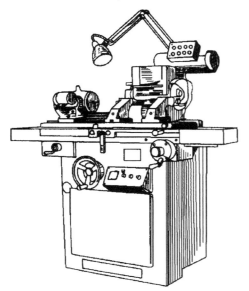

图 4-5-1 万能工具磨床

1）床身

床身是一个箱形整体结构的铸件，其上部前面有一组纵向 V 形导轨和平导轨；在后面有一组横向的 V 形导轨和平导轨。纵向导轨装有工作台，横向导轨上装有横向拖板，床身左侧门及后门内装有电气元件等，如图 4-5-1 所示。

2）工作台

工作台分上工作台和下工作台两部分，下工作台装在床身纵向导轨上，导轨上装有圆柱滚针，使工作台能轻便、均匀地快速移动。工作台前后运动可由 4 个手轮操作，便于在不同位置操纵工作台进行磨削。

3）横向拖板

横向拖板装在床身横向导轨上，导轨之间有圆柱滚针。横向传动由手轮通过梯形螺杆和螺母传动。手轮转 1 圈为 3 mm，1 小格为 0.01 mm。

由于手轮装在同一根丝杆上，因此站在机床前面和后面均可进行操作。在横向拖板上装有磨头架及升降机构，摇动手轮，磨头架做横向进给。

4）磨头及升降机构

磨头电动机采用标准型 A1G7132 电动机。零件套装而成，机壳与磨具壳体铸成一个整体；电动机定子由内压装改成外压装，采用微型三角皮带带动磨头主轴转动。磨头主轴两端锥体均可安装砂轮进行磨削，转速为 4 200 r/min、5 600 r/min 两挡。磨头电动机可根据磨削需要，做正反向运转，由操纵板转向选择开关控制。磨头的升降机构采用圆柱形导轨，由斜键导向。磨头升降分手动和机动两种。手动时，转动手轮，通过蜗轮副减速及一对正齿轮升速，通过螺母、丝杆使导轨上升或下降。机动时，按升降电钮（操纵板上的机动按钮），电动机启动，通过一齿差减速，经结合子连接丝杆，经螺母使导轨升或降。

2. 机床附件与使用方法

1）左、右顶尖座

左、右顶尖座主要用来装夹带有中心孔的刀具以及需要用中心轴装夹的刀具。

2）万能夹头

万能夹头主要用来装夹端铣刀、立铣刀、三面刃盘形铣刀和角度铣刀等，用以刃磨其端面齿或锥面齿。

3）万能齿拖架

万能齿拖架的作用是使刀具的刀齿相对于砂轮处于正确的位置，以磨出需要的几何角度。

齿托片的形状很多，可根据实际需要自行制作，以供刃磨各种刀具时选用。下面介绍几种常见的齿托片（见图 4-5-2）。

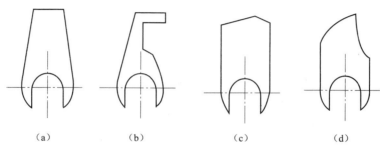

图 4-5-2　齿托片

(a) 直齿齿托片；(b)，(c) 斜齿齿托片；(d) 螺旋齿齿托片

（1）直齿齿托片。适合刃磨直槽尖齿刀具，如铰刀、角度铣刀和锯片铣刀等。

（2）斜齿齿托片。适合刃磨各种错齿三面刃盘形铣刀。

（3）螺旋齿齿托片。适合刃磨各种螺旋槽刀具，如锥柄立铣刀和圆柱铣刀等。

（4）中心规（见图 4-5-3）。中心规的作用是确定齿托片的装夹位置，保证齿托片顶点与顶尖中心的距离为 H 值。用中心规与钢尺配合可调整齿拖架上齿托片的高度。

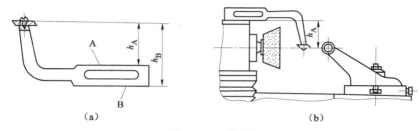

图 4-5-3　中心规

3．机床的操纵与调整

1）工作台的操纵和调整

（1）操作者站立位置的选择。万能工具磨床在进行内、外圆磨削时，由于工作台操纵手柄在机床前面右侧，因此操作者应站在机床前面，这样便于操作和观察。在进行刀具刃磨时，由于磨削形式不同，为了便于操作和观察，操作者一般站在机床工作台后面左侧或右侧。

（2）操纵手柄的选择及操纵方法。根据磨削形式选择操纵手柄，磨内、外圆时，操纵手轮，工作台慢速均匀移动；刃磨刀具，操纵手轮，工作台快速移动。

（3）工作台行程距离的调整。由于工作台是采用圆柱滚针导轨，操纵时稍不注意就会使行程过头。在磨削时为了控制行程，可用挡铁来限位。挡铁使用方法与外圆磨床挡铁使用方法基本相同。

2）磨头位置的调整

在进行刀具刃磨时，磨头按顺时针方向旋转 90°，使磨头主轴轴线垂直于工作台轴线。

3）砂轮法兰盘或接长轴在磨头主轴上的装拆

（1）把砂轮装在法兰盘上，用专用扳手将螺母拧紧。

（2）把法兰盘连同砂轮一起套入磨头主轴上。

（3）插入锁紧销，使磨头主轴锁紧。

（4）旋上内六角螺钉，用内六角扳手拧紧。

（5）装上防护罩壳，拔出锁紧销，砂轮安装完毕。

调换法兰盘时，须将磨头主轴锁紧，然后将法兰盘内六角螺钉卸下，旋上拆卸扳手，将法兰盘从磨头主轴上顶出。

三、操纵练习

（1）能熟练操纵机床各手轮和电器按钮，做到动作无误、姿势正确。

（2）能正确使用机床各种附件，熟练调整机床，做好磨削前的准备工作。

四、注意事项

（1）拖板横向进给手轮前后可以操纵，由于两手轮连接在一根丝杆上，因此两手轮进给方向相反，操纵时方向不能搞错。

（2）上工作台偏转角度大于 9° 时，微调手柄无法调整；此时应将插销定位手柄转一个角度，使定位销上升离开滑板槽，然后转动上工作台至需要的角度，切不可硬敲工作台，使机床损坏。

（3）在摇动手轮做工作台纵向进给时，要将手轮向里推紧，使结合子紧密啮合，以防止手轮在转动过程中结合子脱开，工作台停止移动，影响磨削精度。

4.6 V 型导轨的磨削

一、实习要求

（1）掌握正弦精密平口钳的使用方法。

（2）掌握组合平面的磨削方法。

二、相关工艺知识

1. 正弦精密平口钳的结构和使用方法

正弦精密平口钳，由精密平钳、正弦规底座和圆柱等组成，可用来装夹、磨削工件斜面，斜面的最大倾斜角为 45°。磨削时，在圆柱和底座的定位面之间垫入量块，使平口钳绕圆柱的轴线回转而倾斜成一定的角度，调整完毕，可用撑条及螺钉将平口钳紧固。量块高度可根据工作斜面的倾斜角大小按正弦函数公式计算。

2. 阅读工作图样，了解工件的技术要求

3. 磨削步骤

（1）按磨削六面体的方法磨 100 mm×60 mm×50 mm 至图样要求，如图 4-6-1 所示。

（2）把正弦精密平口钳放到平面磨床的电磁吸盘台面上，找正固定钳口，使其与工作台运动方向平行，通磁吸住平口钳。

（3）在圆柱下垫量块，使平口钳倾斜 45°，然后紧固。

（4）装夹工件，并找正工件的待磨平面与台面平行。

（5）磨削一个斜面，磨出即可，记住手轮刻度值；工件转 180° 装夹，磨另一斜面，磨至相同刻度。

（6）用 ϕ15 mm 标准圆柱棒、杠杆式百分表及量块检查 V 形斜面的尺寸余量及平行度和对称度。测量尺寸时，量块高度为 3.1 mm，当量块高出 x 值后，斜面磨削量为 $1.4x$ mm。

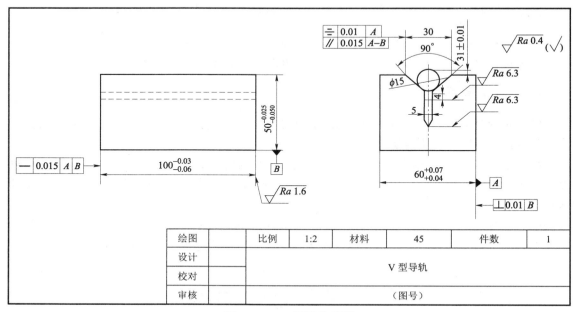

图 4-6-1　V 型导轨磨削

三、注意事项

（1）在工件多次装夹中，应保持平口钳的定位精度，如有位移应及时调整。
（2）磨斜面时，应反复测量平行度和对称度，防止单面磨削过多，造成工件报废。

4.7　砂　轮　特　性

一、普通磨料磨具

磨具是由许多细小的磨粒用结合剂固结成一定尺寸的磨削工具，如砂轮、磨头、油石和砂瓦等。磨具由磨粒、结合剂和空隙（气孔）三要素组成。磨具的磨粒是磨削中的切削刃，对工件起切削作用。磨粒的材料称为磨料。磨具结合剂的作用是将磨粒固结成为一定的尺寸和形状，并支撑磨粒。磨具的空隙（气孔）的作用是容纳切屑和切削液以及散热等。为了改善磨具性能，往往在空隙内浸渍一些填充剂，如硫、二硫化钼、蜡和树脂等，人们把这些填充物看作是固结磨具的第四要素。磨具的一般制造工艺是：混料、加工成形、干燥、烧结、整形、平衡、硬度检测、回旋实验等。磨具的工作特性是指磨具的磨料、粒度、结合剂、硬度、组织、强度、形状和尺寸等。不同特性的磨具有其不同的使用范围。

| 302 |

二、普通磨料的品种、代号、特点和应用

普通磨料包括刚玉系和碳化物系，其品种、代号、特点及应用范围见表 4-7-1。

表 4-7-1 普通磨料的品种、代号及应用

类别	名称	代号 (2016)	旧代号 (1983)	特 性	适 用 范 围
刚玉系	棕刚玉	A	GZ	棕褐色。硬度高，韧性大，价格便宜	磨削和研磨碳钢、合金钢、可锻铸铁、硬青铜
	白刚玉	WA	GB	白色。硬度比棕刚玉高，韧性比棕刚玉低	磨削、研磨、磨和超精加工淬火刚、高速钢、高碳钢及磨削薄壁工件
	单晶刚玉	SA	GD	浅黄或白色。硬度和韧性比白刚玉高	磨削、研磨和磨不锈钢及高钒、高速等高强度、韧性大的材料
	微晶刚玉	MA	GW	颜色与棕刚玉相似。强度高，韧性和自励性良好	磨削或研磨不锈钢、轴承钢、球磨铸铁，并适于高速磨削
	铬刚玉	PA	GG	玫瑰红或紫红色。韧性比白刚玉高，磨削表面粗糙度小	磨削、研磨或磨淬火钢、高速钢、轴承钢和磨削薄壁工件
	锆刚玉	ZA	GA	黑色。强度高，耐磨性好	磨削或研磨耐热合金、耐热钢、钛合金和奥氏体不锈钢
	黑刚玉	BA	GH	黑色。颗粒状，抗压强度高，韧性大	重负荷磨削钢锭
碳化物系	黑碳化硅	C	TH	黑色有光泽。硬度比白刚玉高，性脆而锋利，导热性和导电性良好	磨削、研磨、珩磨铸铁、黄铜、陶瓷、玻璃、皮革和塑料等
	绿碳化硅	GC	TL	绿色。硬度和脆性比黑碳化硅高，具有良好的导热和导电性能	磨削、研磨、珩磨硬质合金、宝石、玉石及半导体材料等
	立方碳化硅	SC	TF	淡绿色。立方晶体，强度比黑碳化硅高，磨削力较强	磨削或超精加工不锈钢、轴承等硬而黏的材料
	碳化硼	BC	TP	灰黑色。硬度比黑绿碳化硅高，耐磨性好	研磨或抛光硬质合金刀片、模具、宝石及宝玉等

资料来源：摘自 GB/T 2476—2016。

三、普通磨料粒度

粒度是指磨料颗粒的大小。粒度有两种测定方法：筛分法和光电沉降仪法（或沉降管理度仪法）。筛分法是以网筛孔的尺寸来表示、测定磨料粒度。光电沉降仪法是以沉降时间来测定粒度。粒度号越大，磨粒的颗粒越小。磨料粒度如表 4-7-2 所示，微粉粒度如表 4-7-3 所示。

表 4-7-2 磨料粒度

粒 度 号		基本尺寸/μm	粒 度 号		基本尺寸/μm
GB/T 2481.1—1998	GB/T 2477—1983		GB/T 2481.1—1998	GB/T 2477—1983	
F4	4#	5 600～4 750	F7	7#	3 350～2 800
F5	5#	4 750～4 000	F8	8#	2 800～2 360
F6	6#	4 000～3 350	F10	10#	2 360～2 000

粒 度 号		基本尺寸/μm	粒 度 号		基本尺寸/μm
GB/T 2481.1—1998	GB/T 2477—1983		GB/T 2481.1—1998	GB/T 2477—1983	
F12	12#	2 000~1 700	F60	60#	300~250
F14	14#	1 700~1 400	F70	70#	250~212
F16	16#	1 400~1 180	F80	80#	212~180
F20	20#	1 180~1 000	F90	90#	180~150
F22	22#	1 000~850	F100	100#	150~125
F24	24#	850~710	F120	120#	125~106
F30	30#	710~600	F150	150#	106~75
F36	36#	600~500	F180	180#	90~63
F40	40#	500~425	F200	220#	75~53
F46	46#	425~355		240#	75~53
F54	54#	355~300			

表 4-7-3 微粉粒度

GB/T 2481.1—1998		GB/T 2477—1983	
粒度号	基本尺寸/μm	粒度号	基本尺寸/μm
F230	82~34	W63	63~50
F240	70~28	W50	50~40
F280	59~22	W40	40~28
F320	49~16.5	W28	28~20
F360	40~12	W20	20~14
F400	32~8	W14	14~10
F500	25~5	W10	10~7
F600	19~3	W7	7~5
F800	14~2	W5	5~3.5
F1000	10~1	W3.5	3.5~2.5
F1200	7~1	W2.5	2.5~1.5
		W1.5	1.5~1.0
		W1.0	1.0~0.5
		W0.5	0.5 及更细

四、普通磨具结合剂的代号、性能及应用

结合剂的作用是将磨粒固结成为一定的尺寸和形状的磨具。结合剂直接影响磨粒黏结的牢固程度，这主要与结合剂本身的耐热、耐腐蚀性能等有关。结合剂的种类及其性能，还会影响磨具的硬度和强度。结合剂的名称、代号、性能及应用范围见表 4-7-4。

表 4-7-4 结合剂的名称、代号、性能及应用范围

名称及代号	性 能	应 用 范 围
陶瓷结合剂 V（A）*	化学性能稳定、耐热、抗酸碱、气孔率大、磨耗小、强度高，能较好地保持外形，应用广泛。 含硼的陶瓷结合剂的结合强度高，结合剂的用量少，可相应增大磨具的气孔率	适于内圆、外圆、无心、平面、成形及螺纹磨削、刃磨、珩磨及精磨等。适于加工各种钢材、铸铁、有色金属及玻璃、陶瓷等材质。适于磨削大气孔率砂轮
树脂结合剂 B（S）	结合强度高，具有一定弹性，高温下容易烧毁，自锐性好，抛光性较好，不耐酸碱	适于珩磨、切削和自由磨削，如薄片砂轮，高速、重负荷、低表面粗糙度磨削，打磨铸、锻件毛刺等砂轮及导电砂轮
增强树脂结合剂 BF	树脂结合剂加入玻璃纤网增加砂轮强度	适于高速砂轮（v_s=60～90 m/s）、薄片砂轮及打磨焊缝或切断
橡胶结合剂 B（S）	强度高，比树脂结合剂更富弹性，气孔率较小，磨粒钝化后易脱落。缺点为耐热性差（150°），不耐酸碱，磨削时有臭味	适于精磨、镜面磨削砂轮，超薄型片状砂轮，轴承、叶片、钻头沟槽等用抛光砂轮，无心磨导轮等
菱苦土结合剂 Mg（L）	结合强度较陶瓷结合剂差，但有良好的自锐性，工作时发热量小，因此在某些工序上磨削效果反而优于其他结合剂。缺点是易水解而不宜湿磨	适于磨削热传导性差的材料及磨具工件接触面大的磨削。适于石材、切纸工具、农用刀具、粮食加工、地板及胶体材料加工等，砂轮速度一般小于 20 m/s

资料来源：摘自 GB/T 2484—2006。

*括号内的代号为国家标准 GB/T 2484—1984 中的代号。

五、磨具的硬度代号及应用

磨具的硬度是指结合剂黏结磨粒的牢固程度。磨具的硬度越高，磨粒越不易脱落。注意不要把模具的硬度与磨料的硬度（磨料表面抵抗局部外力作用的能力）混同起来。磨具的硬度代号如表 4-7-5 所示。

表 4-7-5 磨具的硬度代号及应用

硬度	硬度由软→硬																		
代号	A	B	C	D	E	F	G	H	J	K	L	M	N	P	Q	R	S	T	Y
84 标准				超软			软		中软		中		中硬				硬		超硬
				D	E	F	G	H	J	K	L	M	N	P	Q	R	S	T	Y
81 标准				CR		R₁	R₂	R₃	ZR₁	ZR₂	Z₁	Z₂	ZY₁	ZY₂	ZY₃	Y₁	Y₂		CY
应用范围							外圆磨削												
							无心磨和螺纹磨												
						平面磨削													
						工具磨削												
						超精（低粗糙度）磨削												
											珩磨							
						缓进给						去毛刺磨削							
										重负荷磨削									

资料来源于：摘自 GB/T 2484—2006。

六、磨具的组织号及其应用

磨具的组织是指磨具中磨粒、结合剂和空隙（气孔）三者之间体积的比例关系，用磨粒率表示，指磨粒所占磨具体积的百分比。磨粒所占的百分比越大，空隙就越小，磨具的组织越紧密；反之，空隙越大，磨具的组织越疏松。磨具组织号与磨粒率的关系见表 4-7-6，组织号越大，磨粒率越少，组织越疏松，磨削时不易被磨屑堵塞，切削液和空气能带入切削区以降低磨削温度，但磨具的磨耗快，使用寿命短，不宜保持磨具形状尺寸，降低了磨削精度；反之，组织越紧密，磨具的寿命越长，磨削精度越容易保证。

表 4-7-6　磨具的组织号及其应用

GB/T 2484—2006														
磨粒率	磨粒率由大→小													
组织号	0，1，2，3，4，5，6，7，8，9，10，11，12，13，14													
GB/T 2484—1984														
组织号	0	1	2	3	4	5	6	7	8	9	10	11	12	13	14
磨粒率/%	62	60	58	56	54	52	50	48	46	44	42	40	38	36	34
应用范围	重负荷磨削，成形、精密磨削，间断磨削及自由磨削，或加工硬脆材料等				无心磨、内圆磨、外圆磨和工具磨，淬火钢工件磨削及刀具刃磨等			粗磨和磨削韧性大、硬度不高的工件，机床导轨和硬质合金刀具磨削，适合磨削薄壁、细长工件或砂轮与工件接触面大以及平面磨削等				磨削热敏性较大的钨银合金、磁钢、有色金属以及塑料、橡胶等非金属材料			

第 5 章　中级工理论模拟题汇编

5.1　钳工中级工理论模拟试题

一、选择题

1. 需伸入到复杂工件内腔表面进行划线时可使用三坐标划线机的（　　　）来完成。
   A. 专用划针　　　　　B. 组合划线器　　　　C. 特殊划线器　　　　D. 圆形划线器

2. 三坐标划线机是在（　　　）上进行划线的。
   A. 一般平台　　　　　B. 精密平台　　　　　C. 检验平台　　　　　D. 特殊平台

3. 箱体划线一般都要画出十字找正线，找正线越（　　　），找正越准确。
   A. 长　　　　　　　　B. 短　　　　　　　　C. 粗

4. 标准群钻主切削刃分成三段的作用是（　　　）。
   A. 利于分屑、断屑、排屑　　　　　　　　B. 降低钻尖高度，提高钻尖强度
   C. 增大前角　　　　　　　　　　　　　　D. 增大后角

5. 在用钻模钻斜孔时，可用（　　　）引导钻头。
   A. 固定钻套　　　　　B. 可换钻套　　　　　C. 特殊钻套　　　　　D. 快换钻套

6. 用来检查工件样板局部尺寸、形状的高精度样板称为（　　　）。
   A. 测量样板　　　　　　　　　　　　　　B. 校对样板
   C. 分型样板（辅助样板）　　　　　　　　D. 标准样板

7. 样板热处理后要用各种研具来研磨，研具一般用（　　　）制成。
   A. 合金钢　　　　　　B. 不锈钢　　　　　　C. 铸铁

8. 用电刻法作样板标记常用于（　　　）。
   A. 不淬硬的样板　　　　　　　　　　　　B. 淬硬后的样板
   C. 软金属制作的样板　　　　　　　　　　D. 厚度为 1.2～1.5 mm 的钢板

9. 对于不加工的箱体内壁在划线时要校正其位置，（　　　）。
   A. 以保证加工后顺利装配　　　　　　　　B. 保证顺利进行加工
   C. 以节约加工时间　　　　　　　　　　　D. 以保证划线顺利进行

10. 轴向分度盘的分度孔可以由（　　　）、工具钳、工用钻床加工完成。
    A. 坐标镗床　　　　　　　　　　　　　　B. 铣床
    C. 工具钳工用钻床　　　　　　　　　　　D. 车床

11. 下列三种铁碳合金组织，切削性能最差的是（　　　）。

普通机械加工教程

A. 奥氏体　　　　　　　B. 铁素体　　　　　　　C. 莱氏体

12. 普通金属结构钢 Q235，"235"指的是（　　　）。

A. 钢的序列号　　　　　B. 含碳量 0.235%　　　　C. 屈服极限 235 MPa

13. 材料在拉力的作用下，抵抗变形或破坏的最大能力称为（　　　）。

A. 屈服强度　　　　　　B. 抗拉强度　　　　　　C. 塑性

14. 材料在外力作用下产生变形，当外力去除后，能恢复形状的能力称为（　　　）。

A. 塑性　　　　　　　　B. 刚性　　　　　　　　C. 弹性

15. 金属材料抵抗冲击载荷作用而受不破坏的能力称为（　　　）。

A. 弹性　　　　　　　　B. 冲击韧性　　　　　　C. 疲劳强度

16. 钢和铁是以含碳量来区别的，含碳量在（　　　）为钢。

A. 0.02%以下　　　　　B. 0.02%～2.1%　　　　C. 2.1%以上

17. 金属材料"Q235"属于（　　　）。

A. 耐热合金钢　　　　　B. 不锈钢　　　　　　　C. 普通碳素结构钢

18. 对刀具、模具等要求较硬的零件，热处理淬火后，应进行（　　　）。

A. 低温回火　　　　　　B. 中温回火　　　　　　C. 高温回火

19. 金属材料在常温状态下变形，随变形程度的增大，塑性下降、强度增大的现象，称为（　　　）。

A. 冷作硬化　　　　　　B. 平衡失效　　　　　　C. 材料损伤

20. 灰口铸铁中石墨呈（　　　）。

A. 针状　　　　　　　　B. 片状　　　　　　　　C. 球状

21. 国标规定的形位公差，精度等级最高的是（　　　）。

A. 0 级　　　　　　　　B. 1 级　　　　　　　　C. 12 级

22. 孔的极限尺寸（　　　）基本尺寸。

A. 大于　　　　　　　　B. 小于　　　　　　　　C. 小于或大于

23. 有一孔形零件，孔的尺寸为 $\phi40^{+0.03}_{-0.05}$ mm，该孔形零件最大实体尺寸为（　　　）mm。

A. $\phi10.03$　　　　　B. $\phi39.95$　　　　　C. $\phi40$

24. 如图 5-1-1 所示的基准 A 是指（　　　）。

A. 圆柱面母线　　　　　B. $\phi60$ mm 的中心线　　　C. $\phi60$ mm 的外圆面

25. 下列几种几何公差有基准要求的是（　　　）。

A. 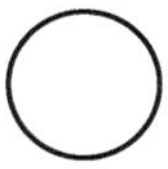 ○　　　　　　　　　B.  ▱　　　　　　　　　C.  ◎

26. 如图 5-1-2 所示 R10 的表面粗糙度为（　　　）mm。

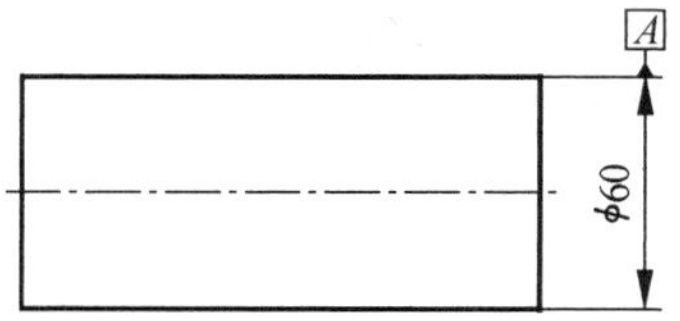

图 5-1-1　题 24 图

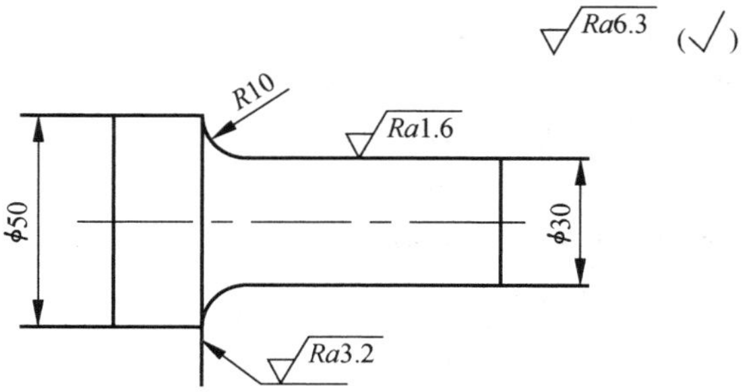

图 5-1-2　题 26 图

A. *Ra*6.3　　　　　　B. *Ra*3.2　　　　　　C. *Ra*1.6

27. 有一组配合为 $\phi\dfrac{50\pm0.024}{50\,^{0}_{-0.020}}$ 的孔轴，该配合性质为（　　　）。

A. 基孔制　　　　　　B. 基轴制　　　　　　C. 混合配合

28. 研磨量具测量面的研具常用（　　　）制成。

A. 灰口铸铁　　　　　B. 球墨铸铁　　　　　C. 青铜

29. 精加工中，为防止刀具上积屑瘤的形成，从切削用量上应（　　　）。

A. 加大背吃刀量　　　B. 加大进给量　　　　C. 尽量使用很低或者很高的切削速度

30. 调质一般安排在（　　　）进行。

A. 粗加工之后、半精加工之前　　　　　　　B. 半精加工之后、精加工之前

C. 精加工之后

31. 切削用量中对断屑影响最大的是（　　　）。

A. 背吃刀量　　　　　B. 进给量　　　　　　C. 切削速度

32. 精加工时切削用量的选择，一般是以（　　　）为主。

A. 提高生产率　　　　B. 降低切削功率　　　C. 保证加工质量

33. 专为某一工件的某一工序的加工要求而专门设计、制造的夹具称为（　　　）夹具。

A. 通用　　　　　　　B. 专用　　　　　　　C. 组合

34. 用硬质合金车刀高速车削螺纹时，刀尖角应（　　　）牙型角。

A. 等于　　　　　　　B. 略小于　　　　　　C. 略大于

35. 螺纹综合测量常用（　　　）。

A. 三针测量　　　　　B. 螺纹量规　　　　　C. 螺纹千分尺

36. 在切削三要素中，对刀具磨损最大的切削要素是（　　　）。

A. 切削深度　　　　　B. 车削速度　　　　　C. 进给量

37. 车刀的副偏角对工件的（　　　）有较大影响。

A. 尺寸精度　　　　　B. 形状精度　　　　　C. 表面粗糙度

38. 铣削对称度要求高的键槽时，对刀一般采用（　　　）。

A. 擦边对刀法　　　　B. 切痕对刀法　　　　C. 百分表对刀法

39. 衡量铣刀材料在高温状态下的切削性能的主要指标是（　　　）。

A. 坚硬性　　　　　　B. 柔韧性　　　　　　C. 红硬性

40. 用平口钳夹紧矩形工件时，可限制工件（　　　）个自由度。

A. 四　　　　　　　　B. 五　　　　　　　　C. 六

41. 铣削过程中的切削热大部分由（　　　）带走。

A. 工件　　　　　　　B. 刀具　　　　　　　C. 切屑

42. 刃磨高速钢刀具最常用的是（　　　）砂轮。

A. 白刚玉　　　　　　B. 绿碳化硅　　　　　C. 金刚石

43. 下面几类零件中，不太适合用数控铣床进行加工的是（　　　）。

A. 曲面类表面　　　　B. 变斜角类零件　　　C. 多孔类零件

44. 分度头内蜗轮与蜗杆的速比为（　　　）。

A. 1/20　　　　　　　B. 1/30　　　　　　　C. 1/40

45. 标准麻花钻头有较长的横刃，并且横刃的前角为负值，因此钻削时轴向力（　　）。

A. 增大　　　　　　B. 减少　　　　　　C. 不变

46. 铰刀在使用过程中，磨损最严重的地方是（　　）。

A. 切削部分　　　　B. 校准部分　　　　C. 切削部分和校准部分的过渡处

47. 攻螺纹时出现烂牙（乱扣），其原因是（　　）。

A. 初锥攻螺纹位置不正，中、底锥强行纠正

B. 丝锥磨损　　　　C. 丝锥前后角太小

48. 锉削软材料时，若没有单纹锉，可选用（　　）铣刀。

A. 中齿　　　　　　B. 粗齿　　　　　　C. 细齿

49. 在锉削加工余量较小，或者在修正尺寸时，应采用（　　）。

A. 顺向锉　　　　　B. 交叉锉　　　　　C. 推锉

50. 冷作硬化后的材料给进一步校正带来困难，可进行（　　）处理。

A. 退火　　　　　　B. 回火　　　　　　C. 调质

51. 钻孔时影响孔表面粗糙度的切削用量主要是（　　）。

A. 进给量　　　　　B. 切削速度　　　　C. 吃刀深度

52. 用锪孔钻锪削后，平面呈凹凸形的原因是（　　）。

A. 前角太大　　　　B. 锪削速度太高　　C. 锪钻切削刃与刀杆旋转轴线不垂直

53. 攻螺纹前的底孔直径（　　）螺纹的小径。

A. 小于　　　　　　B. 等于　　　　　　C. 大于

54. 冲裁模的凸模、凹模配合间隙不合理，会导致制件（　　）。

A. 有毛刺　　　　　B. 制件不平　　　　C. 卸料不正常

55. 冲压后使材料以封闭的轮廓分离，得到平整零件的模具称为（　　）。

A. 落料模　　　　　B. 切断模　　　　　C. 切口模

56. 拉深模中的压边圈能预防板料在拉深过程中产生（　　）现象。

A. 振动　　　　　　B. 起皱　　　　　　C. 板料变薄

57. 复合冲裁模与级进冲裁模相比，前者的冲切件精度（　　）。

A. 高　　　　　　　B. 低　　　　　　　C. 相等

58. 冲床（压力机）的吨位是指（　　）。

A. 冲床滑块的质量　　B. 冲床飞轮的惯性力

C. 冲床滑块下落接近下止面时的冲击力

59. 锻模的模槽中常钻有通气孔，其位置最好是（　　）。

A. 水平　　　　　　B. 水平或45°　　　C. 垂直向上

60. 模具在使用过程中，出现的磨损变形，但未丧失服役能力，这种状态称为（　　）。

A. 早期失效　　　　B. 正常失效　　　　C. 模具损伤

二、判断题

1.（　　）样板比较法一般用于测量 $Ra1.6 \sim Ra12.5\ \mu m$ 的表面粗糙度。

2.（　　）工具钳工加工钻模板的常用方法有精密划线加工法和量套找正加工法两种。

3.（　　）电钻在使用前，须空转 1min，以便检查传动部分是否正常。

4.（　　）手工制作样板时，热处理工序一般安排在精加工型面之后。

5.（　　）用光隙法检验样板时，眼睛应该对着光线较弱的一方观察。

6.（　　）钻出的孔呈多边形的主要原因是钻头的两个切削刃长短不一、角度不对。

7.（　　）钻小孔时，应使用较高的转速和较小的进给量。

8.（　　）固定式钻床夹具只能加工单孔。

9.（　　）大型工件划线时，支撑点越多，划线越平稳。

10.（　　）完全互换的装配方法，一般常用成批生产和流水线生产。

11.（　　）用修配法装配，能降低制造零件的加工精度，使产品制造成本下降。

12.（　　）互换配合的实质是控制零件的加工误差来保证装配精度。

13.（　　）划线平板是划线工作的基准面，划线时可把需要划线的工件直接安放在划线平板上。

14.（　　）利用方箱划线，工件在一次夹紧后，通过翻转方箱划出三个方向的尺寸线。

15.（　　）划线时一般应选择设计基准为划线基准。

16.（　　）箱体工件的第一划线位置，应选择待加工的孔和面最多的一个位置。

17.（　　）采用样板划线的方法适用于形状简单、精度要求高和加工面少的工件。

18.（　　）采用数控机床划线的方法适用于形状复杂、精度要求高的工件。

19.（　　）錾削时形成的切削角有前角、后角和楔角，三者之和为 90°。

20.（　　）双锉纹锉刀的面锉纹和底锉纹的方向和角度一样，锉削时锉痕交错、锉面光滑。

21.（　　）静平衡既能平衡由于不平衡量产生的离心力，又能平衡其他力组成的力矩。

22.（　　）经过平衡后的旋转件，不允许还有剩余不平衡量的存在。

23.（　　）高速旋转的滑动轴承比滚动轴承寿命长、精度高。

24.（　　）当轴承内圈与轴、外圈与壳体都是过盈配合时，装配时力应同时加在内外圈上。

25.（　　）推力轴承的紧圈装配后，应靠死在转动零件的端面上。

26.（　　）螺旋机构是用来将直线运动转变为旋转运动的机构。

27.（　　）齿轮的接触精度常用涂色法来检查，正确的啮合斑点应在分度圆的两侧。

28.（　　）錾子切削部分热处理时，其淬火硬度越高越好，以增加其耐磨性。

29.（　　）在组合件钻孔时，钻头容易向材料较硬的一边偏斜。

30.（　　）为使钢板中部凸起的变形恢复平直，应该敲打凸起处校平。

31.（　　）钻削硬材料时，钻头顶角要大；钻削软材料时，钻头顶角要小。

32.（　　）群钻虽然比麻花钻钻孔效率高，但不能改变所加工孔的尺寸精度和形位精度。

33.（　　）钻削铝、铜材料的群钻，为防止和避免积屑瘤的产生，可采用较低的切削速度。

34.（　　）丝锥的校准部分有完整的齿形，切削部分磨出主偏角。

35.（　　）攻螺纹时，螺纹底孔直径必须与内螺纹的小径尺寸一致。

36.（　　）研磨余量的大小应根据工件精度要求而定，与工件尺寸大小无关。

37.（　　）冲压件毛坯多处部位有变形可能时，变形总是在阻力最小部位首先进行。

38.（　　）在冲裁模中，落料件的尺寸由凸模决定，冲孔件的尺寸由凹模来决定。

普通机械加工教程

39. （　　　）在弯曲成形中，增大弯曲凸模的圆角半径，可以减少零件弯曲回弹量。

40. （　　　）在弯曲成形中，材料屈服点越低，冲压件的回弹就越大。

5.2　车工中级工理论模拟试题

一、选择题

1. 物体三视图的投影规律是：主左视图（　　　）。

A. 长对正　　　　　B. 高平齐　　　　　C. 宽相等　　　　　D. 前后对齐

2. 表面粗糙度代号中的数字书写方向与尺寸数字书写方向（　　　）。

A. 没规定　　　　　B. 成一定角度　　　　　C. 必须一致　　　　　D. 相反

3. 零件加工后的实际几何参数与理想几何参数的符合程度称为（　　　）。

A. 加工误差　　　　　B. 加工精度　　　　　C. 尺寸误差　　　　　D. 几何精度

4. 加工余量是（　　　）之和。

A. 各工步余量　　　　　　　　　　B. 各工序余量

C. 工序余量和总余量　　　　　　　D. 工序和工步余量

5. 用硬质合金螺纹车刀高速车梯形螺纹时，刀尖角应为（　　　）。

A. $30°$　　　　　B. $29°$　　　　　C. $29°30'$　　　　　D. $30°30'$

6. 高速车螺纹时，一般选用（　　　）法车削。

A. 直进　　　　　B. 左右切削　　　　　C. 斜进　　　　　D. 车直槽

7. 梯形螺纹测量一般是用三针测量法测量螺纹的（　　　）。

A. 大径　　　　　B. 中径　　　　　C. 底径　　　　　D. 小径

8. 螺纹升角一般是指螺纹（　　　）处的升角。

A. 大径　　　　　B. 中径　　　　　C. 小径　　　　　D. 顶径

9. 轴向直廓蜗杆在垂直于轴线的截面内的齿形是（　　　）。

A. 延长渐开线　　　　　B. 渐开线　　　　　C. 螺旋线　　　　　D. 阿基米德螺旋线

10. 精车多线螺纹时，分线精度高，并且比较简便的方法是（　　　）。

A. 小滑板刻度分线法　　B. 卡盘卡爪分线法　　C. 分度插盘分线法　　D. 挂轮分线法

11. 用丝杆螺距为 12 mm 的车床车削 M12 的螺纹，计算交换齿轮为（　　　）。

A. 7/48　　　　　　　　　　B. (25/100)×(70/120)

C. (20/120)×(80/70)　　　　D. (80/70)×(120/20)

12. 车刀装歪，对（　　　）影响较大。

A. 车螺纹　　　　　B. 车外圆　　　　　C. 前角　　　　　D. 后角

13. （　　　）时应选用较小前角。

A. 工件材料软　　　　　　　　　　B. 粗加工

C. 采用高速钢车刀　　　　　　　　D. 半精加工

14. （　　　）时应选用较小后角。

A. 工件材料软　　　　　　　　　　B. 粗加工

C. 采用高速钢车刀　　　　　　　　　　　D. 半精加工

15. 当加工工件由中间切入时，副偏角应选用（　　）。

A. 6°～8°　　　　　B. 45°～60°　　　　C. 90°　　　　D. 100°

16. 为使切屑排向待加工表面，应采用（　　）。

A. 负刃倾角　　　　B. 正刃倾角　　　　C. 零刃倾角　　　　D. 正前角

17. 用硬质合金车刀加工时，为减轻加工硬化，不宜取（　　）的进给量和切削深度。

A. 过小　　　　　　B. 过大　　　　　　C. 中等　　　　D. 较大

18. 对切削抗力影响最大的是（　　）。

A. 工件材料　　　　B. 切削深度　　　　C. 刀具角度　　　　D. 刀具材料

19. 在切削金属材料时，属于正常磨损中最常见的情况是（　　）磨损。

A. 前刀面　　　　　B. 后刀面　　　　　C. 前、后刀面　　　D. 切削平面

20. 一般用硬质合金粗车碳钢时，磨损量 $VB=$（　　）mm。

A. 0.6～0.8　　　　B. 0.8～1.2　　　　C. 0.1～0.3　　　D. 0.3～0.5

21. 刀具（　　）重磨之间纯切削时间的总和称为刀具寿命。

A. 多次　　　　　　B. 一次　　　　　　C. 两次　　　　D. 无数次

22. 刀具角度中对切削温度影响最大的是（　　）。

A. 前角　　　　　　B. 后角　　　　　　C. 主偏角　　　　D. 刃倾角

23. 在刀具刃磨时，对刀面的要求是（　　）。

A. 刃口锋利　　　　　　　　　　　　　　B. 刃口平直、表面粗糙度小

C. 刀面平整、表面粗糙度小　　　　　　　D. 刃口平直、光洁

24. 在机床上用以装夹工件的装置，称为（　　）。

A. 车床夹具　　　　B. 专用夹具　　　　C. 机床夹具　　　D. 通用夹具

25. 在夹具上确定夹具相对于机床位置的是（　　）。

A. 定位装置　　　　B. 夹紧装置　　　　C. 夹具体　　　　D. 组合夹具

26. 体现定位基准的表面称为（　　）。

A. 定位面　　　　　B. 定位基面　　　　C. 基准面　　　　D. 夹具体

27. 工件的六个自由度全部被限制，它在夹具中只有唯一的位置，属于（　　）定位。

A. 部分　　　　　　B. 完全　　　　　　C. 欠　　　　　　D. 重复

28. 设计夹具时，定位元件的公差应不大于工件公差的（　　）。

A. 1/2　　　　　　B. 1/3　　　　　　C. 1/5　　　　　D. 1/10

29. 对夹紧装置的基本要求中，"正"是指（　　）。

A. 夹紧后，应保证工件在加工过程中的位置不发生变化

B. 夹紧时，应不破坏工件的正确定位

C. 夹紧迅速

D. 结构简单

30. （　　），可减小表面粗糙度。

A. 减小刀尖圆弧半径　　　　　　　　　　B. 采用负刃倾角车刀

C. 增大主偏角　　　　　　　　　　　　　D. 减小进给量

31. 花盘、角铁的定位基准面的几何公差要小于工件几何公差的（　　）。

A. 3 倍　　　　　B. 1/2　　　　　C. 1/3　　　　　D. 1/5

32. 偏心距较大的工件，可用（　　）来装夹。

A. 两顶尖　　　　　B. 偏心套　　　　　C. 两顶尖和偏心套　　D. 偏心卡盘

33. 用百分表测得某偏心件最大值与最小值的差为 4.12 mm，则实际偏心距为（　　）mm。

A. 4.12　　　　　B. 8.24　　　　　C. 2.06　　　　　D. 2

34. CA6140 型车床，为了使滑板的快速移动和机动进给自动转换，在滑板箱中装有（　　）。

A. 互锁机构　　　　B. 超越离合器　　　C. 安全离合器　　　D. 脱落蜗杆机构

35. CA6140 型车床主轴前支撑处装有一个双列推力向心球轴承，主要用于承受（　　）。

A. 径向作用力　　　B. 右向轴向力　　　C. 左向轴向力　　　D. 左右轴向力

36. （　　）的功用是在车床停车过程中，使主轴迅速停止转动。

A. 离合器　　　　　B. 电动机　　　　　C. 制动装置　　　　D. 开合螺母

37. CA6140 型车床，当进给抗力过大、刀架运动受到阻碍时，能自动停止进给运动的机构是（　　）。

A. 安全离合器　　　B. 超越离合器　　　C. 互锁机构　　　　D. 开合螺母

38. 磨粒的微刃与工件发生切削、刻划、摩擦、抛光作用，粗磨时以切削作用为主，精磨分别以（　　）为主。

A. 切削、刻划、摩擦　　　　　　　　B. 切削、摩擦、抛光

C. 刻划、摩擦、抛光　　　　　　　　D. 刻划、切削

39. 矩形外螺纹牙高公式是：h_1=（　　）。

A. $P+b$　　　　　B. $2P+a$　　　　　C. $0.5P+ac$　　　　D. $0.5P$

40. 轴向直廓蜗杆又称（　　）蜗杆，这种蜗杆在轴向平面内的齿廓为直线，而在垂直于轴线的剖面内的齿形是阿基米德螺线，所以又称阿基米德蜗杆。

A. ZB　　　　　B. ZN　　　　　C. ZM　　　　　D. ZA

41. 车削轴向直廓蜗杆时，应采用水平装刀法，即装夹刀时，应使车刀（　　）刀刃组成的平面处于水平位置，并与蜗杆轴线等高。

A. 圆弧　　　　　B. 主　　　　　C. 副　　　　　D. 两侧

42. 已知直角三角形一直角边为（　　）mm，它与斜边的夹角为 23°30′17″，另一直角边的长度是 28.95 mm（cot23°30′17″=2.299）。

A. 60.256　　　　B. 56.986　　　　C. 66.556　　　　D. 58.541

43. 测量两平行非完整孔的（　　）时，应选用内径百分表、内径千分尺和千分尺等。

A. 位置　　　　　B. 长度　　　　　C. 偏心距　　　　D. 中心距

44. 将工件圆锥套立在检验平板上，将直径为 D 的小钢球放入孔内，用深度千分尺测出钢球最高点距工件（　　）的距离。

A. 外圆　　　　　B. 中心　　　　　C. 端面　　　　　D. 孔壁

45. 在多线螺纹工件的技术要求中，所有加工表面不准使用锉刀、（　　）等修饰。

A. 砂布　　　　　B. 研磨粉　　　　C. 砂纸　　　　　D. 磨料

46. 测量法向齿厚时，应使尺杆与蜗杆轴线间的夹角等于蜗杆的（　　）角。

A. 牙型　　　　　　　　B. 螺　　　　　　　　C. 压力　　　　　　　　D. 导程

47. 欠定位不能满足和保证加工要求，往往会产生废品，因此是绝对不允许的，只要不影响加工精度，（　　）是允许的。

A. 完全定位　　　　　B. 不完全定位　　　　C. 重复定位　　　　　D. 欠定位

48. 通常夹具的制造误差应是工件在工序中允误许差的（　　）。

A. 1/3～1/5　　　　B. 1～3 倍　　　　C. 1/10～1/100　　　　D. 1/100～1/1 000

49. 立式车床用于加工径向尺寸较大、轴向尺寸相对较小，且形状比较（　　）的大型和重型零件，如各种盘、轮和壳体类零件。

A. 复杂　　　　　　　　B. 简单　　　　　　　　C. 单一　　　　　　　　D. 规则

50. 切削时，切屑排向工件已加工表面，此时车刀刀尖位于主切削刃的最（　　）点。

A. 高　　　　　　　　B. 水平　　　　　　　　C. 低　　　　　　　　D. 任意

51. （　　）梯形螺纹时，要把螺纹牙型修整好。

A. 粗车　　　　　　　　B. 精车　　　　　　　　C. 半精车　　　　　　　　D. 检测

52. 蜗杆的全齿高的计算公式为：$h=$（　　）。

A. $2.2mx$　　　　B. $2m$　　　　C. $1.2mx$　　　　D. mx

53. 传动比大而且准确的是（　　）。

A. 带传动　　　　　B. 链传动　　　　C. 齿轮传动　　　　D. 蜗杆传动

54. 严格执行操作规程，禁止超压、超负荷使用设备，这一内容属于"实训图纸好"中的（　　）。

A. 管好　　　　　　　　B. 用好　　　　　　　　C. 修好　　　　　　　　D. 管好，用好

55. 热继电器在电路中具有（　　）保护作用。

A. 过载　　　　　　　　B. 过热　　　　　　　　C. 短路　　　　　　　　D. 失压

56. 矩形外螺纹牙高公式是：$h_1=$（　　）。

A. $P+b$　　　　B. $2P+a$　　　　C. $0.5P+ac$　　　　D. $0.5P$

57. 手提式泡沫灭火器适于扑救（　　）。

A. 油脂类石油产品　　　　　　　　B. 木、棉、毛等物质

C. 电路设备　　　　　　　　D. 可燃气体

58. 下列选项中属于文明生产范围的有（　　）。

A. 磨刀时应站在砂轮侧面　　　　　　　　B. 短切屑可用手清除

C. 量具放在顺手的位置　　　　　　　　D. 千分尺可当卡规使用

59. 某一工人在 8 小时内加工 120 件零件，其中 8 件零件不合格，则其劳动生产率为（　　）件。

A. 15　　　　　　　　B. 14　　　　　　　　C. 120　　　　　　　　D. 8

二、判断题

1. （　　）职业道德是社会道德在职业行为和职业关系中的具体表现。

2. （　　）画零件图时，如果按照正投影画出它们的全部"轮齿"和"牙型"的真实图

形，不仅非常复杂，也没有必要。

3.（　　）CA6140 型车床尾座压紧在床身上，扳动手柄带动偏心轴转动，可使拉杆带动杠杆和压板升降，这样就可以压紧或松开尾座。

4.（　　）画装配图时，要根据零件图的实际大小和复杂程度，确定合适的比例和图幅。

5.（　　）公式 $\delta_1=0.001\ 5nP$ 中，n 表示主轴转速，P 表示螺纹导程。

6.（　　）垂直度、圆度同属于几何公差。

7.（　　）偏心轴的左视图较明显地表示出基准部分轴线和偏心部分轴线的位置关系。

8.（　　）采用两顶尖偏心中心孔的方法加工曲轴时，应选用工件外圆为精基准。

9.（　　）螺旋压板夹紧装置主要由支柱、旋紧螺母和弹簧组成。

10.（　　）双连杆的两孔中心距可用千分尺直接测量。

11.（　　）角铁分两种类型：直角角铁和专用角铁。

12.（　　）内径千分尺可用来测量两平行完整孔的中心距。

13.（　　）劳动既是个人谋生的手段，也是为社会服务的途径。

14.（　　）奉献社会是职业道德中的最高境界。

15.（　　）职工必须严格遵守各项安全生产规章制度。

16.（　　）偏心轴的左视图较明显地表示出基准部分轴线和偏心部分轴线的位置关系。

17.（　　）齿轮的材料一般选用不锈钢。

18.（　　）使用正弦规测量时，工件放置在后挡板的工作台上。

19.（　　）用钢球可直接测量出内圆锥体的圆锥角。

20.（　　）三针测量蜗杆的计算公式中"m_s"表示蜗杆的轴向模数。

21.（　　）链传动是由链条和具有特殊齿形的从动轮组成的传递运动和动力的传动。

22.（　　）按用途不同，螺旋传动可分为传动螺旋和调整螺旋两种类型。

23.（　　）万能角度尺可在 0°～50° 范围测量，不装角尺和直尺。

24.（　　）定位是使工件被加工表面处于正确的加工位置。

25.（　　）偏心零件的轴心线只有一条。

26.（　　）蜗杆车刀的装刀方法有水平装刀法和垂直装刀法。

27.（　　）切削力的实训图样各分力中，切削抗力是主要的切削力。

28.（　　）能消除工件六个自由度的定位方式称完全定位。

29.（　　）组合夹具一次性投资大，适用于大量生产。

30.（　　）齿轮传动是由主动齿轮、从动齿轮和机架组成的。

31.（　　）画装配图时，首先要了解该部件的用途和结构特点。

32.（　　）使用切削液可减小细长轴的热变形伸长。

33.（　　）工作场地保持清洁，有利于提高工作效率。

34.（　　）火警电话是 110。

35.（　　）在满足加工要求的前提下，部分定位是允许的。

36.（　　）操作立式车床，在低速状态时，应加有防护罩。

37.（　　）通常刀具材料的硬度越高，耐磨性越好。

5.3　铣工中级工理论模拟试题

一、选择题

1. 职业道德是指从事一定职业劳动的人们，在长期的职业活动中形成的（　　）。

A. 行为规范　　　　　B. 操作程序　　　　　C. 劳动技能　　　　　D. 思维习惯

2. 为了促进企业的规范化发展，需要发挥企业文化的（　　）功能。

A. 娱乐　　　　　　　B. 主导　　　　　　　C. 决策　　　　　　　D. 自律

3. （　　）是企业诚实守信的内在要求。

A. 维护企业信誉　　　B. 增加职工福利　　　C. 注重经济效益　　　D. 开展员工培训

4. 下列事项中属于办事公道的是（　　）。

A. 顾全大局，一切听从上级　　　　　　　　B. 大公无私，拒绝亲戚求助

C. 知人善任，努力培养知己　　　　　　　　D. 坚持原则，不计个人得失

5. 下列关于勤劳节俭的论述中，正确的选项是（　　）。

A. 勤劳一定能使人致富　　　　　　　　　　B. 勤劳节俭有利于企业持续发展

C. 新时代需要巧干，不需要勤劳　　　　　　D. 新时代需要创造，不需要节俭

6. 用"几个相交的剖切平面"画剖视图，下列说法正确的是（　　）。

A. 应画出剖切平面转折处的投影

B. 可以出现不完整结构要素

C. 可以省略标注剖切位置

D. 当两要素在图形上具有公共对称中心线或轴线时，可各画一半

7. $\phi 50H7/m6$ 是（　　）。

A. 间隙配合　　　　　B. 过盈配合　　　　　C. 过渡配合　　　　　D. 不能确定

8. 同轴度的公差带是（　　）。

A. 直径差为公差值 t，且与基准轴线同轴的圆柱面内的区域

B. 直径为公差值 t，且与基准轴线同轴的圆柱面内的区域

C. 直径差为公差值 t 的圆柱面内的区域

D. 直径为公差值 t 的圆柱面内的区域

9. 表面粗糙度符号长边的方向与另一条短边相比（　　）。

A. 总处于顺时针方向　　　　　　　　　　　B. 总处于逆时针方向

C. 可处于任何方向　　　　　　　　　　　　D. 总处于右方

10. 使钢产生热脆性的元素是（　　）。

A. 锰　　　　　　　　B. 硅　　　　　　　　C. 硫　　　　　　　　D. 磷

11. （　　）属于冷作模具钢。

A. Cr12　　　　　　　B. 9SiCr　　　　　　　C. W18Cr4V　　　　　D. 5CrMnMo

12. 灰铸铁抗拉强度最高的是（　　）。

A. HT200　　　　　　B. HT250　　　　　　　C. HT300　　　　　　D. HT350

13. 属于锻铝合金的牌号是（　　　）。

A. 5A02（LF21）　　B. 2A11（LY11）　　C. 7A04（LC4）　　D. 2A70（LD7）

14. 纯铜具有的特性之一是（　　　）。

A. 良好的导热性　　B. 较差的导电性　　C. 较高的强度　　D. 较高的硬度

15. 下列哪种千分尺不存在（　　　）。

A. 分度圆千分尺　　B. 深度千分尺　　C. 螺纹千分尺　　D. 内径千分尺

16. 轴类零件孔加工应安排在调质（　　　）进行。

A. 以前　　B. 以后　　C. 同时　　D. 前或后

17. 防止周围环境中的水汽、二氧化硫等有害介质侵蚀是润滑剂的（　　　）。

A. 密封作用　　B. 防锈作用　　C. 洗涤作用　　D. 润滑作用

18. 调整锯条松紧时，翼形螺母旋得太紧，锯条（　　　）。

A. 易折断　　B. 不会折断　　C. 锯削省力　　D. 锯削费力

19. 断面要求平整的棒料，锯削时应该（　　　）。

A. 分几个方向锯下　　　　　　　　B. 快速地锯下

C. 从开始连续锯到结束　　　　　　D. 缓慢地锯下

20. 加工齿轮时吃刀量应按齿轮（　　　）及齿厚进行调整。

A. 齿顶高　　B. 齿根高　　C. 齿数　　D. 全齿高

21. 对没有凹圆弧的直径成形面工件，可选择（　　　）直径的铣刀进行加工。

A. 较小　　B. 较大　　C. 相同　　D. 任意

22. 用来确定生产对象上几何要素间的几何关系而依据的那些（　　　）称为基准。

A. 点　　B. 线　　C. 点、面　　D. 点、线、面

23. 螺旋夹紧机构的夹紧行程（　　　）。

A. 较小　　B. 较大　　C. 很大　　D. 不受限制

24. 专用夹具是在用倾斜垫块的基础上发展起来的，主要用于（　　　）生产。

A. 成批或大量　　B. 单件　　C. 少量　　D. 单件或少量

25. 夹具上可调节的辅助支撑，起辅助定位作用，属于（　　　）。

A. 定位件　　B. 导向件　　C. 支撑件　　D. 其他件

26. 使用气动夹紧机构及液压夹紧机构，在夹紧力相同时，气缸直径比油缸直径（　　　）。

A. 小　　B. 小得多　　C. 大　　D. 大得多

27. 整体三面刃盘形铣刀一般采用（　　　）制造。

A. YT 类硬质合金　　B. YG 类硬质合金　　C. 高速钢　　D. 合金工具钢

28. 刀尖是主切削刃与（　　　）的连接处相当少的一部分切削刃。

A. 端面刃　　B. 侧刃　　C. 圆周刃　　D. 副切削刃

29. 铣床的主轴转速根据切削速度 v_c 确定，$n=$（　　　）。

A. $v_c/\pi d_0$　　B. $\pi d_0/v_c$　　C. $\pi d_0/1\,000 v_c$　　D. $1\,000 v_c/\pi d_0$

30. 阶梯铣刀的刀齿排列时，最后一个刀齿在轴向比前一个刀齿伸出（　　　）mm 左右，可使粗、精加工在一次进给中完成。

A. 2　　B. 1.5　　C. 1　　D. 0.5

31. 铣削灰铸铁时，用高速钢端铣刀，每齿进给量通常选用（　　　）mm。

A. 0.05～0.1　　　　B. 0.15～0.3　　　　C. 0.4～0.5　　　　D. 0.5～0.6

32. 精铣时限制铣削速度的主要因素有加工精度和（　　）。

A. 加工条件　　　　B. 铣刀寿命　　　　C. 机床功率　　　　D. 加工余量

33. 仿形铣床的主参数折算值表示的名称是（　　）。

A. 工作台宽度　　　　　　　　　　B. 缩放仪中心距或最大铣削宽度

C. 最大铣刀直径　　　　　　　　　D. 最大工件直径

34. X6132 型铣床的主轴转速有（　　）种。

A. 25　　　　　　　　B. 22　　　　　　　　C. 20　　　　　　　　D. 18

35. X6132 型铣床的垂直进给速度相当于纵向进给速度的（　　）。

A. 2 倍　　　　　　　B. 1 倍　　　　　　　C. 1/2　　　　　　　D. 1/3

36. 进给变速操纵机构采用的是（　　）变速操纵机构。

A. 拉杆　　　　　　　B. 液压　　　　　　　C. 凸轮　　　　　　　D. 孔盘

37. 工作台手轮转动时，空行程的大小综合反映了传动丝杠与螺母之间的间隙和丝杠本身安装的（　　）间隙。

A. 工作　　　　　　　B. 运动　　　　　　　C. 径向　　　　　　　D. 轴向

38. 若立铣头零位不允许，采用横向进给铣削矩形工件，会影响加工件的（　　）。

A. 表面粗糙度　　　　B. 平面度　　　　　　C. 平行度　　　　　　D. 垂直度

39. 在卧铣上铣平行面，精度要求较高时，可把百分表通过表架固定在悬梁上，使工作台上下移动，把（　　）校正。

A. 加工平面　　　　　B. 待加工表面　　　　C. 已加工表面　　　　D. 基准面

40. 台阶面精铣时，当一侧面的台阶铣好后，把工件转过（　　）来加工，用这种方法能获得很高的对称度。

A. 45°　　　　　　　　B. 90°　　　　　　　　C. 180°　　　　　　　D. 360°

41. 加工键槽时，为了使键槽对称于轴线的精度较高，要采用（　　）。

A. 擦侧面对刀法　　　B. 划线对刀法　　　　C. 切痕对刀法　　　　D. 环表对刀法

42. 分度时，为了减少由孔距误差引起的角度误差，以选择（　　）的孔圈比较好。

A. 孔距小　　　　　　B. 孔距大　　　　　　C. 孔数少　　　　　　D. 孔数多

43. 直线移距分度时，工作台每次移一个（　　）的距离。

A. 不等　　　　　　　B. 相等　　　　　　　C. 均匀递增　　　　　D. 均匀递减

44. 用成形单刀头铣削花键小径圆弧面，粗铣完第一刀后，将分度头转过（　　），粗铣另一圆弧面，测量后，上升至标准尺寸依次铣削完毕。

A. 45°　　　　　　　　B. 90°　　　　　　　　C. 180°　　　　　　　D. 一个等分角度

45. 孔的形状尺寸主要有孔的圆度、（　　）和轴线的直线度等。

A. 平行度　　　　　　B. 同轴度　　　　　　C. 表面粗糙度　　　　D. 圆柱度

46. 用 V 形架装夹工件，一般适用于加工（　　）上的孔。

A. 板形工件　　　　　B. 圆柱面　　　　　　C. 圆盘端面　　　　　D. 箱体

47. 修磨麻花钻横刃，其目的是把横刃磨（　　），并使靠近钻心处的前角增大。

A. 长　　　　　　　　B. 短　　　　　　　　C. 大　　　　　　　　D. 小

48. 在铣床上镗孔退刀时，应使刀尖指向（　　），这样不至于在孔壁上拉出刀痕。

A. 立导轨　　　　　　B. 工作台纵向方向

C. 任意位置　　　　　D. 操作者

49. 标准盘形铣刀刀号，模数为 1～8 mm 时分成（　　）组。

A. 5　　　　　　B. 6　　　　　　C. 7　　　　　　D. 8

50. 测量公法线长度时，其补充铣齿深度 Δa_p（　　），按下式近似计算（$\alpha=20°$）。

A. 1.37（$W_{粗}-W_{图}$）　　　　　　B. 1.37（$S_{粗}-S_{图}$）

C. 1.46（$S_{粗}-S_{图}$）　　　　　　D. 1.46（$W_{粗}-W_{图}$）

51. 铣右螺旋槽时，中间轮的个数应使工件的旋转方向与工作台（　　）的旋转方向一致。

A. 右旋　　　　　B. 左旋　　　　　C. 纵向　　　　　D. 横向

52. 斜齿轮加工时，铣完第一条槽后，应使工作台下降一段距离，然后（　　）退出工件，分度后，再上升至原位铣第二条槽。

A. 垂向　　　　　B. 横向　　　　　C. 纵向　　　　　D. 快速

53. 由于齿条精度较高，需分粗、精铣两次进行，精铣余量为（　　）mm 左右。

A. 0.2　　　　　B. 0.3　　　　　C. 0.4　　　　　D. 0.5

54. 锥齿轮偏铣时，为了使分度头主轴能按需增大或减小微量的转角，可采用（　　）方法。

A. 增大或减少横向偏移量　　　　　B. 较大的孔圈数进行分度

C. 较小的孔圈数进行分度　　　　　D. 消除分度间隙

55. 偏铣锥齿轮时，若小端尺寸已准确，大端还有余量，则应（　　）。

A. 增加回转量和偏移量　　　　　B. 减少偏移量

C. 减少回转量　　　　　D. 增加回转量，同时减少偏移量

56. 校正（　　）与铣床主轴的同轴度，其目的是便于以后找正工件圆弧面和回转工作台的同轴度。

A. 回转台　　　　　B. 工件　　　　　C. 铣床主轴　　　　　D. 百分表

57. 用成形铣刀加工长直线成形面产生振动时，可在刀轴上加装（　　）以使成形铣刀切削平稳。

A. 飞轮　　　　　B. 垂锤　　　　　C. 垫片　　　　　D. 螺丝

58. 用单角铣刀加工 $\gamma_0>0°$ 的直齿槽，可采用试切法，由浅入深，逐步达到所要求的（　　）。

A. 齿宽　　　　　B. 齿距　　　　　C. 齿数　　　　　D. 棱边宽度

59. 用双角铣刀铣齿槽时，所选用的铣刀（　　）及刀尖圆弧均应符合工件槽形要求。

A. 前角　　　　　B. 后角　　　　　C. 刃倾角　　　　　D. 廓形角

60. 在立铣上镗孔，采用垂向进给镗削，调整时校正铣床主轴轴线与工作台面的垂直度，主要是为了保证孔的（　　）精度。

A. 形状　　　　　B. 位置　　　　　C. 尺寸　　　　　D. 加工

二、判断题

1.（　　）企业文化的功能包括娱乐功能。

2.（　　）公差带代号是由基本偏差代号和公差等级数字组成的。

3.（　　）铣削偶数齿矩形离合器，在选择铣刀直径时，最好要比计算的数值小一些。

4.（　　）如果一件梯形等高齿离合器的槽形角为 10°，用三面刃盘形铣刀在卧铣上加工齿的两侧，需把分度头主轴校正到与工件台成 80°的倾斜角。

5.（　　）铣削螺旋齿离合器，实际上是铣削法向螺旋面。

6.（　　）如果一个螺旋齿离合器槽底宽度为 8 mm，取直径大于 16 mm 的立铣刀即可加工。

7.（　　）如果一个螺旋齿离合器顶面的两条交线是平行的，其宽度为 4 mm，则铣刀的轴心线应与工件中心偏离 2 mm。

8.（　　）点的投影永远是点，线的投影永远是线。

9.（　　）在六棱柱的三视图中，一个视图是正六方形，另两个视图分别是宽度相等的两个矩形。

10.（　　）用剖切面完全地剖开机件所得的剖视图称为全剖视图。

11.（　　）机件的每一尺寸，一般只标注一次，并应标注在反映该结构最清晰的图形上。

12.（　　）表面粗糙度代号应注在可见轮廓线、尺寸线、尺寸界线或它们的延长线上。

13.（　　）标注几何公差，当被测要素是螺纹大径的轴线时，使引线的箭头与螺纹尺寸线对齐即可，且无须另加任何说明。

14.（　　）游标卡尺是一种精度比较高的量具。它可以直接量出工件的内外直径、宽度和长度等。

15.（　　）游标卡尺、千分尺、百分表是万能量具和量仪。

16.（　　）对零件上所有被量的参数个别地方进行测量，如车制螺纹时，只测量螺纹中径，此种测量称为单项量法。

17.（　　）对于零部件有关尺寸规定的允许变动范围，叫作该尺寸的尺寸公差。

18.（　　）孔、轴公差带是由基本偏差与标准公差数值组成的。

19.（　　）在表面粗糙度符号中，轮廓算术平均偏差的值越大，则零件表面的光滑程度越高。

20.（　　）每一个齿轮有一个分度圆，但对于单个齿轮则无节圆。

21.（　　）机械就是机器和机构的总称。

22.（　　）顺铣指铣刀的切削速度方向与工件的进给方向相同时的铣削。

23.（　　）Q235-A 的含碳量在 0.14%～0.22%。

24.（　　）淬火钢回火时，随回火温度升高，硬度降低，塑性和韧性升高。

25.（　　）热处理测定硬度除了常用的洛氏、布氏硬度外，还有维氏和肖氏硬度。

26.（　　）立式升降台铣床的立铣头有两种不同的结构：一种是立铣头与机床床身成一整体；另一种是立铣头与床身是由两部分结合而成的。

27.（　　）在切削用量中，对刀具耐用度影响最大的是切削速度，其次是切削深度，影响最小的是进给量。

28.（　　）碳素钢含碳量小于 0.25%的为低碳钢，含碳量在 0.25%～0.6%的为中碳钢，含碳量在 0.6%～1.4%的为高碳钢。

29.（　　）只有当工件的六个自由度全部被限制时，才能保证加工精度。

30.（　　）检验铣床主轴轴线与尾座锥孔轴线是否等高时，通常只允许尾座锥孔轴线稍低。

31.（　　）铝合金材料在钻削过程中，由于铝合金易产生积屑瘤，残屑易粘在刃口上造成排屑困难，故需把横刃修磨得短些。

32.（　　）切断过程中，发现铣刀因夹持不紧或铣削力过大而产生"停刀"的现象时，应首先停止主轴转动，然后停止工作台进给。

33.（　　）硬质合金切断中碳钢，不许用切削液，以免刀片破裂。

34.（　　）所谓端铣，就是利用发布在铣刀圆柱面上的刀刃来铣削并形成加工面的铣削方法。

35.（　　）调质的目的是提高材料的硬度和耐磨性。

5.4　磨工中级工理论模拟试题

一、选择题

1. 钢热处理的淬透性取决于钢的化学成分，下列三种元素对钢的淬透性影响最大的是（　　）。

A. 硼　　　　　　B. 锰　　　　　　C. 铬

2. 下列三种铝合金属于防锈铝的是（　　）。

A. LY12　　　　　B. LF21　　　　　C. LC4

3. 普通金属结构钢 Q235，"235"指的是（　　）。

A. 钢的序列号　　B. 含碳量 0.235%　　C. 屈服极限 235 MPa

4. 合金结构钢 40Cr，"40"指的是（　　）。

A. 含碳量 0.4%　　B. 含 Cr 量 4%　　C. 钢的系列序号

5. 下列三种金属材料，能用磁力探伤检查材料内部裂纹的是（　　）。

A. T3　　　　　　B. T8　　　　　　C. TCA

6. 下列三种金属材料，属于合金结构钢的是（　　）。

A. 30CrMnSiA　　B. 5CrNiMo　　　C. Cr12MoV

7. 金属材料强度单位是（　　）。

A. kg/mm^3　　　B. MPa　　　　　C. kg·M/mm^2

8. 材料在拉力的作用下，抵抗变形或破坏的最大能力称为（　　）。

A. 屈服强度　　　B. 抗拉强度　　　C. 塑性

9. 当刀具前角增大时，切屑容易从前刀面流出，切削变形小，因此（　　）。

A. 增大切削力　　B. 降低切削力　　C. 切削力不变

10. 工件材料的强度和硬度越高，切削力就（　　）。

A. 越大　　　　　B. 越小　　　　　C. 一般不变

11. 当磨钝标准相同时，刀具寿命越高，表示刀具磨损（　　）。

A. 越快　　　　　B. 越慢　　　　　C. 不变

12. 消耗功率最多而作用在切削速度方向上的分力是（　　　）。

A. 切向抗力　　　　　B. 径向抗力　　　　　C. 轴向抗力

13. 对切削抗力影响最大的是（　　　）。

A. 工件材料　　　　　B. 切削深度　　　　　C. 刀具角度

14. 在切削加工中，主运动通常只有（　　　）。

A. 一个　　　　　　　B. 二个　　　　　　　C. 三个

15. 装配时用来确定零件在部件中或部件在产品中的位置所使用的基准为（　　　）。

A. 定位基准　　　　　B. 测量基准　　　　　C. 装配基准

16. 生产类型的划分是根据产品的（　　　）。

A. 年需求量　　　　　B. 年生产量　　　　　C. 年销售量

17. 测量零件已加工表面的尺寸和位置所使用的基准为（　　　）。

A. 定位基准　　　　　B. 测量基准　　　　　C. 装配基准　　　　　D. 工艺基准

18. 对未经淬火、直径较小的孔的精加工应采用（　　　），经淬火后则应采用（　　　）。

A. 铰削　　　　　　　B. 镗削　　　　　　　C. 磨削

19. 任何一个未经约束的物体，在空间具有进行（　　　）种运动的可能性。

A. 六　　　　　　　　B. 五　　　　　　　　C. 四

20. 轴尖零件用双中心孔定位能消除（　　　）个自由度。

A. 三　　　　　　　　B. 四　　　　　　　　C. 五　　　　　　　　D. 六

21. 长 V 形块定位能消除（　　　）个自由度，短 V 形块定位能消除（　　　）个自由度。

A. 二　　　　　　　　B. 三　　　　　　　　C. 四　　　　　　　　D. 五

22. 弹簧式蓄能器适用于（　　　）。

A. 高压　　　　　　　B. 低压　　　　　　　C. 小容量　　　　　　D. 小容量和低压

23. M1432A 万能外圆磨床其头架、尾架的圆锥孔均为（　　　）。

A. 莫氏 4 号　　　　　B. 莫氏 3 号　　　　　C. 莫氏 2 号

24. 工件表面出现直波形振痕，主要原因是（　　　）。

A. 中心孔不正确　　　B. 砂轮不平衡　　　　C. 头架振动

25. 磨床上采用螺杆泵是因为它（　　　）。

A. 结构小　　　　　　B. 转速高　　　　　　C. 噪声低

26. 液压系统的压力是由（　　　）产生的。

A. 油泵　　　　　　　B. 负载　　　　　　　C. 阀

27. 在启动 M1432A 型万能外圆磨床时，如工作台出现爬行现象，应首先打开（　　　）。

A. 溢流阀　　　　　　B. 排气阀　　　　　　C. 停留阀

28. 液压泵是靠（　　　）来实现吸油和压油的。

A. 容积变化　　　　　B. 转速变化　　　　　C. 流量变化

29. 以工序为单位简要说明产品或零、部件的加工（或装配）过程的一种工艺文件称为（　　　）。

A. 工艺过程卡片　　　B. 工艺卡片　　　　　C. 工序卡片

30. 砂轮的圆周速度很高，外圆和平面磨削时一般在 30～35 m/s，内圆磨削时一般在（　　　）。

A. 18～30 m/s　　　　B. 20～25 m/s　　　C. 15～20 m/s

31.（　　）为纵向进给量的计算单位。

A. mm/r　　　　　　B. m/min　　　　　C. m/s

32.（　　），在磨削力作用下不易产生变形和振动时，可选用较大的磨削深度和纵向进给量。

A. 工件尺寸大、刚性好

B. 砂轮的硬度小和粒度大

C. 加工零件材料的强度和硬度大

33. M1432A 型万能外圆磨床横向细进给量为每转手轮一小格为（　　）。

A. 0.01 mm　　　　　B. 0.005 mm　　　　C. 0.002 5 mm

34. 缓进磨削是指（　　），而磨削深度极大的高效成形磨削。

A. 较小的进给量　　　B. 较大的进给量　　C. 一般的进给量

35. 细长轴磨好后及因故未磨好时，都要卸下并（　　）存放，防止变形。

B. 水平支撑　　　　　B. 垂直悬挂　　　　C. 放在机床上（用支架支撑）

36. 球面磨削，被磨削表面出现凸边花纹时，说明砂轮的上半周参加磨削，这时砂轮（　　）。

A. 低于工件中心　　　B. 高于工件中心　　C. 等于工件中心

37. 磨削细长轴时，尾座顶尖压力应比一般磨削（　　）。

A. 大些　　　　　　　B. 相同　　　　　　C. 小些

38. 刃磨圆拉刀的前刀面选择的砂轮半径应（　　）拉刀前锥面的曲率半径，防止砂轮与刀齿产生干涉。

A. 大于　　　　　　　B. 等于　　　　　　C. 小于

39. 齿轮磨削是齿轮精加工的主要方法。经过磨削的齿轮精度可达到（　　）。

A. IT6～IT7　　　　　B. IT8～IT9　　　　C. IT10～IT11

40. 用成形砂轮磨成形面时，修整砂轮成形面的金刚石必须（　　）。

A. 比较锋利　　　　　B. 一般　　　　　　C. 锋利

41. 待加工表面到已加工表面的垂直距离称为（　　）。

A. 加工余量　　　　　B. 铣削深度　　　　C. 铣削宽度

42. 与 40 钢相比，40Cr 钢的特点是（　　）。

A. C 曲线左移　　　　　　　　　　　B. m_s 点上升，C 曲线左移

C. m_s 点下降，C 曲线右移　　　　　D. m_s 点上升，C 曲线右移

43. 国标中规定用（　　）作为基本投影面。

A. 四面体的四个面　　B. 五面体的五个面　C. 正六面体的六个面

44. 绘图时，大多采用（　　）比例，以方便看图。

A. 1:1　　　　　　　B. 1:2　　　　　　　C. 2:1

45. 用基本视图表达零件结构时，其内部的结构被遮盖部分的结构形状都用（　　）表示。

A. 细实线　　　　　　B. 点画线　　　　　C. 虚线

46. 零件图中尺寸标注的基准一定是（　　）。

A. 定位基准　　　　　B. 设计基准　　　　C. 测量基准

47. 在同千公差等级中，由于基本尺寸段不同，其公差值大小（　　），它们的精确程度和加工难易程度（　　）。

A. 相同　　　　　　　B. 不同　　　　　　　C. 相似

48. 可能有间隙或可能有过盈的配合称为（　　）。

A. 间隙　　　　　　　B. 过渡　　　　　　　C. 过盈

49. 标准规定：工作量规的几何公差值为量规尺寸公差的（　　），且其几何误差应限制在其尺寸公差带之内。

A. 40%　　　　　　　B. 50%　　　　　　　C. 70%

50. 内径百分表测量是一种（　　）。

A. 间接测量法　　　　B. 直接测量法　　　　C. 比较测量法

51. 用 90°角尺测量两平面的垂直度时，只能测出（　　）的垂直度。

A. 线对线　　　　　　B. 面对面　　　　　　C. 线对面

52. 测微仪又称比较仪，它的刻度值一般为（　　）。

A. 0.001～0.002 mm　　B. 0.005 mm　　　　C. 0.000 5 mm

53. 型号"MG1432A"表示该机床为（　　）万能外圆磨床。

A. 高级　　　　　　　B. 高速　　　　　　　C. 高精度

54. （　　）磨料主要用于磨削高硬度、高韧性的难加工材料。

A. 棕刚玉　　　　　　B. 立方氮化硼　　　　C. 金刚石

55. 刃磨高速钢刀具最常用的是（　　）砂轮。

A. 白刚玉　　　　　　B. 绿碳化硅　　　　　C. 金刚石

56. 在磁力正弦台上，修整角度砂轮是利用（　　）原理控制砂轮角度的。

A. 仿形　　　　　　　B. 正弦　　　　　　　C. 正切

57. 在外圆磨削时，工件表面产生棱形波纹的主要原因是（　　）。

A. 砂轮没有修整好　　B. 工件没夹紧　　　　C. 砂轮与工件之间有振动

58. 平面磨削时用磁力吸盘吸住零件进行加工，从六点定位原则分析，它限制了工件的（　　）自由度。

A. 6 个　　　　　　　B. 4 个　　　　　　　C. 3 个

59. 磨削中的主运动为（　　）。

A. 砂轮旋转运动　　　B. 工作台纵向运动　　C. 砂轮的横向进给

60. 磨削较硬的金属材料时应选（　　）的砂轮。

A. 较硬　　　　　　　B. 较软　　　　　　　C. 颗粒大

二、判断题

1. （　　）金属材料硬度值是用钢球或钢锥压坑面积的受力大小来衡量的。

2. （　　）为了消除铸件的铸造应力，一般用人工时效或自然时效进行处理。

3. （　　）M1432A 型万能外圆磨床砂轮架快速进、退量为 300 mm。

4. （　　）高速磨削时，砂轮的圆周速度为 50 m/s。

5. （　　）无心磨削为顺磨，即工件的旋转方向与磨削轮的旋转方向相同。

6. （　　）MMB1420 型磨床是精密半自动外圆磨床。

7.（　　）流量阀主要用于控制系统的压力。

8.（　　）M1432A 型万能外圆磨床砂轮架横向粗进给量是手轮每转一格为 0.01 mm。

9.（　　）为了达到低表面粗糙度，砂轮不但要有许多微刃，而且还要保证这些微刃在砂轮表面上的分布呈等高性。

10.（　　）磨削不锈钢工件，应选用微晶刚玉磨料。

11.（　　）超精密磨削铸件时，不宜采用碳化硅磨料。

12.（　　）人造金刚石砂轮常用陶瓷结合剂烧结制成。

13.（　　）提高砂轮圆周速度，可以使磨削厚度减小。

14.（　　）影响磨削厚度的因素有砂轮圆周速度、工件圆周速度和砂轮直径等。

15.（　　）工件的纵向进给量增大，工件易产生烧伤和螺旋走刀痕迹。

16.（　　）磨削偏心工件时，选择磨削用量要注意离心力的影响，应相应降低工件转速，减小磨削深度。

17.（　　）内冷却心轴的附加作用是使工件内壁散热。

18.（　　）内圆磨削，砂轮直径小，在相同的圆周速度下其磨粒在单位时间内参加切削的次数比外圆磨削要增加 10～20 倍。

19.（　　）在无心磨床上磨削工件的主要方法有贯穿法、切入法和强迫贯穿法三种。

20.（　　）影响接触弧长的主要因素是工件直径、砂轮直径和磨削深度。

21.（　　）由一条曲线围绕某一轴线回转一周而成的面，称为直母线成形面。

22.（　　）当铲齿铣刀前角为零度时，砂轮端面必须通过铣刀中心。

23.（　　）三面刃铣刀为尖齿铣刀，一般只修磨其前刀面。

24.（　　）全齿高 $A=9$ mm 的标准直齿圆柱齿轮，其模数 $m_2=4$ mm。

25.（　　）轮系中的某一个中间齿轮，可以既是前级的从动轮，又是后级的主动轮。

26.（　　）只要物体中存在大量可以自由移动的电荷，这种物体就一定是导体。

27.（　　）人们可以根据静电场的原理，使静电应用于静电植绒、静电喷漆等工业生产中，因此静电总是有益的。

28.（　　）由于磁力线能形象地描述磁场的强弱和方向，所以它存在于磁极周围的空间中。

29.（　　）对称的三相负载作三角形连接时，线电流为 3 倍的相电流。

30.（　　）由于变压器一次和二次绕组的匝数不相等，因此一次和二次绕组中的感应电动势大小和频率都不相同。

31.（　　）磨削圆锥工件表面出现直波纹振痕，主要原因是砂轮不平衡。

32.（　　）平面磨削时，平面度超差，主要原因是进给量太大，冷却不充分，工件变形。

33.（　　）磨削外圆时，产生棱形波纹的主要原因是砂轮与工件之间有松动。

34.（　　）磨削砂轮的硬度是指砂轮中磨料的硬度。

35.（　　）磨料、结合剂、气孔是构成砂轮结构的三要素。

36.（　　）砂轮的粒度越大，表示磨料的颗粒越大。

37.（　　）磨削热敏性高的材料，应该选用组织紧密的砂轮进行磨削。

38.（　　）磨削工件表面粗糙度要求低、余量较大，应选用较松的砂轮进行磨削。

39.（　　）精磨或成形磨时，砂轮硬度应低些，以保证零件精度。

40.（　　）磨削软材料应选用较软的砂轮。

参 考 文 献

［1］杨叔子. 机械加工工艺师手册［M］. 北京：机械工业出版社，2002.

［2］杜庚星. 钳工工艺学［M］. 北京：中国劳动社会保障出版社，2002.

［3］何建民. 钳工操作技术与窍门［M］. 北京：机械工业出版社，2004.

［4］郑国明. 钳工常用技术手册［M］. 上海：上海科技出版社，2007.

［5］徐鸿本. 钳工工艺技术［M］. 沈阳：辽宁科技出版社，2002.

［6］何建民. 铣工操作技术与窍门［M］. 北京：机械工业出版社，2004.

［7］沈照炳. 铣工工艺学［M］. 北京：中国劳动社会保障出版社，2002.

［8］陈宇. 铣工（初级、中级、高级）［M］. 北京：机械工业出版社，2004.

［9］王先逵. 机械制造工艺学［M］. 北京：清华大学出版社，2002.

［10］马贤智. 应用机械加工手册［M］. 沈阳：辽宁科学技术出版社，1990.

［11］哈尔滨工业大学，上海工业大学. 机械制造工艺学［M］. 上海：上海科学技术出版社，1999.

［12］宾鸿赞，曾庆福. 机械制造工艺学［M］. 北京：机械工业出版社，1999.

［13］丁年雄. 机械加工工艺辞典［M］. 北京：学苑出版社，1990.

［14］顾崇衍. 机械制造工艺学［M］. 西安：陕西科学技术出版社，1987.

［15］赵如福. 金属机械加工工艺人员手册［M］. 第3版. 上海：上海科学技术出版社，1989.